航法理論詳説

Fundamentals of Navigation

石田 正一 著

海　文　堂

序

本書は 2011 年に自費出版した書籍の内容を基にして，理解をより容易にするため記述内容を詳細にすると同時に，新たな項目を扱うためにいくつかの章を加え一冊にまとめたものです。

扱っている内容について大きく 4 つのカテゴリーに括れば，まず，1 つ目は航法および測位計算に必要な地球楕円体についての幾何学，2 つ目は測位計算法，3 つ目を測位誤差論，そして第 4 を航法に関係する力学にできるでしょうか。

具体的には，まず第 1 の地球楕円体についての幾何学は，航法および測位計算に不可欠な基礎知識です。しかし内容には難解なものが含まれ，そのすべてを理解することを目指したわけではなく，その成果である数式を利用することを目的としています。

第 2 の測位計算には，地文航法と天文航法における位置決定計算方法，そして双曲線航法の測位計算や GPS 測位計算が含まれます。いずれも PC なしで計算できる形式ではなく，通常の航海の教科書では見ることのないスタイルかと思います。しかし，すべてに計算例を示してありますので理解は意外と容易と思います。

次の測位誤差論では，航法における誤差に関する評価や表現方法を計算例とともに理論的に説明しています。内容は誤差三角形についての理論的扱いを詳細に論じ，DOP と誤差楕円について理論的説明を尽くしたものです。

そして，第 4 のカテゴリーの力学とはジャイロコンパスや慣性航法についての運動方程式の説明です。一般的な航海書では見かけない力学的説明をしています。

扱った項目をもう少し詳細に説明しますと，特筆すべき内容が含まれていることがわかります。たとえば，第 3 章「航程線航法」における計算方法については著者独自の説明をしてありますが，学校などでは教授されることのない内容になろうかと思いますし，第 5 章「測高度改正」においては，説明も理論的かつ詳細であり，従来の航海教科書では得られない内容のもので，深く掘り下げてあります。また，第 7 章「夾角天測法」において，航海の教科書で扱われることのなかった低緯度海域における緯度を求める手法を解説してあります。そして，第 8 章において現代航法の教科書では消滅してしまった古典的手法である「月距法」について例題を示しつつ解説してあります。

ジャイロコンパスや慣性航法に関する力学的説明については，まるで力学の教科書ではないかと言われそうですが，これらは日本語による航法の教科書などではほとんど扱われていないことから，著者の能力を顧みず無理を承知で「慣性系」と呼ばれる力学の基礎概念から書き出し，とくに，難しい慣性航法の方程式に「たどりついた」ときの感動を味わうことができるような内容とすることを目指したものです。

また，日本語による航法の教科書で扱われることがないといえば，極点や極圏での航法も同様です。第 10 章で極圏での天文航法の実例や慣性航法による潜水艦航行の実際を記述してありますので，興味をもって読んでいただけるかと思います。

ところで，経験から感じることですが，本書で扱った数学のスタイル，すなわちベクトルやマトリックス形式での表現に慣れていない方もあろうかと思います。最小自乗法での解を求める計算にマトリックス形式を利用しましたが，式を見ただけでは複雑で難しそうに思われるかもしれません。しかし，実際の計算に表計算ソフトを利用すれば非常に簡単に解が得られるのです。この数学形式を利用しない手はありません。第 7 章の天測計算において，理解しやすい説明に努めていますので，まずはご一読ください。「目から鱗」かもしれません。

他方，潮汐理論における 60 に及ぶ分潮による展開式については，学生時代からずっと理解したいと考えていたことでしたが，A. T. Doodson による名著 “Admiralty Manual of Tides” を読むことができずにいました。潮汐の教科書の参考図書に必ずリストアップされるものですが，OPAC で検索しても所蔵大学図書館が見つけられないのです。これには驚きました。本書の第 17 章

「潮汐」では分潮項を実際に計算して Doodson の Table に現れる数値を確認してみました。やっと潮汐の分潮について理解できたような気分になりました。Admiralty Manual を読まなくても本書により何を計算しているのかが理解できるものと思います。また，同章では潮汐調和定数の利用により各港の潮汐計算ができることを概略説明してありますので，海上保安庁発行の「潮汐表」の舞台裏が見えることになります。

なお，天文航法に関する章を読むに当たっては，海事系以外の理工系の学生諸君のように天測の基礎的知識を必要とする方もあることを想定し，付録で基礎的説明をしてありますので，必要でしたら付録を先に読まれることをお勧めします。

最後に，現在日本で市販されている「航海専門書」による学習だけでは，海上保安庁発行の「天測暦」や「天測計算表」に解説されている内容を理論的に理解できない状況になりつつあると感じます。いわゆる航海理論書絶版の現実があります。本書が一部とはいえ，その理論的理解を可能にすることを目標に記述内容も充実させたことを強調しておきたいと思います。

本書で参考にしたり，引用したものはすべて，参考文献リストに掲載してありますので，不明な点や著者の説明不足はこれにより明らかにしてください。また，単純なタイプミスや誤解からの記述誤りもあろうかと思います。気づかれたらご連絡願えればありがたく存じます。

Dedicated for the advancement of the art and science of navigation.

2015 年 2 月

目　次

第 1 章

地球の形状と位置表示

1.1　地球楕円体

航海学では地球の大きさ，形状について米国防総省による世界測地系（World Geodetic System：WGS）と呼ばれる座標系を用いて計算することが一般的になっているが，日本においては 2002 年の「測量法」および「水路業務法」改正まで Bessel 楕円体（ellipsoid）を準拠楕円体とした日本測地系（Tokyo Datum）を使用していた。現時点（2014 年）での日本の法令によれば，世界測地系については陸上と海上で微妙な差異のある 2 つの系が存在しており，測量法施行令では IAG（International Association of Geodesy）が採択している GRS80 楕円体（Geodetic Reference System 1980）を採用した日本測地系 2000（Japanese Geodetic Datum 2000：JGD2000）をもって WGS とし，一方，水路業務法施行令では WGS84（World Geodetic System 1984）を世界測地系としている。これは，IHO の recommendation（“Positions should be referenced to a geocentric reference system, recommended as the World Geodetic System 84”）を国連が配慮したことや United Nations Convention on the Law of the Sea（UNCLOS）による “In the case of the extension of the continental shelf under article 76 of UNCLOS, the Scientific Guidelines of the Commission of the Limit of the Continental Shelf（CLCS）designate WGS84 and its equivalent datum ITRF94 as requirements in the submission of claims” に従い WGS84 を選択し

たもので，大陸棚などの決定や航海，航空における測位実態に使用されるべき海図（航空図）の測地系を合致させたものと考えられる。ITRF（International Terrestrial Reference System）は IAG が決定したもので，楕円体に GRS80 を使用している測地系である。他方，ICAO では，“the specification of World Geodetic System-1984（WGS84）as the standard geodetic reference system for international aviation” とし，WGS84 のみを標準測地系として採用している。WGS84 と GRS80 は最初同じものであったが，WGS84 の改訂が度々行われ，差異がでてきたもので，航法の分野において精度などに影響が生じるようなものではなく，楕円体の扁平率を除き，両者は基本的に同じものである。WGS84 は GPS 測位に適用されている一方，GPS の precise ephemeris の民間情報では GRS80 によるものであったり，単純に区分けできない事情もある。とくにプレートテクトニクスを考慮する測地学分野では ITRF（GRS80）を使用している。測地系のパラメータは多岐にわたり，地球の大きさ，形状，自転角速度，地心引力定数（GM），重力場（重力ポテンシャル）の係数などからなるが，重要な 2 つのパラメータについて示すことにする。

WGS84 においては，赤道半径（長半径）を a，扁平率の逆数を $1/f$ とすれば

$$a = 6378137\,\mathrm{m}, \quad 1/f = 298.257223563$$

JGD2000（GRS80）では

$$a = 6378137\,\mathrm{m}, \quad 1/f = 298.257222101$$

である。

$$b = a(1 - f)$$

で極半径 b を計算すれば

$$b_{\mathrm{WGS84}} = 6356752.314245\,\mathrm{m}, \quad b_{\mathrm{GRS80}} = 6356752.314140\,\mathrm{m}$$

と，0.1 mm 程度の差でしかない。一方，日本測地系のパラメータは，長半径（a）: 6377397.155 m，扁平率の逆数（$1/f$）: 299.152813 である。上記法改正前の旧海図は日本測地系（Tokyo Datum）を基に編集・作成されていたため，人工衛星による測位位置は座標変換を行い旧海図の座標系に合わせる必要があった。

1.2　緯度

天体観測を行うときには，たとえば天体高度を測定するに観測地における鉛直線からの角度を測るように，鉛直方向が重要な基準となる。そして，鉛直線を基準とした各種天体観測を通して得られる経緯度を天文経緯度としている。観測地の鉛直線が地球の赤道と交わる角度を天文緯度ということになる。

一方，各種観測データを基に地球楕円体の形状を決定した後の楕円体表面の観測地に幾何学的法線（重力方向の鉛直とは異なる）を立て，これを基準にすれば，測地経緯度とよばれる座標系が決定される。海図などで表示される経緯度はこの測地経緯度であるが，測地経緯度と天文経緯度との差は，大きくても角度で 30 秒程度である。

海上で行われる天測では鉛直線が簡単には得られないので，それと直角方向の水平線（もちろん修正を施す必要がある）を天体観測の基準に用いることになり，天測で求められる緯度は天文緯度（astronomical latitude）ということになる。天文航法で得られる精度では測地緯度との差は普通，問題とはならない。

1.2.1　測地緯度による 2 次元座標

上述のとおり測地緯度（geodetic latitude，ϕ）は，楕円体における法線が赤道面と交わる角度と定義される。図 1.1「測地緯度」において，点 P の位置を (X, Z) の 2 次元座標で表すに，β を化成緯度（reduced latitude）とし，楕円の式および今後必要になる楕円に関する扁平率（f），離心率（e）などの係数を

$$
\begin{aligned}
&\frac{x^2}{a^2} + \frac{z^2}{b^2} = 1 \\
&e^2 = \frac{a^2 - b^2}{a^2} = 1 - \frac{b^2}{a^2} \\
&f = \frac{a - b}{a} \\
&e^2 = 2f - f^2 \\
&e'^2 = \frac{a^2 - b^2}{b^2} = \frac{e^2}{1 - e^2}
\end{aligned}
$$

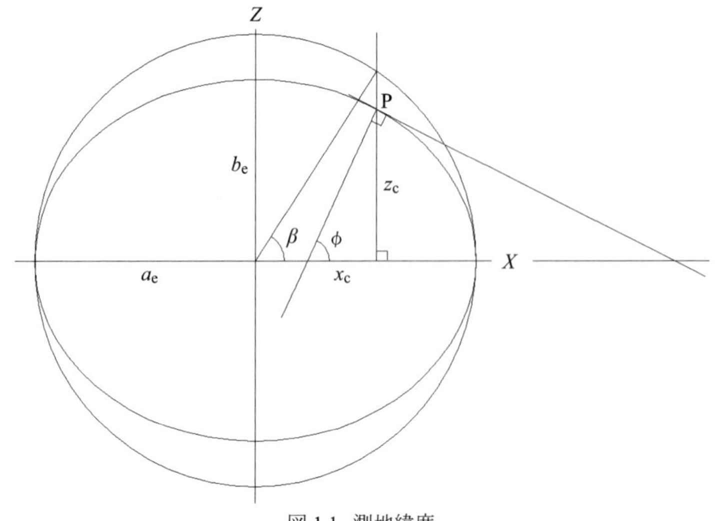

図 1.1　測地緯度

とすれば，これより

$$x_c = a_e \cos\beta \tag{1.1}$$
$$z_c = a_e \sqrt{1 - e^2} \sin\beta \tag{1.2}$$

とできる。式 (1.1)，(1.2) を微分して

$$-dx_c = a_e \sin\beta \, d\beta \tag{1.3}$$
$$dz_c = a_e \sqrt{1 - e^2} \cos\beta \, d\beta \tag{1.4}$$

したがって $ds = \sqrt{dx_c^2 + dz_c^2} = a_e \sqrt{1 - e^2 \cos^2\beta} \, d\beta$，そして楕円の接線が X 軸となす角は $\dfrac{dz}{dx}$ であり

$$\frac{dz}{dx} = \tan(90 + \phi)$$

とできる。ゆえに

$$\begin{aligned} \sin\phi &= -dx_c/ds \\ &= \sin\beta / \sqrt{1 - e^2 \cos^2\beta} \end{aligned} \tag{1.5}$$

$$\cos\phi = -dz_{\mathrm{c}}/ds$$
$$= \frac{\sqrt{1-e^2}\cos\beta}{\sqrt{1-e^2\cos^2\beta}} \tag{1.6}$$

である。式 (1.5) に $\sqrt{1-e^2}$ を乗じて，式 (1.5)，(1.6) を 2 乗すると

$$(1-e^2)\sin^2\phi = \frac{(1-e^2)\sin^2\beta}{1-e^2\cos^2\beta} \tag{1.7}$$

$$\cos^2\phi = \frac{(1-e^2)\cos^2\beta}{1-e^2\cos^2\beta} \tag{1.8}$$

両式を加えて整理すると

$$\sqrt{1-e^2\cos^2\beta} = \frac{\sqrt{1-e^2}}{\sqrt{1-e^2\sin^2\phi}}$$

$$\sin\beta = \sin\phi\sqrt{1-e^2\cos^2\beta} = \frac{\sqrt{1-e^2}\sin\phi}{\sqrt{1-e^2\sin^2\phi}}$$

$$\cos\beta = \cos\phi\sqrt{1-e^2\cos^2\beta}/\sqrt{1-e^2} = \frac{\cos\phi}{\sqrt{1-e^2\sin^2\phi}} \tag{1.9}$$

となり

$$x_{\mathrm{c}} = \frac{a_{\mathrm{e}}\cos\phi}{\sqrt{1-e^2\sin^2\phi}} \tag{1.10}$$

$$z_{\mathrm{c}} = \frac{a_{\mathrm{e}}(1-e^2)\sin\phi}{\sqrt{1-e^2\sin^2\phi}} \tag{1.11}$$

と測地緯度により 2 次元位置座標が表現される。これを用いて地心からの距離（ρ）を求めると

$$\rho = \sqrt{x_{\mathrm{c}}^2 + z_{\mathrm{c}}^2}$$

これに式 (1.10)，(1.11) を代入して

$$\rho = \frac{a_{\mathrm{e}}}{W}(1 + e^2(e^2-2)\sin^2\phi)^{1/2} \tag{1.12}$$

とできる。ここに，$W^2 = 1 - e^2 \sin^2 \phi$ であり，上式をマクローリン展開すれば

$$\rho = a_{\mathrm{e}} \left(1 - \frac{e^2}{2} \sin^2 \phi + \frac{e^4}{2} \sin^2 \phi + \cdots \right) \tag{1.13}$$

と近似解が得られる。

1.2.2　地心緯度による 2 次元座標

地点 P の位置を (X, Z) の 2 次元座標で表現するに，測者の位置と地心を結ぶ線が赤道と地心を結ぶ線と交わる角度を地心緯度（geocentric latitude）といい，図 1.2「地心緯度」において，ϕ' で示される。地心緯度を用いれば，X，Z 座標は

$$x_{\mathrm{c}} = r_{\mathrm{c}} \cos \phi' \tag{1.14}$$

$$z_{\mathrm{c}} = r_{\mathrm{c}} (1 - e^2) \sin \phi' \tag{1.15}$$

で表現される。一方，化成緯度（図 1.2「地心緯度」において β で示される角度）を用いて

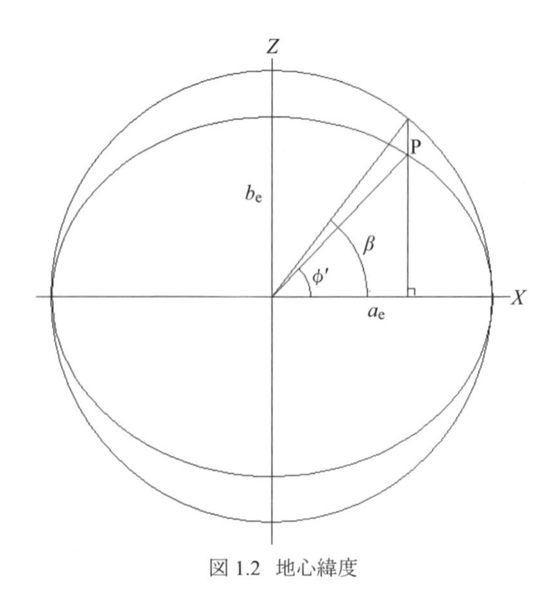

図 1.2　地心緯度

$$x_c = a_e \cos\beta \tag{1.16}$$

$$z_c = a_e \sqrt{(1-e^2)} \sin\beta \tag{1.17}$$

と表すことができる。ここで $r_c = \sqrt{x_c^2 + z_c^2} = a_e \sqrt{1 - e^2 \sin^2\beta}$ であるから

$$\sin\phi' = \frac{z_c}{r_c} = \frac{\sqrt{1-e^2}\sin\beta}{\sqrt{1-e^2\sin^2\beta}} \tag{1.18}$$

$$\cos\phi' = \frac{x_c}{r_c} = \frac{\cos\beta}{\sqrt{1-e^2\sin^2\beta}} \tag{1.19}$$

とできる。式 (1.19) に $\sqrt{1-e^2}$ を乗じて，式 (1.18)，(1.19) を 2 乗すれば

$$\sin^2\phi' = \frac{(1-e^2)\sin^2\beta}{1-e^2\sin^2\beta} \tag{1.20}$$

$$(1-e^2)\cos^2\phi' = \frac{(1-e^2)\cos^2\beta}{1-e^2\sin^2\beta} \tag{1.21}$$

であり，両式を平方して加えると

$$\sqrt{1-e^2\sin^2\beta} = \frac{\sqrt{1-e^2}}{\sqrt{1-e^2\cos^2\phi'}} \tag{1.22}$$

となる。これを用いて式 (1.18)，(1.19) を解くと

$$\sin\beta = \frac{\sin\phi'}{\sqrt{1-e^2}}\sqrt{1-e^2\sin^2\beta} = \frac{\sin\phi'}{\sqrt{1-e^2\cos^2\phi'}} \tag{1.23}$$

$$\cos\beta = \cos\phi'\sqrt{1-e^2\sin^2\beta} = \frac{\sqrt{1-e^2}\cos\phi'}{\sqrt{1-e^2\cos^2\phi'}} \tag{1.24}$$

となり，式 (1.16)，(1.17) は

$$x_c = \frac{a_e\sqrt{1-e^2}\cos\phi'}{\sqrt{1-e^2\cos^2\phi'}} \tag{1.25}$$

$$z_c = \frac{a_e\sqrt{(1-e^2)}\sin\phi'}{\sqrt{1-e^2\cos^2\phi'}} \tag{1.26}$$

と地心緯度により2次元座標が表現される。

また，測地緯度と地心緯度による2次元位置座標 (x, z) を比較すれば，$\tan\phi' = (1-e^2)\tan\phi$ の関係にあることがわかる。これを利用すれば，次のとおり $\phi - \phi'$ を求められる。

$$\tan(\phi - \phi') = \frac{\tan\phi - \tan\phi'}{1 + \tan\phi\tan\phi'} = \frac{e^2\tan\phi}{1 + (1-e^2)\tan^2\phi}$$
$$= \frac{e^2\sin\phi\cos\phi}{1 - e^2\sin^2\phi} = \frac{e^2\sin 2\phi}{2 - e^2 + e^2\cos 2\phi}$$

したがって

$$\phi - \phi' = \tan^{-1}\left(\frac{e^2\sin\phi\cos\phi}{1 - e^2\sin^2\phi}\right) \tag{1.27}$$

あるいは，$m = \dfrac{e^2}{2-e^2}$，$v = \phi - \phi'$ と表記すれば

$$\tan v = \frac{m\sin 2\phi}{1 + m\cos 2\phi}$$

となる。ここで複素数形式での表現を導入し

$$\frac{1 + i\tan v}{1 - i\tan v} = \frac{1 + m(\cos 2\phi + i\sin 2\phi)}{1 + m(\cos 2\phi - i\sin 2\phi)}$$

をつくると，これは

$$e^{2iv} = \frac{1 + me^{2i\phi}}{1 + me^{-2i\phi}}$$

と表現できるので

$$2iv = \log(1 + me^{2i\phi}) - \log(1 + me^{-2i\phi})$$

が得られる。ここで $\log(1+x)$ についてのマクローリン展開を適用すれば

$$2iv = m(e^{2i\phi} - e^{-2i\phi}) - \frac{m^2}{2}(e^{4i\phi} - e^{-4i\phi}) + \cdots$$

であるから

$$v = m\sin 2\phi - \frac{m^2}{2}\sin 4\phi + \cdots \tag{1.28}$$

と近似式が得られた。

1.3　緯度・経度からデカルト座標への変換と逆変換

ここでは緯度と経度そして楕円体からの高さを与えられた場合に 3 次元座標（デカルト座標）に変換して位置表示すること，あるいは，その逆に 3 次元座標が与えられた場合に，座標変換して緯度・経度および楕円体からの高さで位置表示することを考える。

1.3.1　緯度・経度からデカルト座標への変換

前節によれば緯度・経度（ϕ, λ）からデカルト座標への変換は以下の変換式により行えることが導かれる。

$$X = (N + h)\cos\phi\cos\lambda \tag{1.29}$$

$$Y = (N + h)\cos\phi\sin\lambda \tag{1.30}$$

$$Z = ((1 - e^2)N + h)\sin\phi \tag{1.31}$$

ここで，N は $a_{\mathrm{e}}/\sqrt{1 - e^2\sin^2\phi}$，$h$ は楕円体からの高さである。これを導くに，すでに式 (1.10), (1.11) で示してあるが，ここでは別法で行ってみることにする。楕円の方程式を

$$\frac{x^2}{a^2} + \frac{z^2}{b^2} = 1 \tag{1.32}$$

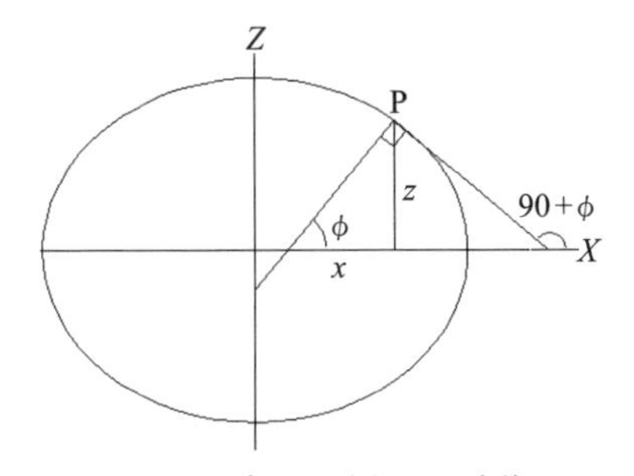

図 1.3　デカルト座標への変換

と簡略化した表記で考える。楕円の接線が X 軸となす角の正接は $\dfrac{dz}{dx}$ であるので，図 1.3「デカルト座標への変換」のとおり

$$\frac{dz}{dx} = \tan(90 + \phi) = \frac{1}{\tan\phi} \tag{1.33}$$

である。式 (1.32) を微分して

$$\frac{dz}{dx} = -\frac{b^2}{a^2}\frac{x}{z} \tag{1.34}$$

式 (1.33)，(1.34) から

$$\tan\phi = \frac{a^2}{b^2}\frac{z}{x} \tag{1.35}$$

となり，(x, z) の関数として測地緯度を表す式である。ここで

$$e^2 = \frac{a^2 - b^2}{a^2} \tag{1.36}$$

であるから，式 (1.35) より

$$z = x(1 - e^2)\tan\phi \tag{1.37}$$

これを式 (1.32) に代入すると

$$\frac{x^2}{a^2} + \frac{x^2(1 - e^2)\tan\phi}{a^2(1 - e^2)} = 1 \tag{1.38}$$

となる。x について解くと

$$x = \frac{a\cos\phi}{\sqrt{1 - e^2\sin^2\phi}} \tag{1.39}$$

となる。z については，式 (1.39) を式 (1.37) に代入すれば

$$z = \frac{a(1 - e^2)\sin\phi}{\sqrt{1 - e^2\sin^2\phi}} \tag{1.40}$$

が導ける。N と h について考察すれば，求めるべき式は自明である。

1.3.2　デカルト座標から緯度・経度を求める

逆に 3 次元座標から緯度・経度および高さを求めるには，まず，初期値として次式で近似緯度を求め

$$\phi = \arctan\frac{Z}{\sqrt{X^2 + Y^2}}$$

以下の変換式により繰り返し近似計算を行う。

$$h = \frac{\sqrt{X^2 + Y^2}}{\cos\phi} - N, \quad \lambda = \arctan\frac{Y}{X} \tag{1.41}$$

$$\phi = \arctan\frac{Z}{\sqrt{X^2 + Y^2}}\left(1 - e^2\frac{N}{N + h}\right)^{-1} \tag{1.42}$$

とするが，これを導くには，N が ϕ の関数であることを無視して，式 (1.29), (1.30)，(1.31) より

$$X^2 + Y^2 = (N + h)^2(\cos^2\phi\cos^2\lambda + \cos^2\phi\sin^2\lambda) \tag{1.43}$$

$$(N + h)^2 = \frac{X^2 + Y^2}{\cos^2\phi} \tag{1.44}$$

$$h = \frac{\sqrt{X^2 + Y^2}}{\cos\phi} - N \tag{1.45}$$

$$\frac{Z}{\sqrt{X^2 + Y^2}} = \frac{((1 - e^2)N + h)\sin\phi}{(N + h)\cos\phi} \tag{1.46}$$

右辺の $\dfrac{\sin\phi}{\cos\phi}$（$= \tan\phi$）以外の項を移項すれば

$$\tan\phi = \frac{Z}{\sqrt{X^2 + Y^2}}\left(\frac{(1 - e^2)N + h}{N + h}\right)^{-1} \tag{1.47}$$

であることで示される。また，λ については述べるまでもない。

繰り返し計算をせず直接求めるには，次のような計算式がある。

$$\lambda = \arctan\frac{Y}{X} \tag{1.48}$$

$$\phi = \arctan\frac{Z(1 - f) + e^2 a_e \sin^3\mu}{(1 - f)(p - e^2 a_e \cos^3\mu)} \tag{1.49}$$

$$h = p\cos\phi + Z\sin\phi - a_e\sqrt{1 - e^2\sin^2\phi} \tag{1.50}$$

ここで，$p = \sqrt{X^2 + Y^2}$，$r = \sqrt{p^2 + Z^2}$，そして，$f = \dfrac{a - b}{a} = 1 - \sqrt{1 - e^2}$

$$\mu = \arctan\frac{Z((1 - f) + e^2 a_e / r)}{p} \tag{1.51}$$

である。これを導くに，図 1.4「緯度変換への概念図」を参照して

$$\mathrm{HP_E} = N, \quad \mathrm{CP_E} = \rho\ (= M)$$
$$\mathrm{OH} = (N + h)\sin\phi - Z = Ne^2\sin\phi$$
$$\mathrm{DH} = Ne^2, \quad \tan\psi = \frac{b}{a}\tan\phi$$

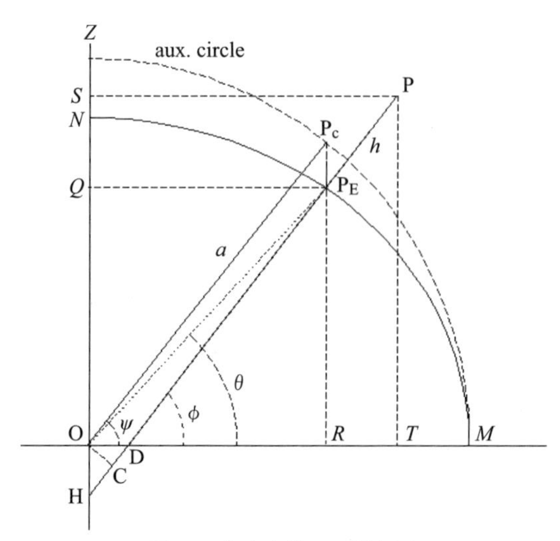

図 1.4　緯度変換への概念図

また

$$\mathrm{CH} = N - M = \frac{ae^2(1 - \sin^2 \phi)}{(1 - e^2 \sin^2 \phi)^{3/2}}$$

であることから（M（子午線曲率）については第 2 章において示す），C の座標を $(x_\mathrm{c}, z_\mathrm{c})$ とすれば

$$x_\mathrm{c} = x_{\mathrm{P_E}} - M \cos \phi$$
$$x_{\mathrm{P_E}} = \frac{a \cos \phi}{\sqrt{1 - e^2 \sin^2 \phi}}$$

したがって

$$x_\mathrm{c} = \frac{a \cos \phi}{\sqrt{1 - e^2 \sin^2 \phi}} - \frac{a(1 - e^2) \cos \phi}{(1 - e^2 \sin^2 \phi)^{3/2}}$$
$$= \frac{ae^2 \cos^3 \phi}{(1 - e^2 \sin^2 \phi)^{3/2}}$$

式 (1.9) から

$$\cos \phi = \cos \psi \sqrt{1 - e^2 \sin^2 \phi}$$

であるから，C から Z 軸までの距離（CZdist = x_c）は以下のように導かれる。

$$\mathrm{CZdist} = \frac{a^2 - b^2}{a^2} a \cos^3 \psi = ae^2 \cos^3 \psi$$

また，OM 軸までの距離（COMdist = z_c）について同様に計算すれば

$$z_c = z_{P_E} - M \sin \phi$$
$$z_{P_E} = \frac{a(1 - e^2) \sin \phi}{\sqrt{1 - e^2 \sin^2 \phi}}$$

したがって

$$z_c = \frac{a(1 - e^2) \sin \phi}{\sqrt{1 - e^2 \sin^2 \phi}} - \frac{a(1 - e^2) \sin \phi}{(1 - e^2 \sin^2 \phi)^{3/2}}$$

そして，$1 - e^2 \sin^2 \phi = \dfrac{1}{1 + e'^2 \sin \psi}$ であるから

$$\begin{aligned} \mathrm{COMdist} &= -\frac{a^2 - b^2}{b^2} b \sin^3 \psi \\ &= -e'^2 b \sin^3 \psi \end{aligned}$$

である。したがって

$$\tan \phi = \frac{Z + be'^2 \sin^3 \psi}{p - ae^2 \cos^3 \psi}$$

と表現できる。緯度がわかれば h については図から簡単に求められ，一例として次式で表現できる。

$$h = \frac{p}{\cos \phi} - N$$

別法として計算好きな人には

$$p \tan \phi - Z = Ne^2 \sin \phi$$

を，$\tan \phi$ の 4 次方程式に変換した次の式

$$p^4 \tan^4 \phi - 2p^3 Z \tan^3 \phi + (Z^2 + \beta) p^2 \tan^2 \phi - \frac{2p^3 Z}{1 - e^2} \tan \phi + \frac{p^2 Z^2}{1 - e^2} = 0$$
$$\beta = \frac{p^2 - a^2 e^4}{1 - e^2}$$

から解を求める方法もあることに気づくであろう。もちろん，この式を導出し緯度を求めるために必要とされる計算エネルギーは相当なものである。

1.3.3　計算例

緯度，経度を与えて X，Y，Z 座標を求める例題。表計算ソフトを用い，必要な数値を示す。

$$lat = 35°\mathrm{N},\ long = 130°\mathrm{E} \quad \Rightarrow \quad X, Y, Z$$

a_e	6378137	lat	35
$1/f$	298.2572235630	h	10
f	0.003352810665		
e^2	0.006694379990	$long$	130
e	0.081819190843		
N	6385172.175		

X	−3362058.832	X^2	1.13034E+13
Y	4006745.691	Y^2	1.6054E+13
Z	3637872.645	$\sqrt{X^2+Y^2}$	5230435.032

逆に，上の例で求めた X，Y，Z 座標の数値を用いて緯度，経度を求める例題。

$$X, Y, Z \quad \Rightarrow \quad lat, long, h$$

X	−3362058.832	X^2	1.13034E+13
Y	4006745.691	Y^2	1.6054E+13
Z	3637872.645	$\sqrt{X^2+Y^2}$	5230435.032

$long$ = 130

iteration	lat	h	N $1 - e^2(N/(N+h))$
initial value	34.81938899	−13957.57044	6385108.801 0.993290954
$i = 1$	35.00039775	40.89830451	6385172.315 0.993305663
$i = 2$	34.99999912	9.931800322	6385172.175 0.99330563
$i = 3$	35	10.00015053	6385172.175 0.99330563
$i = 4$	35	9.999999668	6385172.175 0.99330563
$i = 5$	35	10	6385172.175 0.99330563

上の X，Y，Z の数値から，式 (1.48)〜(1.50) を用いて直接計算すれば

$long =$	2.268928028	130.0000
p	5230435.032	
r	6371151.231	
$Z((1-f) + e^2 a_e / r)$	3650055.551	
Z/p	0.697849324	39.983821
μ	0.609281099	34.9092355
$Z((1-f) + e^2 a_e \sin^3 \mu)$	3633678.044	
$(1-f)(p - e^2 a_e \cos^3 \mu)$	5189430.055	
$lat =$	0.610865238	35.0000
h	10.0000	

1.4　Tokyo Datum から WGS84 Datum への変換

日本測地系（略号 TOY）から WGS84 へ座標変換するには次の公式（standard Molodensky transformation formulas）を用いるとよい。ϕ，λ，h を，それぞれ緯度，経度および高度の表記とし

$$\phi_{\mathrm{WGS84}} = \phi_{\mathrm{TOY}} + \Delta\phi$$
$$\lambda_{\mathrm{WGS84}} = \lambda_{\mathrm{TOY}} + \Delta\lambda$$

$$h_{\mathrm{WGS84}} = h_{\mathrm{TOY}} + \Delta h$$

変換値として角度秒単位で緯度，経度の変換値を求めると

$$\begin{aligned}
\Delta\phi'' = {} & [-\Delta X \sin\phi \cos\lambda - \Delta Y \sin\phi \sin\lambda + \Delta Z \cos\phi \\
& + \Delta a (R_{\mathrm{N}} e^2 \sin\phi \cos\phi)/a + \Delta f (R_{\mathrm{M}}(a/b) + R_{\mathrm{N}}(b/a)) \sin\phi \cos\phi] \\
& /[(R_{\mathrm{M}} + h) \sin 1'']
\end{aligned}$$

$$\Delta\lambda'' = [-\Delta X \sin\lambda + \Delta Y \cos\lambda]/[(R_{\mathrm{N}} + h)\cos\phi \sin 1'']$$

$$\begin{aligned}
\Delta h = {} & \Delta X \cos\phi \cos\lambda + \Delta Y \cos\phi \sin\lambda + \Delta Z \sin\phi \\
& - \Delta a (a/R_{\mathrm{N}}) + \Delta f (b/a) R_{\mathrm{N}} \sin^2\phi
\end{aligned}$$

である。a，b，e，ϕ，λ は，それぞれ Tokyo Datum による地球楕円の赤道および極半径，扁平率そして緯度，経度であり，R_{M}，R_{N} については，これを次式に代入して

$$R_{\mathrm{M}} = a(1 - e^2)/(1 - e^2 \sin^2\phi)^{3/2}$$

$$R_{\mathrm{N}} = a/(1 - e^2 \sin^2\phi)^{1/2}$$

を計算する。なお，h については

$$h = N + H$$

で表現され，h : geodetic height（height relative to the ellipsoid），N : geoid height，H : orthometric height（height relative to the geoid）である。また，Δa = 739.845 m，$\Delta f = 0.10037483e^{-4}$，$\Delta X = -148$ m ± 20，$\Delta Y = 507$ m ± 5，ΔZ = 685 m ± 20 であるが，Tokyo Datum の h については，適用できるデータはない。なお，国土地理院による観測からは，$\Delta X = -147.54$ m，$\Delta Y = 507.26$ m，ΔZ = 680.47 m が全国的な平均値とされている。例として，Tokyo Datum における緯度 35°N，経度 140°E について $h = 0$ として計算すると，$\Delta\phi'' = 12''.05869916$，$\Delta\lambda = -11''.56593498$ となり，方位でほぼ 321° へ，距離で 450 m 程度の座標値変換に相当する。

参考文献

[1] Department of Defense World Geodesic System 1984, Its Definition and Relationships with Local Geodesic Systems, NIMA/Geodesy and Geophysics Department.

[2] Serge Levesque, C. Mcleay, O. Buchsenschutz, Reducing Contentious Issues of Baseline and Maritime Limit Through the Use of an International Data Standard for the Submission of Law of the Sea Data, http://www.gmat.unsw.edu.au/ablos/

[3] P. R. Escobal, Methods of Orbit Determination, Krieger, 1975.

[4] http://www.linz.govt.nz/geodesic/

[5] James R. Clynch, Datums Map Coordinate Reference Frames, http://www.gmat.unsw.edu.au/snap/gps/

[6] G. P. Gerdan and R. E. Deakin, Transforming Cartesian coordinates X, Y, Z to Geographical coordinates ϕ, λ, h, The Australian Surveyor, Vol.44, No.1, 1999.

[7] W. M. Smart, Textbook on Spherical Astronomy, Cambridge University Press, Reprint 1986.

第2章

楕円体の幾何学

2.1　楕円体の曲率半径

2.1.1　子午線方向の曲率

曲面上の与えられた点で，法線を含む任意の平面で曲面を切って得られる曲線を，その点における曲面の直截口という。曲面の任意の点において曲率が最大値と最小値をとる，互いに垂直な2つの平面が存在し，それぞれの直截口の曲率を $1/M$，$1/N$ とすれば，任意の方向の直截口の曲率 $1/R$ は次のオイラーの公式により表される。

$$\frac{1}{R} = \frac{\cos^2 A}{M} + \frac{\sin^2 A}{N}$$

A は曲率 $1/M$ を与える方向となす角で，M，N は主曲率半径と呼ばれる。回転楕円体の場合の主曲率方向は，子午線方向と卯酉線方向になる。平面曲線 $y = f(x)$ の曲率半径は

$$\pm\frac{\left(1 + \left(\dfrac{dy}{dx}\right)^2\right)^{3/2}}{\dfrac{d^2y}{dx^2}} \tag{2.1}$$

で与えられる。これを子午線楕円に適用すると

$$M=\frac{\left(1+\left(\frac{dy}{dx}\right)^2\right)^{3/2}}{\frac{d^2y}{dx^2}} \tag{2.2}$$

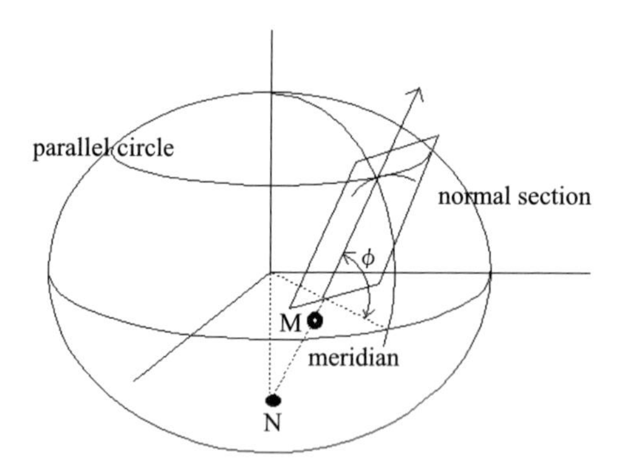

図 2.1 normal section 上の M, N

1.2.1 項「測地緯度による 2 次元座標」より，$dy/dx=-\cot\phi$

$$\frac{d^2y}{dx^2}=\frac{1}{\sin^2\phi}\frac{d\phi}{dx} \tag{2.3}$$

また，$d\phi/dx$ を求めるために

$$x=\frac{a_{\mathrm{e}}\cos\phi}{\sqrt{1-e^2\sin^2\phi}} \tag{2.4}$$

を ϕ で微分して $dx/d\phi$ を求めると

$$dx=-a_{\mathrm{e}}(1-e^2)\sin\phi(1-e^2\sin^2\phi)^{-3/2}d\phi$$

となり，式 (2.3) は

$$\frac{d^2y}{dx^2}=-\frac{(1-e^2\sin^2\phi)^{3/2}}{a_{\mathrm{e}}(1-e^2)\sin^3\phi} \tag{2.5}$$

となる。これらを式 (2.2) に代入すれば

$$M = \frac{a_{\mathrm{e}}(1 - e^2)}{\left(1 - e^2 \sin^2 \phi\right)^{3/2}} \tag{2.6}$$

が得られる。

2.1.2　平行圏方向の曲率

平行圏の半径を r とすると，ムニエー（Meusnier）の定理によれば $r = x = N\cos\phi$ である。したがって

$$N = \frac{x}{\cos\phi} = \frac{a_{\mathrm{e}}}{\sqrt{1 - e^2 \sin^2 \phi}} \tag{2.7}$$

が得られる。図 2.1 において誇張して示したように，同一の線分上にある N と M の大きさについては $N > M$ である。

2.2　子午線弧長と平行圏弧長

2.2.1　子午線弧長

図 2.2「子午線弧長」において，$ds = Md\phi$ である。これに式 (2.6) を代入して

$$ds = \frac{a_{\mathrm{e}}\left(1 - e^2\right)}{\left(1 - e^2 \sin^2 \phi\right)^{3/2}} d\phi \tag{2.8}$$

となる。緯度 ϕ_1 と ϕ_2 の間の子午線弧長（meridian arc length）を S で表記すると，S は次式により求められる。

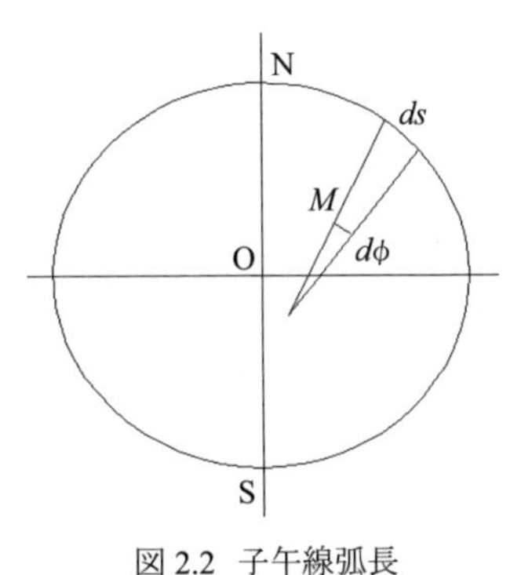

図 2.2　子午線弧長

$$S = \int_{\phi_1}^{\phi_2} \frac{a_{\mathrm{e}}\left(1 - e^2\right)}{\left(1 - e^2 \sin^2 \phi\right)^{3/2}} d\phi \tag{2.9}$$

この積分は楕円積分で，初等関数の形では積分できない。そこで分母の式をマクローリン展開することにすると

$$(1+x)^n = 1 + nx + \frac{n(n-1)}{2!}x^2 + \frac{n(n-1)(n-2)}{3!}x^3 + \frac{n(n-1)(n-2)(n-3)}{4!}x^4 + \cdots$$

であるから

$$(1-e^2\sin^2\phi)^{-3/2} = 1 + \frac{1}{1!}\frac{3}{2}e^2\sin^2\phi + \frac{1}{2!}\frac{3\cdot 5}{2^2}e^4\sin^4\phi + \frac{1}{3!}\frac{3\cdot 5\cdot 7}{2^3}e^6\sin^6\phi + \frac{1}{4!}\frac{3\cdot 5\cdot 7\cdot 9}{2^4}e^8\sin^8\phi \tag{2.10}$$

と展開し，正弦のベキを倍角の余弦に置き換えて計算しやすくすると

$$\sin^2\phi = \frac{1}{2} - \frac{1}{2}\cos 2\phi \tag{2.11}$$

$$\sin^4\phi = \frac{3}{8} - \frac{1}{2}\cos 2\phi + \frac{1}{8}\cos 4\phi \tag{2.12}$$

$$\sin^6\phi = \frac{5}{16} - \frac{15}{32}\cos 2\phi + \frac{3}{16}\cos 4\phi - \frac{1}{32}\cos 6\phi \tag{2.13}$$

$$\sin^8\phi = \frac{35}{128} - \frac{7}{16}\cos 2\phi + \frac{7}{32}\cos 4\phi - \frac{1}{16}\cos 6\phi + \frac{1}{128}\cos 8\phi \tag{2.14}$$

$$\sin^{10}\phi = \frac{63}{256} - \frac{105}{256}\cos 2\phi + \frac{15}{64}\cos 4\phi - \frac{45}{512}\cos 6\phi + \frac{5}{256}\cos 8\phi - \frac{1}{512}\cos 10\phi \tag{2.15}$$

であるから，e^{10} までの項を計算すれば，不定積分解として（赤道から緯度 ϕ までの子午線弧長になる）

$$S = a_e(1-e^2)(A\phi + B\sin 2\phi + C\sin 4\phi + D\sin 6\phi + E\sin 8\phi + F\sin 10\phi) \tag{2.16}$$

が得られる。ここに

$$A = 1 + \frac{3}{4}e^2 + \frac{45}{64}e^4 + \frac{175}{256}e^6 + \frac{11025}{16384}e^8 + \frac{43659}{65536}e^{10} \tag{2.17}$$

$$B = -\frac{1}{2}\left(\frac{3}{4}e^2 + \frac{15}{16}e^4 + \frac{525}{512}e^6 + \frac{2205}{2048}e^8 + \frac{72765}{65536}e^{10}\right) \tag{2.18}$$

$$C = \frac{1}{4}\left(\frac{15}{64}e^4 + \frac{105}{256}e^6 + \frac{2205}{4096}e^8 + \frac{10395}{16384}e^{10}\right) \tag{2.19}$$

$$D = -\frac{1}{6}\left(\frac{35}{512}e^6 + \frac{315}{2048}e^8 + \frac{31185}{131072}e^{10}\right) \tag{2.20}$$

$$E = \frac{1}{8}\left(\frac{315}{16384}e^8 + \frac{3465}{65536}e^{10}\right) \tag{2.21}$$

$$F = -\frac{1}{10}\frac{693}{131072}e^{10} \tag{2.22}$$

である。

2.2.2　平行圏弧長

前節より平行圏弧長は

$$r = N\cos\phi = \frac{a_e \cos\phi}{\sqrt{1 - e^2 \sin^2\phi}} \tag{2.23}$$

である平行圏半径を用いることにより求められる。

2.3　測地線

地球上の 2 地点を最短距離で結ぶ測地線（geodesic）の微分方程式を導出するが，地球楕円体の直交座標による表現は以下のとおりとする。

$$\frac{x^2}{a_e^2} + \frac{y^2}{a_e^2} + \frac{z^2}{b_e^2} = 1 \tag{2.24}$$

$$x = \frac{a_e \cos\phi \cos\lambda}{w} \tag{2.25}$$

$$y = \frac{a_e \cos\phi \sin\lambda}{w} \tag{2.26}$$

$$z = \frac{a_e(1 - e^2)\sin\phi}{w} \tag{2.27}$$

$$w = \sqrt{1 - e^2 \sin^2\phi} \tag{2.28}$$

楕円体表面上の線素片を ds とし，子午線曲率半径（M）を r_{m}，平行圏曲率半径（N）を r_{p} とすれば

$$\begin{aligned} ds^2 &= dx^2 + dy^2 + dz^2 \\ &= r_{\mathrm{m}}^2 d\phi^2 + r_{\mathrm{p}}^2 d\lambda^2 \\ &= (r_{\mathrm{m}}^2 + r_{\mathrm{p}}^2 \dot{\lambda}^2) d\phi^2 \end{aligned} \tag{2.29}$$

したがって

$$ds = \sigma_{\mathrm{c}} \sqrt{r_{\mathrm{m}}^2 + r_{\mathrm{p}}^2 \dot{\lambda}^2}\, d\phi \tag{2.30}$$

となる。ここで，σ_{c} は ϕ が増加または減少により，+1 または −1 となる定数である。

ds の式に変分法を適用すれば，オイラーの微分方程式は

$$\frac{d}{d\phi}\left(\frac{\partial F}{\partial \dot{\lambda}}\right) - \frac{\partial F}{\partial \lambda} = 0$$

であるから，次の式が得られる。

$$\sigma_{\mathrm{c}} \frac{r_{\mathrm{p}}^2 \dot{\lambda}}{\sqrt{r_{\mathrm{m}}^2 + r_{\mathrm{p}}^2 \dot{\lambda}^2}} = K \tag{2.31}$$

$\dot{\lambda}$ を K で表すと次式が得られる。

$$\dot{\lambda} = \sigma_{\mathrm{c}} K \frac{r_{\mathrm{m}}}{r_{\mathrm{p}} \sqrt{r_{\mathrm{p}}^2 - K^2}} \tag{2.32}$$

$$ds = \sigma_{\mathrm{c}} \frac{r_{\mathrm{m}} r_{\mathrm{p}}}{\sqrt{r_{\mathrm{p}}^2 - K^2}} d\phi \tag{2.33}$$

これが，測地線の微分方程式と測地線素片である。方位角 α を導入すると，$\tan\alpha = \dot{\lambda} r_{\mathrm{p}} / r_{\mathrm{m}}$ であるから

$$r_{\mathrm{p}} \sin\alpha = K \tag{2.34}$$

と一般的な測地線の方程式が得られる。これを解いた Jordan と Vincenty の方法は第 4 章に示してあるが，測地線方程式の具体的解法については，数値計算による手法である辰野忠夫氏の「積分法による測地計算」，あるいは解析的に解く手法を懇切丁寧に記述してくれている R. E. Deakin and M. N. Hunter による “Geodesics on an Ellipsoid — Bessel’s Method” を参考にするとよい。

2.4　Loran-C の距離公式

ここでは，Loran-C で用いられている距離公式の導出を，小山薫氏による「中長距離測地線の算式」を基に示す。回転楕円体上の 2 地点間の距離を，その 2 点と楕円体の中心を含む平面が楕円体表面と交わってできる面曲線上の距離として求めるものである。まず，回転楕円体の式を次のとおりとする。

$$\frac{x^2+y^2}{a^2}+\frac{z^2}{b^2}=1 \tag{2.35}$$

ここに

$$x=a\cos u\cos\lambda,\quad y=a\cos u\sin\lambda,\quad z=b\sin u$$
$$\tan u=\frac{b}{a}\tan\phi$$

であり，u，ϕ，λ はそれぞれ化成緯度，測地緯度，経度である。また，回転楕円体の中心を通る平面の式は

$$\begin{aligned}&lx+my+nz=0\\&l=\sin\theta\cos\psi\\&m=\sin\theta\sin\psi\\&n=\cos\theta\end{aligned}$$

であり，(l,m,n) は平面の法線の方向余弦である。θ は z 軸，ψ は x 軸から計り，それぞれ面曲線の頂点の緯度，経度と呼ぶ。距離線をいま考えている平面上の座標で表すため，面曲線を含む平面座標に変換し，まず，z 軸を中心に右回りに $90-\psi$ 回転する。次に，変換された x' 軸を中心に右回りに θ 回転すると，新座標で

$$\begin{bmatrix}x''\\y''\\z''\end{bmatrix}=\begin{bmatrix}\sin\psi & -\cos\psi & 0\\ \cos\theta\cos\psi & \cos\theta\sin\psi & -\sin\theta\\ \sin\theta\cos\psi & \sin\theta\sin\psi & \cos\theta\end{bmatrix}\begin{bmatrix}x\\y\\z\end{bmatrix} \tag{2.36}$$

と表現され，逆変換は次の式で示される。

$$\begin{bmatrix}x\\y\\z\end{bmatrix}=\begin{bmatrix}\sin\psi & \cos\theta\cos\psi & \sin\theta\cos\psi\\ -\cos\psi & \cos\theta\sin\psi & \sin\theta\sin\psi\\ 0 & -\sin\theta & \cos\theta\end{bmatrix}\begin{bmatrix}x''\\y''\\z''\end{bmatrix} \tag{2.37}$$

座標回転した後の平面距離の線の式は $z'' = 0$ と置くと得られ，次の式で示される。

$$\frac{x''^2}{a^2} + \left(\frac{\cos^2\theta}{a^2} + \frac{\sin^2\theta}{b^2}\right) y''^2 = 1 \tag{2.38}$$

ここで

$$\begin{aligned}
&\left(\frac{\cos^2\theta}{a^2} + \frac{\sin^2\theta}{b^2}\right) = 1 \Big/ \frac{b^2}{1 - e^2\cos^2\theta} \\
&x'' = \sin\psi \cdot x - \cos\psi \cdot y = a\cos u \sin(\psi - \lambda) \\
&z = -\sin\theta \cdot y''
\end{aligned} \tag{2.39}$$

より

$$y'' = -\frac{b\sin u}{\sin\theta} \tag{2.40}$$

この平面上で図 2.3「x''–y'' 平面における交線」のような変数 χ を導入すると（図中 $y_b = b/\sqrt{1 - e^2\cos^2\theta}$）

$$x'' = a\cos\chi \tag{2.41}$$

$$y'' = \frac{b}{\sqrt{1 - e^2\cos^2\theta}}\sin\chi \tag{2.42}$$

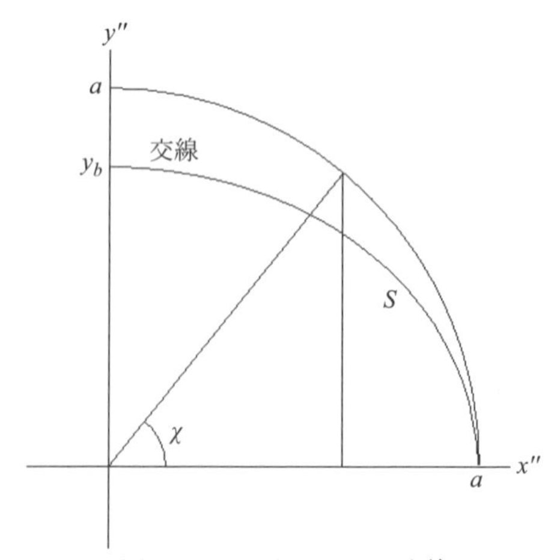

図 2.3　x''–y''平面における交線

また

$$y'' = \cos\theta\cos\psi\cdot x + \cos\theta\sin\psi\cdot y - \sin\theta\cdot z \tag{2.43}$$
$$= \cos\theta\cos\psi\cdot x + \cos\theta\sin\psi\cdot y - \sin^2\theta\cdot y'' \tag{2.44}$$

ゆえに

$$y'' = \frac{a\cos u\cos(\psi-\lambda)}{\cos\theta} \tag{2.45}$$
$$= \frac{b}{\sqrt{1-e^2\cos^2\theta}}\sin\chi \tag{2.46}$$

これより

$$\sin\chi = \frac{a\sqrt{1-e^2\cos^2\theta}}{b\cos\theta}\cos u\cos(\psi-\lambda) \tag{2.47}$$
$$= \sqrt{1+\frac{a^2}{b^2}\tan^2\theta}\ \cos u\cos(\psi-\lambda) \tag{2.48}$$

また，式 (2.39) と (2.41) より

$$\cos\chi = \cos u\sin(\psi-\lambda) \tag{2.49}$$

式 (2.40) と (2.42) より

$$\sin\chi = -\frac{\sqrt{1-e^2\cos^2\theta}}{\sin\theta}\sin u \tag{2.50}$$

である。また，ψ，θ は平面が楕円体の 2 点 (u_1,λ_1)，(u_2,λ_2) を通ることから求められる。すなわち

$$\begin{vmatrix} x & y & z \\ x_1 & y_1 & z_1 \\ x_2 & y_2 & z_2 \end{vmatrix} = 0 \tag{2.51}$$

であるから

$$(y_1z_2 - y_2z_1)x + (z_1x_2 - z_2x_1)y + (x_1y_2 - x_2y_1)z = 0 \tag{2.52}$$

$$y_1z_2 - y_2z_1 = A$$
$$z_1x_2 - z_2x_1 = B$$
$$x_1y_2 - x_2y_1 = C$$

と置けば，この平面の法線の方向余弦は

$$
\begin{aligned}
l^2 &= A^2/(A^2+B^2+C^2) = \sin^2\theta\cos^2\psi \\
m^2 &= B^2/(A^2+B^2+C^2) = \sin^2\theta\sin^2\psi \\
n^2 &= C^2/(A^2+B^2+C^2) = \cos^2\theta
\end{aligned}
$$

これにより

$$
\begin{aligned}
\tan^2\theta &= \frac{l^2+m^2}{n^2} \\
&= \frac{b^2}{a^2}\frac{\tan^2 u_1+\tan^2 u_2-2\tan u_1\tan u_2\cos(\lambda_2-\lambda_1)}{\sin^2(\lambda_2-\lambda_1)} \qquad (2.53)\\
\tan\psi &= \frac{m}{l} \\
&= -\frac{\tan u_1\cos\lambda_2-\tan u_2\cos\lambda_1}{\tan u_1\sin\lambda_2-\tan u_2\sin\lambda_1} \qquad (2.54)
\end{aligned}
$$

となる。以上により，2 地点間の距離は，$x''=a\cos\chi$，$y''=b'\sin\chi$，$b'=\dfrac{b}{\sqrt{1-e^2\cos^2\theta}}$ において

$$
\begin{aligned}
dx'' &= -a\sin\chi d\chi \\
dy'' &= b'\cos\chi d\chi \\
ds &= \sqrt{dx''^2+dy''^2} = a\sqrt{1-\left(1-\frac{b'^2}{a^2}\right)\cos^2\chi}\,d\chi \\
&= a\sqrt{1-\frac{e^2\sin^2\theta}{1-e^2\cos^2\theta}\cos^2\chi}\,d\chi
\end{aligned}
$$

ここで，$k^2=\dfrac{e^2\sin^2\theta}{1-e^2\cos^2\theta}$ と置いて，2 地点間距離は

$$
S = a\int_{\chi_1}^{\chi_2}\sqrt{1-k^2\cos^2\chi}\,d\chi \qquad (2.55)
$$

と求められる。Loran-C では，これを解くに，e^2 の項まで展開したものを積分しており

$$
S \fallingdotseq a\left(\chi_2-\chi_1-1/4\frac{a-b}{a}\frac{\sin^2\theta}{1-e^2\cos^2\theta}\left(\chi_2-\chi_1+\frac{\sin 2\chi_2-\sin 2\chi_1}{2}\right)\right)
$$

とできる。ここで，$\chi_2 - \chi_1 = X$ と置くと

$$
\begin{aligned}
\chi_2 - \chi_1 &+ \frac{\sin 2\chi_2 - \sin 2\chi_1}{2} \\
&= X + \sin X \cos(\chi_2 + \chi_1) \\
&= X + \sin X \left(\cos^2 \frac{(\chi_2 + \chi_1)}{2} - \sin^2 \frac{(\chi_2 + \chi_1)}{2} \right) \\
&= (X - \sin X) \frac{(\sin \chi_2 + \sin \chi_1)^2}{2(1 + \cos X)} + (X + \sin X) \frac{(\sin \chi_2 - \sin \chi_1)^2}{2(1 - \cos X)} \\
&= 1/2 \left(\frac{X - \sin X}{1 + \cos X} (\sin \chi_1 + \sin \chi_2)^2 + \frac{X + \sin X}{1 - \cos X} (\sin \chi_1 - \sin \chi_2)^2 \right)
\end{aligned}
$$

と表現できる。

$$
\begin{aligned}
\cos X &= \cos(\chi_2 - \chi_1) = \cos \chi_2 \cos \chi_1 + \sin \chi_2 \sin \chi_1 \\
\cos \chi_i &= \cos u_i \sin(\psi_i - \lambda_i) \\
\cos X &= \cos u_1 \cos u_2 \sin(\psi - \lambda_1) \sin(\psi - \lambda_2) \\
&\qquad + \left(1 + \frac{a^2}{b^2} \tan^2 \theta \right) \cos u_1 \cos u_2 \cos(\psi - \lambda_1) \cos(\psi - \lambda_2)
\end{aligned}
$$

また，式 (2.48)，(2.50) より

$$
\sin u = -\frac{a}{b} \tan \theta \cos u \cos(\psi - \lambda)
$$

であるから

$$
\cos X = \sin u_1 \sin u_2 + \cos u_1 \cos u_2 \cos(\lambda_1 - \lambda_2)
$$

となる。ここで，χ と u の関係式を考慮して式を見やすく整理すると

$$
S = aX - \frac{a - b}{4}(A_0 P + B_0 Q) \tag{2.56}
$$

とできる。ただし

$$
\begin{aligned}
P &= (X - \sin X)/(1 + \cos X) \\
Q &= (X + \sin X)/(1 - \cos X) \\
A_0 &= (\sin u_1 + \sin u_2)^2 \\
B_0 &= (\sin u_1 - \sin u_2)^2
\end{aligned}
$$

である。

なお，楕円積分である式 (2.55) を e^2 の項までの省略近似ではなく e^{10} までの展開式で積分すれば，精度は距離 3000 km でも誤差は 1 m を超えないものになる。

参考文献

[1] 辰野忠夫,「積分法による測地計算」，水路部研究報告，第 25 号，1989.

[2] 原田健久,「わかりやすい測量厳密計算法」，鹿島出版会，1993.

[3] 大野重保,「測地学の方法」，東洋書店，1987.

[4]「理科年表」，丸善.

[5] 小山薫,「中距離測地線の算式について」，時小季資料，58，1982.

[6] 原田健久,「回転楕円体における長距離測地線に関する第 2 課題の一解法」，測地学会誌，第 8 号，1 巻，1962.

[7] R. E. Deakin and M. N. Hunter, Geodesics on an Ellipsoid —Bessel's Method, RMIT University, 2009.

第3章

航程線航法

rhumb line sailing（loxodromic sailing）を訳して航程線航法としている教科書が圧倒的に多く，航程線についての理解があって初めてその航法に関する意味を知るということになる。等角航法とすれば語からの直截的理解も可能であったかもしれない。

目的地まで針路を変更することなく，等角（定角，同一）の針路で航行するために考案されたものであるが，理論的理解には数学的知識を必須とする。航程線航法における計算式として中分緯度航法（mid-latitude sailing）と漸長緯度航法（Mercator sailing）の 2 つの計算式を学ぶが，漸長緯度航法計算式の理解はその漢字の命名と数学的説明の難しさにより混乱させられるのが実情である。

微積分を用いない方法で，したがって理解も容易なものになると思われる方法で説明することは不可能に近く，本書では諦めざるをえなかった。世に出版されている多数の航海の教科書同様にメルカトル図法との関係から類推的説明をするのが精一杯であったが，微分・積分の基礎的知識があれば理解も容易になる。

3.1　航程線航法計算式

航程線航法計算式を求めるための航程線の微分方程式を考えるに，針路を一定の等角に保ち続けるということがその構造の柱になる。最初に微積分をできるだけ避けた考察を行い，その後で航程線の微分方程式について考えたい。

航程線航法に関する計算式を求めるが，実用上，次の 2 つの問題を解決することが目的となる。すなわち

- 一つめは，ある地点（緯度，経度を (l_1, L_1) とする）から目的地（同じく (l_2, L_2) とする）に到達するためにとるべき等角針路（Co）および距離（dist）を求めること
- もう一つは，ある等角針路（Co）で，ある一定の距離（dist）航行したときの地点の経緯度を求めること

である。

3.2　真球上の航程線

3.2.1　微小直角三角形による幾何学的考察

まず，地球を真球であるとして，扱いやすい 2 番目の問題，「ある等角針路で，ある一定の距離を航行したときに到達する位置を求める問題」について考えよう。地球は球体であるので，航走距離を長くすると問題が複雑になる。そこで，ごく短い航走距離について考察することにすれば，すなわち球面上の微小距離の移動について（平面に等しいと扱える）考察すれば，次の式で南北および東西方向への移動距離（$\mathrm{dist_{NS}}$，$\mathrm{dist_{EW}}$ でそれぞれ南北，東西成分を示し，$\mathrm{dist_{EW}} = \mathrm{Dep}$ を東西距とする）が求められる。

$$\Delta\mathrm{dist_{NS}} = \Delta\mathrm{dist} * \cos\mathrm{Co} \tag{3.1}$$

$$\Delta\mathrm{dist_{EW}} = \Delta\mathrm{dist} * \sin\mathrm{Co} = \Delta\mathrm{Dep} \tag{3.2}$$

ここで $\mathrm{dist_{NS}}$，$\mathrm{dist_{EW}}$，dist の 3 辺によりつくられる球面直角三角形を航法三角形と名付けておき考察することにする。ただし，上で球面での微小距離の移動としたが，移動距離の単位が linear なものであるとすれば，式 (3.1)，(3.2) についての適用範囲は球面上の微小範囲に限定されない。限定されないということは，針路が等角ですべての距離を linear 単位にすれば，$\Delta\mathrm{dist_{NS}}$，$\Delta\mathrm{dist_{EW}}$，$\Delta\mathrm{dist}$ の 3 辺からなる航程線に沿ってつくられ，連続する微小直角三角形（航法

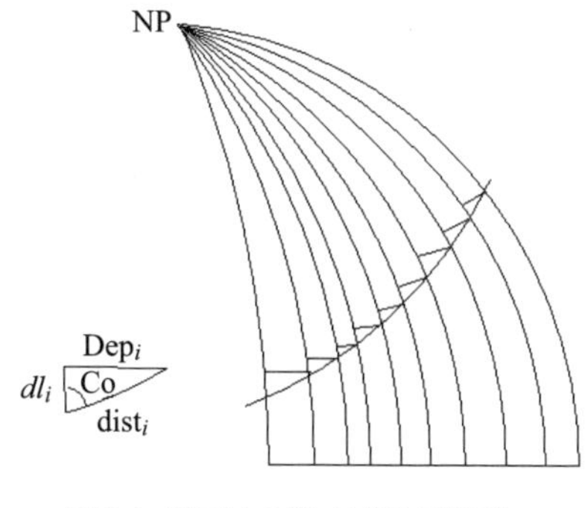

図 3.1　球面上の微小直角三角形の辺による合算

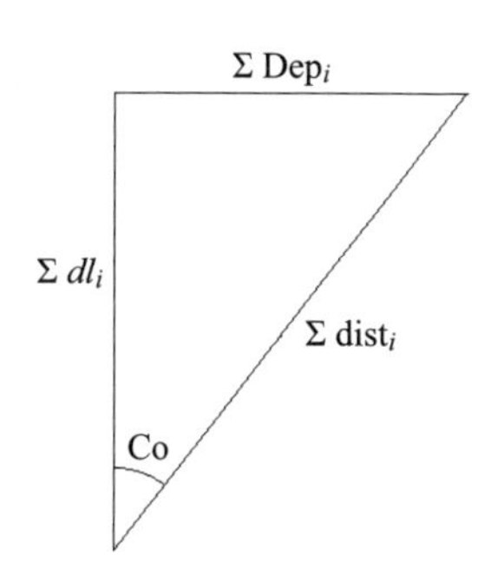

図 3.2　仮想数理平面における航法三角形

三角形）の各辺長を合計した辺長によりつくられる，針路を微小三角形と等しい角度にした平面直角三角形においても，形式的に同じ関係式が得られるということである。いわば，地球を真球とした球面上の航法計算を，実在しない仮想数理平面につくられた仮想航法三角形による計算式で表現できるということになる。言い換えると，球面から平面に座標変換したと考えることができ，次式で表せる。

$$\mathrm{D}.l = \sum_{i=1}^{n} dl_i = \left[\sum_{i=1}^{n} \Delta\mathrm{dist}_i\right] * \cos\mathrm{Co} = \mathrm{dist}_{\mathrm{total}} * \cos\mathrm{Co} \tag{3.3}$$

$$\mathrm{Dep} = \sum_{i=1}^{n} \Delta\mathrm{Dep}_i = \left[\sum_{i=1}^{n} \Delta\mathrm{dist}_i\right] * \sin\mathrm{Co} = \mathrm{dist}_{\mathrm{total}} * \sin\mathrm{Co} \tag{3.4}$$

ここで D.l，Dep はそれぞれ，微小三角形の辺長を合算した変緯，東西距で，dl_i（= $\mathrm{dist}_{\mathrm{NS}}$）は linear unit で表現した変緯とし，n は任意の整数とした。また，i により i 番目の微小直角三角形を示すことにする（図 3.2「仮想数理平面における航法三角形」参照）。

上式が成立しなければ航程線航法計算は不可能になってしまう。航法基礎式ともいうべきものであるが，いわゆる平面航法が成立しているわけではない。球面上の航程線は直線ではなく複雑な曲線である。したがって球面上で航程線航法計算式を直接導出することは難しいので，式 (3.3)，(3.4) により平面上の直線からなる航法三角形に変換することで解決を図ることになる。

さて，距離についてだが，航走距離の単位は nautical mile で，すなわち，時に角距離の単位として表現したり，場合によっては長さの単位として表現するのが一般的であるが，航程線航法における航走距離を地球中心に張る角度（angular mile）で表現しているわけではない。

距離については通常，長さの単位（linear mile）で表現しているはずだが，航法計算においてつねに区別しているとはいえないだろう。とくに海図で距離を測るときには，角度としての距離と長さとしての距離が意識のなかでも混然となっているのではなかろうか。航程線は大圏ではないので地球中心に張る角度単位で表現できないのだが，互いの単位との換算を

1 nautical mile (linear) = 1 arc minute (angular)

であると定義して計算可能にしている。つまり航程線の距離は arc minute では表現できないが，linear unit である子午線弧長と球の中心においてその弧を挟む角度（angular unit）の変換式を介して航法計算を成り立たせているのである。ただし，航行距離が微小であるならば大圏との差は小さく，近似的に角距離と考えても差し支えない。南北方向の移動距離については，子午線上の緯度変化として単位を角距離あるいは linear な距離で等価表現できる。換言すれば真球上の航程線航法計算における緯度の扱いにおいては，linear 単位と angular 単位を，式 (3.4) より，次式のように $1/R$ を介して変換しているのである。

$$\mathrm{D}.l_{\mathrm{linear}} = \sum_{i=1}^{n} dl_i = \mathrm{dist}_{\mathrm{total}} * \cos \mathrm{Co} \tag{3.5}$$

$$\mathrm{D}.l_{\mathrm{angular}} = \frac{\mathrm{D}.l_{\mathrm{linear}}}{R} \tag{3.6}$$

ただし，$R = 1$ とするが，nautical mile の意味を考えると，「変換」の意味は理解され，距離をメートル単位にしたら $R = 1$ にはならないことも了解されるだろう。

しかし，東西方向の移動距離について，南北極軸を中心に張る角度単位である経度に変換するためには，平行圏半径（東西圏半径，単位球であるので，$\cos l$）で除算する必要がある。つまり，東西方向の移動距離については角距離と linear な距離の変換は $1/\cos l$ を介して変換され，緯度のように等価変換は

できない。航行距離が微小であれば，次の式で表せるが，長距離になると扱いは複雑になるので後述する。

$$\Delta \mathrm{Dep} = \mathrm{dist}_{\mathrm{total}} * \cos \mathrm{Co} \tag{3.7}$$

$$\Delta L_{\mathrm{angular}} = \frac{\Delta \mathrm{Dep}}{\cos l} \tag{3.8}$$

ここで球面上における微小直角三角形について考察する。南北方向の緯度変化（変緯）を Δl，東西方向の移動距離である東西距を $\Delta \mathrm{Dep}$，経度の変化（変経）を ΔL と表記し，下付き文字 $_{\mathrm{d}}$ により航程線に沿ってつくられた Δl, $\Delta \mathrm{Dep}$，$\Delta \mathrm{dist}$ の 3 辺からなる微小球面（平面と扱える）直角三角形（航法三角形）を示せば，次式

$$\begin{aligned}
\Delta l_{\mathrm{d2}} &= \mathrm{dist}_{\mathrm{NS}} = \Delta \mathrm{dist} * \cos \mathrm{Co} \\
l_{\mathrm{d2}} &= l_{\mathrm{d1}} + \Delta l_{\mathrm{d2}} \\
\Delta L_{\mathrm{d2}} &= \frac{\mathrm{dist}_{\mathrm{EW}}}{\cos l_{\mathrm{d2}}} = \frac{\Delta \mathrm{dist} * \sin \mathrm{Co}}{\cos l_{\mathrm{d2}}} = \frac{\Delta \mathrm{Dep}}{\cos l_{\mathrm{d2}}} \\
L_{\mathrm{d2}} &= L_{\mathrm{d1}} + \Delta L_{\mathrm{d2}}
\end{aligned}$$

により，出発地（緯度，経度を l_{d1}，L_{d1} とする）からごく短距離を航行した場合の到達位置 $(l_{\mathrm{d2}}, L_{\mathrm{d2}})$ を求めることができる。変経を求めるに $\cos l_{\mathrm{d2}}$ を用いて計算しているが，微小範囲なので，l_{d1} や中分緯度（$(l_{\mathrm{d2}} + l_{\mathrm{d1}})/2$）で計算しても差異は無視できる。

さて，目的地まで連続している微小球面三角形を用いた位置計算を継続すれば目的地の位置を求めることができるわけだが，ごく短いとか微小であるとかの表現は抽象的で，どの程度の大きさか明らかでない。微分，積分の概念が必要になるが，計算の手数をいとわず，精度にも多少の誤差を許すとして，図 3.1「球面上の微小直角三角形の辺による合算」を参照し，i により i 番目の微小直角三角形に関する計算式であることを示せば

$$\begin{aligned}
\Delta l_{\mathrm{d}i} &= \mathrm{dist}_{\mathrm{NS}i} = \Delta \mathrm{dist}_i * \cos \mathrm{Co} \\
l_i &= l_1 + \sum \Delta l_{\mathrm{d}i} \\
\Delta L_{\mathrm{d}i} &= \frac{\mathrm{dist}_{\mathrm{EW}i}}{\cos l_i} = \frac{\Delta \mathrm{dist}_i * \sin \mathrm{Co}}{\cos l_i} = \frac{\Delta \mathrm{Dep}_i}{\cos l_i} \\
L_i &= L_1 + \sum \Delta L_{\mathrm{d}i}
\end{aligned}$$

とできる。これは，微小区間における平面航法を連続的に繰り返し計算し合算した結果を解とするものであり，針路と航走距離を用いて新位置を求め，この新位置から針路，距離を用いて新たな位置を計算（l_i が必要）することを繰り返したものである。ここまでは微分積分概念を借用せずに行った計算となるが，実際，積分計算なしで計算結果を得ようとすれば大変な計算労力を必要とすることは理解できよう。表計算ソフトで航走距離 500 マイル程度の航程について 200 から 500 回の繰り返し計算をしてみるのも航程線航法計算について明確なイメージを得るには良い方法である。これで積分計算のイメージもつかめるだろう。

この式については，微積分学の応用なくして等角針路を保つ仮想航法三角形で示すことはできない。等角針路を保てる形式で緯度についての変換を行えば後述の Mercator sailing すなわち漸長緯度航法公式になることは次節で示す。

3.4 節「回転楕円体上の航程線航法の計算法」の(3)で扱っている子午線曲率と平行圏曲率を用いた計算方式と同じであることもわかると思うが，直接積分計算せずに計算機の能力に頼り，繰り返し計算をしていることになる。上で説明した繰り返し計算を表計算ソフトで確認すると積分計算の威力を改めて認識できるだろう。

ただし，目的地への針路と距離を求めるに，これまで記述した方法では困難（不可能と思われるが，著者には証明はできない）であり，微積分による解決を利用する以外に方法はない。

3.2.2　微積分応用による考察

ここからは，微分積分概念を用いて考察することにし，理論の明確化を図ることにしよう。

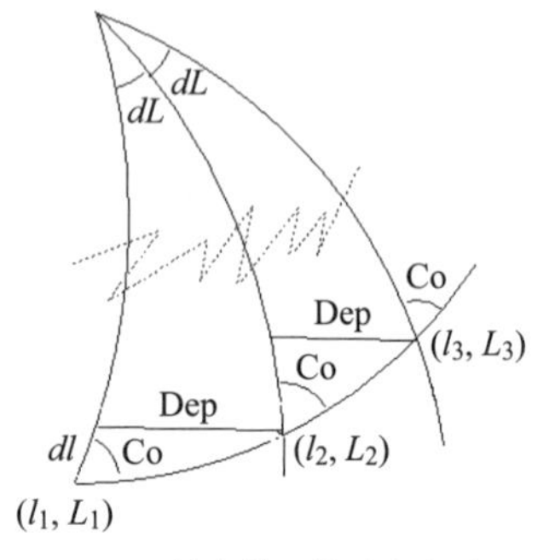

図 3.3　航程線の微分方程式

(1) 漸長緯度航法

真球上における航程線の微分方程式は，球面の微小範囲（平面とみなせる）において，変緯 D.l（dl）と変経 D.L（dL）の関係を考慮すると，等角針路を Co と表記すれば次式となる。そして，混乱しやすいので，D.l，D.L については，微小三角形による計算を足し合わせた合計，すなわち積分の結果の意味で使うことにする。

$$\mathrm{Dep} = dl \tan \mathrm{Co} \tag{3.9}$$

$$dL = \frac{\mathrm{Dep}}{\cos l} = \frac{\tan \mathrm{Co}}{\cos l} dl \tag{3.10}$$

これを解くに，右辺について積分すると微積分の教科書どおり，$t = \sin l$ と置けば $dt = \cos l \, dl$ であるから

$$\begin{aligned}\int \tan \mathrm{Co}/\cos l \cdot dl &= \tan \mathrm{Co} \int \frac{1}{1-t^2} dt \\ &= 1/2 \tan \mathrm{Co} \ln \frac{1+\sin l}{1-\sin l}\end{aligned}$$

である。しかし，航海学の教科書では tan を用い計算式を容易にしている。これを導くのは少し骨が折れ，実際に計算しないでいるのではなかろうか。そこで，三角関数の公式からこれを具体的に導いてみよう。右辺の $\ln \dfrac{1+\sin l}{1-\sin l}$ については，以下のように変形できる。

$$\tan l/2 = \sqrt{\frac{1-\cos l}{1+\cos l}}$$

$$\sqrt{\frac{1+\sin l}{1-\sin l}} = \sqrt{\frac{1-\cos(\pi/2+l)}{1+\cos(\pi/2+l)}} = \tan(\pi/4 + l/2)$$

あるいは，次のように変形すれば，同様に求められる。

$$\frac{1+\sin l}{1-\sin l} = \frac{(1+\sin l)^2}{(1-\sin^2 l)} = \left(\frac{1+\sin l}{\cos l}\right)^2$$

$$\frac{1+\sin l}{\cos l} = \frac{1-\cos(\pi/2+l)}{\sin(\pi/2+l)} = \frac{2\sin^2(\pi/4+l/2)}{2\sin(\pi/4+l/2)\cos(\pi/4+l/2)}$$

したがって，以下の漸長緯度航法計算式が導かれる。

$$\mathrm{D}.L = \tan \mathrm{Co} \Big[\ln \tan(\pi/4 + l/2) \Big]_{l_1}^{l_2} \tag{3.11}$$

D.l については，dist を nautical mile で表現するので，$R = 1$ とできるため，前出のとおり次の式で計算する。無意識のうちに linear 単位と angular 単位の変換を行っているわけである。

$$\mathrm{D.}l_{\mathrm{linear}} = \sum_{i=1}^{n} dl_i = \mathrm{dist_{total}} * \cos \mathrm{Co} \tag{3.12}$$

$$\mathrm{D.}l_{\mathrm{angular}} = \frac{\mathrm{D.}l_{\mathrm{linear}}}{R} \tag{3.13}$$

ここで式 (3.11) 右辺の定積分を，$M_l = \ln \tan(\pi/4 + l/2)$ とし，$M_{l_2} - M_{l_1} =$ D.m.p. と表記すれば

$$\mathrm{D.}L = (M_{l_2} - M_{l_1}) \tan \mathrm{Co} = \mathrm{D.m.p.} \tan \mathrm{Co} \tag{3.14}$$

となる。上式 (3.11) 右辺の定積分は 2 地点間の漸長緯度差（difference of meridional part）と呼ばれるが，この積分から漸長緯度差と漸長緯度航法計算の持つ意味をイメージすることは困難であり，この航法計算の理解を難しくしている一つの要因と考えられる。また，英和辞書では meridional part を子午線弧長としているものもあるが，数式を理解すれば，これを単純に子午線弧長とするのは問題であることに気づくだろう。後述のとおり，座標変換した航法三角形における緯度により漸長する子午線に相当する辺の長さのことである。

とはいえ，我々はこの計算式を得たので，これから針路 Co を求め，距離を求めること，すなわち航程線航法の 2 つの問題解決の前者「2 地点間の針路と距離を求めること」もできる。すなわち，針路と距離については次式で求めることができる。

$$\tan \mathrm{Co} = \mathrm{D.}L \Big/ \Big[\ln \tan(\pi/4 + l/2) \Big]_{l_1}^{l_2}$$

$$\mathrm{dist} = \mathrm{D.}l / \cos \mathrm{Co}$$

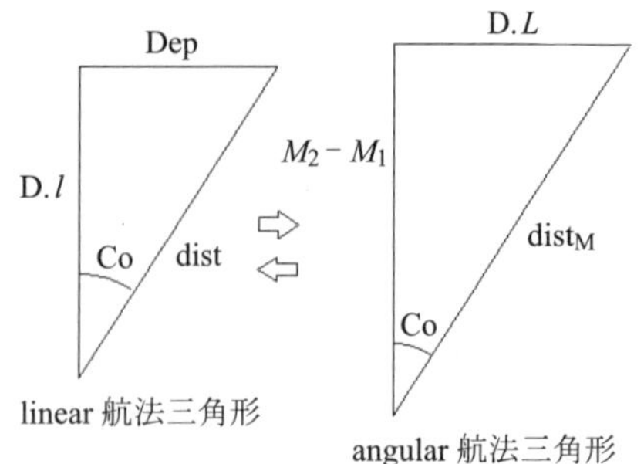

図 3.4 航法三角形の変換

angular 航法三角形（Mercator 航法三角形）において Co を求め，linear 航法三角形により dist を求めることになる。真球では意識することはないが，上の第 2 式の D.l は linear 単位である。

ここで一度，漸長緯度航法計算式を導くまでの過程を整理してみよう。すると，次のような座標変換と考えることができる。まず最初に linear 単位による航法三角形により必要な要素を計算したと考える。そこでの単位は前述のとおり，dist，D.l，Dep を linear なものとして扱った（図 3.4 の linear 航法三角形を参照)。そして，次の漸長緯度航法計算式により

$$\mathrm{D.}l \Rightarrow \mathrm{D.m.p.} = M_{l_2} - M_{l_1} = \Big[\ln\tan(\pi/4 + l/2)\Big]_{l_1}^{l_2}$$
$$\mathrm{dist} \Rightarrow \mathrm{dist_M} = (M_{l_2} - M_{l_1})/\cos\mathrm{Co}$$
$$\mathrm{Dep} \Rightarrow \mathrm{D.}L = \tan\mathrm{Co}\Big[\ln\tan(\pi/4 + l/2)\Big]_{l_1}^{l_2}$$

それぞれの要素を angular 単位に変換したものとすれば（実際には経度を角度で得るための座標変換と考える)，図 3.4 の angular 航法三角形が得られる。とくに緯度について，微分方程式の解 (3.11) により座標変換して漸長緯度に変換したと考えれば，漸長緯度航法計算式についてのイメージも多少明確化されたのではなかろうか。

等角針路を維持するために解を求めた微分方程式に現れた $1/\cos l$ の積分について考えると，高緯度にいくにしたがって大きくなること（すなわち漸長緯度）がわかる。積分値として得られる漸長緯度差（D.m.p. : difference of meridional part）に $\tan\mathrm{Co}$ を乗ずると経差が求められるという仕組みになっているわけである。海図の漸長図（Mercator projection chart）では経度線の幅を固定し（子午線収斂を考慮すると，実際には高緯度ほどスケールを増大させている)，緯度尺について漸長させ，等角針路が直線となるように考案された図法であるが，理論的には上の微分方程式の解法から得られるものであり，英語で漸長緯度航法を Mercator sailing としているが，その意味を考えると説得力がある。

(2) 中分緯度航法

3.2.1 項で考察したように航程線に沿って針路（Co），変緯（Δl），変経（ΔL），航程（Δd）からなる多数の微小直角三角形を考え，当該微小三角形から得られる変経をすべて合計すれば航行した経度になると考えれば，積分のイメージが得られるのではないだろうか。積分記号ではなく和で示せば

$$\sum \Delta L_i = \tan \mathrm{Co} \sum \frac{\Delta l_i}{\cos l_i} = \sum \frac{\Delta \mathrm{Dep}_i}{\cos l_i}$$

となる。$\Delta \mathrm{Dep}_i$ を $\cos l_i$ で除算することは，移動後の緯度における平行圏半径で除算することである。これは移動後の緯度圏においては正しい経度計算が可能なように考えられるが，実際に移動した経度を正しく計算に反映しているわけではない。なぜならば，上式における $\cos l_i$ を考慮すれば，移動中，逐次緯度の変化に追従させた計算が必要であるからである。前述のとおり，この計算を手計算などで行おうとすれば負荷がかかりすぎる。

ここで，計算負荷を免れるために，出発地と到着地の 2 地点の中間の緯度（$l_\mathrm{m} = (l_2 - l_1)/2$）における平行圏半径で Dep（$= \sum \Delta \mathrm{Dep}_i$）を除算することにより，変経 D.$L$ の近似的な値が得られると仮定すれば

$$\mathrm{D}.l = \sum \mathrm{dist}_i * \cos \mathrm{Co} = \mathrm{dist}_{\mathrm{total}} * \cos \mathrm{Co} \tag{3.15}$$

$$\mathrm{D}.L = \sum \frac{\Delta \mathrm{Dep}_i}{\cos l_i} = \frac{\mathrm{Dep}}{\cos l_\mathrm{m}} \tag{3.16}$$

という中分緯度航法公式が成り立つことになる。中分緯度における平行圏半径による計算により許容範囲内での近似値が得られるという根拠はないが，実用上問題とならない精度が得られることがわかっている。また，緯度 l_1 と l_2 の間に，求むべき平行圏半径になる緯度が存在するはずである。

この式では，D.l について linear 単位でも angular 単位でも問題を生じないこと（等価変換可能），また Dep が linear なものであることから，微小区間に限定されずに，航程の全長や Dep，D.l の長さの合計を使い一気に計算可能になっている。しかし，厳密解ではない中分緯度の存在が仮想数理平面における航法三角形への変換を阻んでいる。

(3) 真中分緯度航法

一方，その緯度における距等圏（平行圏）半径で Dep を除算すれば，精確な変経を求められると考えられる緯度を真中分緯度（T.Mid.l）とし，これを求めることができれば，変経（D.L）は次式で求められる。

$$\mathrm{D}.L = \mathrm{D}.l \cdot \tan \mathrm{Co} / \cos \mathrm{T.Mid}.l \tag{3.17}$$

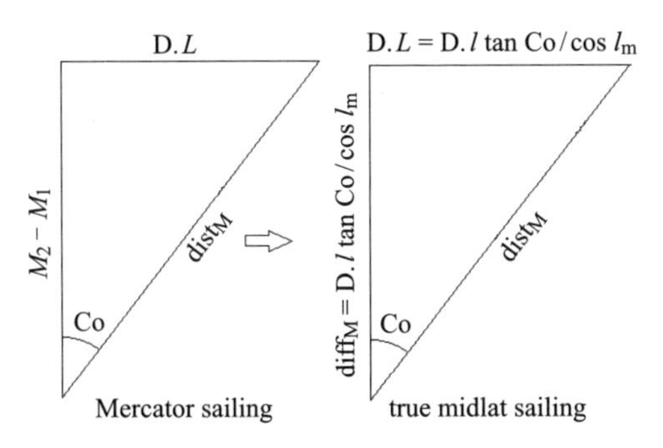

図 3.5　真中分緯度航法の航法三角形

すなわち，東西方向への航走距離を，真中分緯度は計算により得られるものとし，この緯度における距等圏半径で割り算すれば，精確な経度が求められることになる。漸長緯度航法計算式との比較をすれば，真中分緯度公式と漸長緯度公式は同一のことを別表現で行っていることがわかる。式 (3.11) と (3.17) が等しいと置けば，漸長緯度航法公式から真中分緯度航法への変換は，次式で表現できる。

$$\mathrm{D}.l / \cos \mathrm{T.Mid}.l = \Big[\ln \tan(\pi/4 + l/2) \Big]_{l_1}^{l_2} \tag{3.18}$$

航法三角形で示すに，漸長緯度航法による航法三角形からの変換をすることになるが，単純明快な変換とはいえないものが残る。

意外だが，これまでの考察から真中分緯度航法計算式を独立に求めることはできないことがわかる。その意味するところは，漸長緯度航法計算式の存在を介することによりはじめて解が得られるということである。したがって，真中分緯度を求めるには，次式から求めざるをえない。

$$1/\cos \mathrm{T.Mid.}l = \frac{\Big[\ln\tan(\pi/4 + l/2)\Big]_{l_1}^{l_2}}{\mathrm{D.}l} \tag{3.19}$$

$$= \frac{M_2 - M_1}{l_2 - l_1} \tag{3.20}$$

3.3 回転楕円体上の航程線

ここからは，地球を回転楕円体として扱う。回転楕円体上における航程線の微分方程式は，航走距離とそれの南北および東西成分の 3 辺で構成される微小三角形を考えれば

$$\tan \mathrm{Co} = \frac{N \cdot dL \cdot \cos l}{M \cdot dl}$$

であるから次式で表される。

$$dL = \tan \mathrm{Co}/\cos l \cdot \left(\frac{1 - e^2}{1 - e^2 \sin^2 l}\right) \cdot dl \tag{3.21}$$

ここに前出のとおり，M，N については，それぞれ子午線曲率半径，卯酉線曲率半径で

$$M = \frac{a(1 - e^2)}{(1 - e^2 \sin^2 l)^{3/2}}, \quad N = \frac{a}{\sqrt{1 - e^2 \sin^2 l}}$$

である。積分するに

$$\int dL = \tan \mathrm{Co} \int \left(\frac{1 - e^2}{\cos l(1 - e^2 \sin^2 l)}\right) dl \tag{3.22}$$

右辺の積分項を部分分数に展開して

$$\frac{1 - e^2}{\cos l(1 - e^2 \sin^2 l)} = \frac{1}{\cos l} - \frac{e^2 \cos l}{1 - e^2 \sin^2 l}$$

右辺第 1 項 $1/\cos l$ の積分はすでに求めてあるので，第 2 項について考えると

$$-\int \frac{e^2 \cos l}{1 - e^2 \sin^2 l} dl = -\int \frac{e^2 \cos l}{(1 + e \sin l)(1 - e \sin l)} dl$$

$$= -\frac{e^2}{2}\left[\int \frac{\cos l}{1+e\sin l}dl + \int \frac{\cos l}{1-e\sin l}dl\right]$$
$$= -\frac{e}{2}\left[\ln(1+e\sin l) - \ln(1-e\sin l)\right]$$

となる。$\ln(1 \pm e\sin l)$ について $e\sin l = x$ と置いて，x は微小項なのでマクローリン展開すれば

$$\ln(1+x) = x - 1/2x^2 + 1/3x^3 - 1/4x^4 + 1/5x^5 + \cdots$$
$$\ln(1-x) = -x - 1/2x^2 - 1/3x^3 - 1/4x^4 - 1/5x^5 + \cdots$$

であるので最終的に式 (3.22) の積分は

$$\mathrm{D}.L = \tan \mathrm{Co}\Bigg[\ln(\tan(\pi/4 + l/2)) - e^2 \sin l - \frac{1}{3}e^4\sin^3 l - \frac{1}{5}e^6\sin^5 l - \frac{1}{7}e^8\sin^7 l + \cdots\Bigg]_{l_1}^{l_2} \tag{3.23}$$

となる。右辺に現れている積分は meridional part であり，前節同様にその差を D.m.p. $= M_{l_2} - M_{l_1}$，すなわち differnce of meridional part とすれば

$$\mathrm{D}.L = \tan \mathrm{Co}\Big[\mathrm{D.m.p.}\Big] \tag{3.24}$$

となり，これが回転楕円体上の航程線の微分方程式である（ただし，ここで M で表記したのは meridional part の意味であり，子午線曲率半径ではない）。針路，距離を与えて緯度，経度を求める漸長緯度航法計算式として

$$\mathrm{D}.l = \mathrm{dist} * \cos \mathrm{Co}$$
$$\mathrm{D}.L = \tan \mathrm{Co}\Big[\mathrm{D.m.p.}\Big]_{l_1}^{l_2}$$

が得られたことになる。ただし，l_2 を求めるには，子午線弧長について計算し，その弧長に相当する緯度を求める必要がある。真球のように定数 R を介して変換するわけにはいかないので，まず微分形式で考察する。微小距離の移動により，変緯は次式で表現できる。

$$\Delta l_{\mathrm{angular}} = \frac{\Delta l_{\mathrm{linear}}}{M} \tag{3.25}$$

ここに，M は子午線曲率半径である。実用的には，これを積分した形式で変換式としたい。すなわち，dist を linear unit で入力するので，次式から angular unit である緯度を求める。

$$\mathrm{D}.l_{\mathrm{linear}} = \int_{l_1}^{l_2} M dl = \int_{l_1}^{l_2} \frac{a(1-e^2)}{(1-e^2\sin^2 l)^{3/2}} dl \tag{3.26}$$

これは，緯度に関する真球上の変換式 (3.13) に相当するものである。具体的な求め方は次節「回転楕円体上の航程線航法の計算法」で示してあるのでそちらを参照されたい。回転楕円体では，単位が linear なのか angular なのかを峻別して計算することが必要である。D.l，Dep，dist は linear unit であり，D.L は angular unit であることを確認しておこう。

一方，回転楕円体上における真中分緯度航法に関する計算式を求めるに，真中分緯度がわかっているものとしてその距等圏半径を ν_{tml} とすると

$$\nu_{\mathrm{tml}} = \frac{a\cos l}{(1-e^2\sin^2 l)^{1/2}} \tag{3.27}$$

であるから，これを用いて

$$\mathrm{D}.l = \mathrm{dist} * \cos \mathrm{Co} \tag{3.28}$$

$$\mathrm{Dep} = \mathrm{dist} * \sin \mathrm{Co} = \mathrm{D}.l * \tan \mathrm{Co} \tag{3.29}$$

$$\mathrm{D}.L = \mathrm{Dep}/\nu_{\mathrm{tml}} \tag{3.30}$$

となる。また

$$\frac{1}{\nu_{\mathrm{tml}}} = \frac{\mathrm{D}.L}{\mathrm{D}.l * \tan \mathrm{Co}} \tag{3.31}$$

であるから，式 (3.23) を (3.31) に代入すれば

$$\frac{1}{\nu_{\mathrm{tml}}} = \frac{1}{\mathrm{D}.l}\Big[\ln(\tan(\pi/4 + l/2)) - e^2 \sin l - \frac{1}{3}e^4\sin^3 l - \frac{1}{5}e^6\sin^5 l - \frac{1}{7}e^8\sin^7 l + \cdots\Big]_{l_1}^{l_2} \tag{3.32}$$

とできるので，これから真中分緯度を求めることができる。回転楕円体上の漸長緯度航法も，真中分緯度航法と同一の解であることが理解される。

3.4　回転楕円体上の航程線航法の計算法

推測位置を求める航程線航法の計算式は可能な限り簡便であることが船上において要求された歴史的経緯から，精度が問題にされたことは少なかったようである。計算手段が対数表から計算機やパソコンに進化した状況においては，計算式についても再検討の必要があるように思う。

パソコンなどでの計算には以下の回転楕円体上の航程線航法の計算を行うのがよいし，航法システムのプログラムにおいては，より計算速度も速く高精度なものが組み込まれていくことが予想される。

(1) 出発地から針路，距離を与えて到達地を求める計算

① 出発地の（緯度，経度）を (l_1, L_1)，針路を Co，航行距離を dist とし，次の式により D.l，Dep を求める。ここでは，D.l，Dep，dist とも linear unit である。

$$\mathrm{D.}l = \mathrm{dist} * \cos \mathrm{Co} \tag{3.33}$$

$$\mathrm{Dep} = \mathrm{D.}l * \tan \mathrm{Co} \tag{3.34}$$

同時に，D.l について近似解を求めるために angular unit でも求め，到達地の緯度（近似解）(l_2）を計算しておく。

② l_1 と①の近似解 l_2 により l_1，l_2 の子午線弧長を計算する。①で計算した linear D.l と上で求めた弧長の差を単純に 1852 で割り（精確にはその地の子午線曲率半径で除算）角度に変換した修正値（diff lat）を加減し，より真値に近い l_2 を求める。この l_2 を用いて l_1 と l_2 の間の子午線弧長差を求め，D.l との差がなくなるまで l_2 を真値に近づけるよう繰り返し近似計算することにより l_2 を求める。

③ l_2 が求まったので，式 (3.23) により D.L を求める。

あるいは，真中分緯度航法で計算するならば，式 (3.32) により $1/\nu$ を求め，式 (3.30) により D.L を求める。

(2) 2 地点間の距離と針路を求める計算

① 2 地点間の D.L を求める。

② l_1 および l_2 から 2 地点間の子午線弧長を求める。これは linear unit による D.l である。

③ 次式から針路を求める。

$$\mathrm{D}.L = \tan \mathrm{Co} \left[\ln(\tan(\pi/4 + l/2)) - e^2 \sin l - \frac{1}{3} e^4 \sin^3 l - \frac{1}{5} e^6 \sin^5 l - \frac{1}{7} e^8 \sin^7 l + \cdots \right]_{l_1}^{l_2} \quad (3.35)$$

また，次式から距離を求める。式中の D.l は②の計算により求めた linear unit によるものである。

$$S = \mathrm{D}.l / \cos \mathrm{Co} \quad (3.36)$$

(3) 子午線曲率（M）と平行圏曲率（$N \cos l$）を用いて直接，緯度・経度差を求める計算

前述のとおり子午線曲率半径と平行圏半径は次式で求められるから

$$M = \frac{a_\mathrm{e}(1 - e^2)}{(1 - e^2 \sin^2 l)^{3/2}}, \quad N \cos l = \frac{a_\mathrm{e} \cos l}{\sqrt{1 - e^2 \sin^2 l}}$$

南北移動距離を M で，また東西移動距離を $N \cos l$ で除算すれば，移動した緯度差と経度差が求められる。すなわち

$$\mathrm{D}.l = \mathrm{dist} * \cos \mathrm{Co} / M$$
$$\mathrm{D}.L = \mathrm{dist} * \sin \mathrm{Co} / (N \cos l)$$

である。したがって

$$lat_2 = lat_1 + \mathrm{D}.l$$
$$long_2 = long_2 + \mathrm{D}.L$$

とできる。しかし，長距離移動の場合には距離を適当な短距離区間（船舶であれば 30 秒あるいは 1 分程度の移動距離）に分割し，繰り返し計算をする必要

があり効率的ではない。その上に，繰り返し計算から生ずる誤差を最小にするためには，短距離区間とはいえ，中分緯度における半径により除算する必要がある。そのため，コンパイラなどでプログラムするなどの手数を要するが，要求精度で位置が計算できる。C コンパイラによるプログラムの肝の部分である計算の概要を示す。

```
for(i=1;i<=n;i++){
mer_radius(lat1_r,&mer_r);
N_radius(lat1_r,&n_r);
lat1f=lat1_r;
lon1f=lon1_r;
lat2=lat1_r+DistNS/mer_r;
lon2=lon1_r+DistEW/n_r;
lat_mid=(lat2+lat1f)/2;
mer_radius(lat_mid,&mer_r);
N_radius(lat_mid,&n_r);
lat2a=lat1_r+DistNS/mer_r;
lon2a=lon1_r+DistEW/n_r;
lat1_r=lat2a;
lon1_r=lon2a;
}
void mer_radius(double latm,double *mer_r)
{
     *mer_r=ae*(1-e2)/pow((1-e2*sin(latm)*sin(latm)),1.5);
}
void N_radius(double latm,double *n_r)
{
     *n_r=ae*cos(latm)/pow((1-e2*sin(latm)*sin(latm)),0.5);
}
```

(4) 2 地点の緯度・経度から子午線曲率（M）を用いて距離，針路を求める計算

子午線曲率および平行圏曲率を用いて 2 地点間の距離と針路を求めることは，上の（3）で行った計算の逆問題であるが，PC の計算能力に頼り力まかせ

で簡単に計算できると思ったら思わぬ落とし穴が待っている。実際に計算するためプログラムを組むと，どうしても，メルカトルの理論的力を借りねばならないことがわかる。上記同様に C コンパイラによるプログラムの肝の部分である計算の概要を示すので確かめるとよい。ただし，e^2 = e2 としている。

```
{
DL=(lon2_r-lon1_r);
mid_lat=(lat1_r+lat2_r)/2.0;
Meridional(lat1_r,lat2_r,&meridio);
Co=DL/meridio;
Co=atan(Co);
Dist_n=(lat2-lat1)*60*1852/400.0;
fn=Dist_n;
n=(int)fn;
n=2*n;
Dist_l_unit=(lat2_r-lat1_r)/n;
lat1_rc=lat1_r;
Dist_l_total=0;
for(i=1;i<=n;i++){
lat1_iter=lat1_rc+Dist_l_unit;
lat1_i_k=lat1_iter-Dist_l_unit/2;
mer_radius(lat1_i_k,&mer_r);
Dist_l_total=Dist_l_total+Dist_l_unit*mer_r;
lat1_rc=lat1_iter;
}
Dist_total=Dist_l_total/cos(Co);
  }
void mer_radius(double latm,double *mer_r)
{
     *mer_r=ae*(1-e2)/pow((1-e2*sin(latm)*sin(latm)),1.5);
}
void Meridional(double lat1,double lat2,double *meridio)
{
 *meridio=log(tan(PI/4.0+lat2/2.0)
-e2*sin(lat2)-1/3.0*e2*e2*pow(sin(lat2),3)
-1/5.0*e2*e2*e2*pow(sin(lat2),5)
```

```
   -1/7.0*e2*e2*e2*e2*pow(sin(lat2),7))
     -(log (tan(PI/4.0+lat1/2.0)
   -e2*sin(lat1)-1/3.0*e2*e2*pow(sin(lat1),3)
     -1/5.0*e2*e2*e2*pow(sin(lat1),5)
     -1/7.0*e2*e2*e2*e2*pow(sin(lat1),7)));
 }
```

3.4.1　計算例 1（針路・距離を与えて到達地を求める計算）

Mercator's sailing により針路・距離から到達地の位置を求める例題である。

$$(lat_1, long_1),\ \mathrm{Co},\ \mathrm{dist} \Rightarrow (lat_2, long_2)$$

$lat_1 = 30°\mathrm{N}$，$long_1 = 0°$ から $\mathrm{Co} = 45°$，$\mathrm{dist} = 1571474\,\mathrm{m}$ 航行した場合の到達地の経緯度を求める。

item	deg	rad
ϕ_1	30	0.523598776
Co	45	0.785398163
dist (meter)		1571474
dist (mile)		848.5280778

WGS84 の要素	
e	0.081819191
e^2	0.00669438
$1/f$	298.257223563
f	0.003352810665
a	6378137

①の計算

	deg	rad
lat_1	30	0.523598776

	linear	angular
D.l	1111200	9.999999297
Dep	1111200	9.999999297

	deg	rad
approx lat_2	39.9999992968	0.698131689

②の計算

	lat_1	lat_2
S（子午線弧長）=	3320113	4429529
diff of S	1109416	
D.l − diff of S	1784	
Corr to D.l (rad)	0.000280265	（1852 で除算）
lat_2 + Corr (rad)	0.698411954	

S =	4431312
diff of S	1111199
D.l − diff of S	1
Corr to D.l	2.14923E-07
lat_2 + Corr	0.698412169
true lat_2 =	40.01606963

A	1.0050525
B	−0.002531553
C	2.65663E-06
D	−3.41805E-09

$lat = \phi$	30	40.01606963
rad	0.523598776	0.698412169
$\ln\tan(\pi/4 + \phi/2)$	0.549306144	0.76327582
$e^2 \sin(\phi)$	0.00334719	0.004304503
$1/3e^4 \sin^3(\phi)$	1.86728E-06	3.97134E-06
$1/5e^6 \sin^5(\phi)$	1.87504E-09	6.59514E-09
$1/7e^8 \sin^7(\phi)$	2.24147E-12	1.30386E-11
sum	0.545957085	0.758965135
diff of sum	0.2130102546	
$1/\nu$	0.0000001917	
D.L (= Dep/ν)	0.213010255	12.20458858

緯度：40°.01606963N，経度：12°.20458858E

参考に，回転楕円体上の真中分緯度を求めるに，式 (3.27) を次のように変形して

$$\cos l = \frac{\nu(1 - e^2 \sin^2 l)^{1/2}}{a}$$

最初に右辺の l に中分緯度を代入し繰り返し近似計算すると，近似値としての true mid lat = 35°.21592226 が得られる。

3.4.2　計算例 2（2 地点の経緯度を与えて針路・距離を求める計算）

Mercator's sailing により 2 地点の経緯度から針路・距離を求める例題である。

$$(lat_1, long_1),\ (lat_2, long_2) \Rightarrow \mathrm{Co},\ \mathrm{dist}$$

A 地点 (30°N, 0°) から B 地点 (40°.01606963N, 12°.20458858E) へ向かう Co と dist を求める。

	deg	rad
$lat_1 = \phi_1$	30	0.523598776
$lat_2 = \phi_2$	40.01606963	0.698412169
D.l	10.0160696300	0.174813393
diff of Long (D.L)	12.20458858	0.213010254

A	1.0050525
B	−0.002531553
C	2.6569E-06
D	−3.46953E-09

	lat_1	lat_2
ϕ	30	40.01606963
S =	3320113	4431313
diff of S (D.l linear)=	1111200	

ϕ	30	40.01606963
$\ln\tan(\pi/4+\phi/2)$	0.549306144	0.76327582
$e^2\sin(\phi)$	0.00334719	0.004304503
$1/3e^4\sin^3(\phi)$	1.86728E-06	3.97134E-06
$1/5e^6\sin^5(\phi)$	1.87504E-09	6.59514E-09
$1/7e^8\sin^7(\phi)$	2.24147E-12	1.30386E-11
sum	0.545957085	0.758967339
diff of sum=	0.213010254	
$1/\nu$ =		0.0000001917

tan Co (=D.L/diff of sum)	1.000000000	
Co	0.785398164	45°.000000

$$\text{dist } (= \text{D.}l/\cos\text{Co}) = 1571473.998\,\text{m}$$

参考に，真中分緯度の近似値を求める。ν が計算できたので，式 (3.27) を用いて計算すると，true mid *lat* = 35°.21592226 が得られる。

参考文献

[1] 酒井進，「新訂 地文航海学」，海文堂出版.
[2] 秋吉利雄，「航海天文学の研究」，恒星社恒星閣，1954.
[3] 石田正一，「回転楕円体上の航程線航法」，航海，99 号，日本航海学会，1989.
[4] 沓名景義，坂戸直輝，「海図の知識」，成山堂書店.
[5] 飛田幹男，川瀬和重，政春尋志，「赤道からある緯度までの子午線長を計算する 3 つの計算式の比較」，測地学会誌，第 55 巻，第 3 号，2009.

第 4 章

測地線の解

4.1 Jordan の式による第 1 課題の解法

出発地の位置，方位および距離から到達地の位置を求める測地線の第 1 課題の解法は以下のとおりである。出発地の位置の（緯度，経度）を (φ_1, λ_1) とし，到達地の（緯度，経度）を (φ_2, λ_2) とする。また，針路と距離を $A_{12} = \alpha_1$，S とする。φ_1 の化成緯度（ϕ_1）を求め，次の計算を行う。

$$\tan\phi_1 = b_{\mathrm{e}}/a_{\mathrm{e}} \tan\varphi_1$$
$$\sin m = \frac{\cos\phi_1}{\sin\alpha_1}$$
$$\tan M = \frac{\tan\phi_1}{\cos\alpha_1}$$

$$k^2 = e'^2 \cos^2 m$$
$$b_{\mathrm{e}} = a_{\mathrm{e}}(1-f)$$
$$e'^2 = e^2(1-e^2)$$

そして，次の諸量を求める。

$$\alpha = 1/A, \quad A = 1 + \frac{k^2}{4} - \frac{3}{64}k^4 + \frac{5}{256}k^6 - \frac{175}{16384}k^8 + \frac{441}{65536}k^{10}$$
$$\beta = B/A, \quad B = \frac{k^2}{4} - \frac{1}{16}k^4 + \frac{15}{512}k^6 - \frac{35}{2048}k^8 + \frac{735}{65536}k^{10}$$

$$
\begin{aligned}
\gamma = C/A, \quad C &= \frac{1}{128}k^4 - \frac{3}{512}k^6 + \frac{35}{8192}k^8 - \frac{105}{32768}k^{10} \\
\delta = D/A, \quad D &= \frac{1}{1536}k^6 - \frac{5}{6144}k^8 + \frac{105}{131072}k^{10} \\
\epsilon = E/A, \quad E &= \frac{5}{65536}k^8 - \frac{35}{262144}k^{10} \\
\zeta = F/A, \quad F &= \frac{7}{655360}k^{10}
\end{aligned}
$$

ここで，σ の近似値 σ' を次式によって求める。

$$\sigma' = \frac{\alpha S}{b_e} \tag{4.1}$$

求めた σ' を次式の右辺に代入し，より良い σ を求め繰り返し近似計算を行い，適当な値で収束したところで繰り返し計算を終える。

$$
\begin{aligned}
\sigma = \frac{\alpha S}{b_e} &+ \beta \sin\sigma \cos(2M + \sigma) + \gamma \sin 2\sigma \cos(4M + 2\sigma) \\
&+ \delta \sin 3\sigma \cos(6M + 3\sigma) + \epsilon \sin 4\sigma \cos(8M + 4\sigma) \\
&+ \zeta \sin 5\sigma \cos(10M + 5\sigma)
\end{aligned} \tag{4.2}
$$

σ が確定したら

$$\sin\phi_2 = \sin\phi_1 \cos\sigma + \cos\phi_1 \sin\sigma \cos\alpha_1 \tag{4.3}$$

により，ϕ_2 が確定する。また

$$\sin\lambda = \frac{\sin\alpha_1 \sin\sigma}{\cos\phi_2} \tag{4.4}$$

により，λ が確定する。次の計算を行う。

$$
\begin{aligned}
\alpha' &= \frac{e^2}{2}\left(1 + \frac{e^2}{4} + \frac{e^4}{8}k^4 + \frac{5}{64}e^6\right) - \frac{e^4 \cos^2 m}{16}\left(1 + e^2 + \frac{15}{16}e^4\right) \\
&\quad + \frac{3}{128}e^6 \cos^4 m \left(1 + \frac{15}{8}e^2\right) - \frac{25}{2048}e^8 \cos^6 m
\end{aligned} \tag{4.5}
$$

$$\beta' = \frac{e^4}{16}\cos^2 m \left(1 + e^2 + \frac{15}{16}e^4\right)$$

$$
-\frac{e^6}{32}\cos^4 m\left(1+\frac{15}{8}e^2\right)+\frac{75}{4096}e^8\cos^6 m \tag{4.6}
$$

$$
\gamma' = \frac{e^6}{256}\cos^4 m\left(1+\frac{15}{8}e^2\right)-\frac{15}{4096}e^8\cos^6 m \tag{4.7}
$$

$$
\delta' = \frac{5}{12288}e^8\cos^6 m
$$

$$
\begin{aligned}
\Delta\lambda &= \lambda - \sin m\{\alpha'\sigma + \beta'\sin\sigma\cos(2M+\sigma) \\
&\quad + \gamma'\sin 2\sigma\cos(4M+2\sigma) + \delta'\sin 3\sigma\cos(6M+3\sigma)\}
\end{aligned} \tag{4.8}
$$

$$
\lambda_2 = \lambda_1 + \Delta\lambda \tag{4.9}
$$

により，λ_2 が求まる。到達地からの方位 A_{21} を求めるには，次の計算を行う。

$$
\sin\alpha_2 = \frac{\cos\phi_1\sin\alpha_1}{\cos\phi_2} \tag{4.10}
$$

$$
A_{21} = \alpha_2 + 180 \tag{4.11}
$$

4.2　T. Vincenty による第 1 課題の解法

T. Vincenty による公式は以下に示す少ない計算式で精確な値が求められる。なお，表記については Vincenty の論文のものを変更し Jordan に合わせている。

$$
\begin{aligned}
u^2 &= \cos^2\alpha(a^2-b^2)/b^2 \\
\phi &= (1-f)\tan\varphi \\
\tan\sigma_1 &= \tan\phi_1/\cos\alpha_1 \\
\sin\alpha &= \cos\phi_1\sin\alpha_1 \\
A &= 1+\frac{u^2}{16384}(4096+u^2(-768+u^2(320-175u^2))) \\
B &= \frac{u^2}{1024}(256+u^2(-128+u^2(74-47u^2)))
\end{aligned}
$$

$$
2\sigma_m = 2\sigma_1 + \sigma \tag{4.12}
$$

$$
\begin{aligned}
\Delta\sigma = B\sin\sigma\bigg(&\cos 2\sigma_{\mathrm{m}} + \frac{1}{4}B(\cos\sigma(-1+2\cos^2 2\sigma_{\mathrm{m}}) \\
&-\frac{1}{6}B\cos 2\sigma_{\mathrm{m}}(-3+4\sin^2\sigma)(-3+4\cos^2 2\sigma_{\mathrm{m}}))\bigg)
\end{aligned} \tag{4.13}
$$

$$\sigma = \frac{S}{bA} + \Delta\sigma \tag{4.14}$$

式 (4.12) から (4.14) までの計算を σ が要求精度に収束するまで繰り返す。σ の初期値は式 (4.12) の右辺第 1 項として計算を開始する。収束したら，次の計算により緯度，経度を求める。

$$\tan\varphi_2 = \frac{\sin\phi_1\cos\sigma + \cos\phi_1\sin\sigma\cos\alpha_1}{(1-f)(\sin^2\alpha + (\sin\phi_1\sin\sigma - \cos\phi_1\cos\sigma\cos\alpha_1)^2)^{1/2}} \tag{4.15}$$

$$\tan L = \frac{\sin\sigma\sin\alpha_1}{\cos\phi_1\cos\sigma - \sin\phi_1\sin\sigma\cos\alpha_1} \tag{4.16}$$

$$C = \frac{f}{16}\cos^2\alpha(4 + f(4 - 3\cos^2\alpha)) \tag{4.17}$$

$$\lambda = L - (1-C)f\sin\alpha(\sigma + C\sin\sigma(\cos 2\sigma_{\mathrm{m}} + C\cos\sigma(-1 + 2\cos^2 2\sigma_{\mathrm{m}}))) \tag{4.18}$$

4.3 Jordan の式による第 2 課題の解法

出発地と到達地の緯度，経度から 2 地点間の距離と方位を求める測地線の第 2 課題の解法は以下のとおりである。出発地の位置の（緯度，経度）を (φ_1, λ_1) とし，到達地の（緯度，経度）を (φ_2, λ_2) とする。また，針路と距離を A_{12}，S とする。φ_i の化成緯度（ϕ_i）を求め，次の計算を行う。

$$\begin{aligned}\tan\phi_1 &= b_{\mathrm{e}}/a_{\mathrm{e}}\tan\varphi_1\\ \tan\phi_2 &= b_{\mathrm{e}}/a_{\mathrm{e}}\tan\varphi_2\\ \lambda' &= \Delta\lambda = \lambda_2 - \lambda_1\end{aligned} \tag{4.19}$$

σ の近似値を σ' とし，これを次の式を用いて求める。

$$\cos\sigma' = \sin\phi_1\sin\phi_2 + \cos\phi_1\cos\phi_2\cos\lambda' \tag{4.20}$$

以上の値を用いて，α_1 を求める。

$$\begin{aligned}\sin\alpha'_1 &= \frac{\sin\lambda'\cos\phi_2}{\sin\sigma'}\\ \cos\alpha'_1 &= \frac{\sin\phi_2 - \sin\phi_1\cos\sigma'}{\cos\phi_1\sin\sigma'}\end{aligned} \tag{4.21}$$

また，次により，M' を求める。

$$\sin m' = \cos\phi'_1 \sin\alpha'_1$$
$$\tan M' = \frac{\tan\phi_1}{\cos\alpha'_1} \tag{4.22}$$

4.1 節の α'，β'，γ'，δ' の式を利用して，次の λ を求める。

$$\lambda = \Delta\lambda + \sin m'\{\alpha'\sigma' + \beta' \sin\sigma' \cos(2M' + \sigma') + \gamma' \sin 2\sigma' \cos(4M' + 2\sigma') + \delta' \sin 3\sigma' \cos(6M' + 3\sigma')\} \tag{4.23}$$

λ を λ' として式 (4.20) 以下の計算を繰り返す。十分近似したら式 (4.20) の σ' を σ の確定値とする。そして，4.1 節の k^2，A，B，C，D，E，F の式を利用して，次式から S を求める。

$$S = b_e\{A\sigma - B\sin\sigma\cos(2M + \sigma) - C\sin 2\sigma\cos(4M + 2\sigma) - D\sin 3\sigma\cos(6M + 3\sigma) - E\sin 4\sigma\cos(8M + 4\sigma) - F\sin 5\sigma\cos(10M + 5\sigma)\} \tag{4.24}$$

4.4　T. Vincenty による第 2 課題の解法

$$L = \lambda$$
$$\sin^2\sigma = (\cos\phi_2 \sin L)^2 + (\cos\phi_1 \sin\phi_2 - \sin\phi_1 \cos\phi_2 \cos L)^2$$
$$\cos\sigma = \sin\phi_1 \sin\phi_2 + \cos\phi_1 \cos\phi_2 \cos L$$
$$\tan\sigma = \sin\sigma / \cos\sigma$$
$$\sin\alpha = \cos\phi_1 \cos\phi_2 \sin L / \sin\sigma$$
$$\cos 2\sigma_m = \cos\sigma - 2\sin\phi_1 \sin\phi_2 / \cos^2\alpha$$

式 (4.17)，(4.18) から，L を求める。ここまでの計算を L が収束するまで繰り返し，収束したところで，距離を求める。次式の $\Delta\sigma$ は第 1 課題における計算式を用いて計算する。

$$S = bA(\sigma - \Delta\sigma) \tag{4.25}$$

方位角については，次の式から求める。

$$\tan\alpha_1 = \frac{\cos\phi_2 \sin L}{\cos\phi_1 \sin\phi_2 - \sin\phi_1 \cos\phi_2 \cos L} \tag{4.26}$$

$$\tan\alpha_2 = \frac{\cos\phi_1 \sin L}{-\sin\phi_1 \cos\phi_2 + \cos\phi_1 \sin\phi_2 \cos L} \tag{4.27}$$

4.5 検算用データ

計算例として，辰野忠夫氏の「積分法による測地計算」から以下の数値を掲げるので，プログラムの検算に使用するとよい。ただし，A から C までの計算にはベッセル（Bessel）楕円体を使用し，D は国際楕円体（$a = 6378388$ m，$f = 1/297.0$）を用いている。

	P_1 α	P_2 S
A	$\phi_1 = 49°30'0''$	$\phi_2 = 50°30'0''$
	$\lambda_1 = 0°0'0''$	$\lambda_2 = 1°0'0''$
	$\alpha_{12} = 32°25'21''.5109$	$S = 132315.375$ m
B	$\phi_1 = 52°30'16''.7$	$\phi_2 = 54°42'50''.6$
	$\lambda_1 = 0°0'0''$	$\lambda_2 = 7°6'0''$
	$\alpha_{12} = 59°33'0''.6892$	$S = 529979.578$ m
C	$\phi_1 = 45°0'0''$	$\phi_2 = 55°0'0''$
	$\lambda_1 = 0°0'0''$	$\lambda_2 = 10°0'0''$
	$\alpha_{12} = 29°03'15''.4598$	$S = 1320284.366$ m
D	$\phi_1 = 10°0'0''$	$\phi_2 = 55°0'0''$
	$\lambda_1 = 0°0'0''$	$\lambda_2 = 49°35'55''.48021$
	$\alpha_{12} = 30°35'37''.26014$	$S = 6606696.0434$ m

参考文献

[1] 辰野忠夫，「積分法による測地計算」，水路部研究報告，第 25 号，1989.
[2] 原田健久，「わかりやすい測量厳密計算法」，鹿島出版会，1993.
[3] T. Vincenty, Direct and Inverse Solutions of Geodesics on The Ellipsoid with Application of Nested Equations, Survey Review, Vol.XXII, No.176, 1975.

第５章

測高度改正

ここでは，天体観測高度の改正（observed altitude correction）について考察する。天文航法（天測）理論においては，観測者を地心に置き，天体を天球に置くという座標概念を用いて計算を行っているが，観測者は実際には地表にあることから生じる天体観測に伴う問題を解決しなければならない。天球概念では天の極や赤道など地心を基準とした座標を設定している。しかし，地表における座標を地球中心に平行移動したとしても方向が必ずしも一致しない場合がある。地表では水平線や鉛直を基準にして天体の高度を観測するわけであるが，月や太陽など地球に近い天体については，地表における観測方向は地球中心における観測方向とは異なる方向に見えることとなる。また，地球は球体でその周りを空気層に包まれていることから，天体からの光線は屈折するため直進しない。同様に水平線の方向についても，その見える方向は地球の曲率や空気の屈折の影響を受ける。これらの影響を取り除き，地球中心における観測値に改正する必要があるわけである。改正すべき項目を整理すると，下記の４種類に分類できる。

① 天文気差（Refraction）と呼ばれる，天体の光線が地球大気を通過することによる屈折の影響

② 眼高差（Dip）と呼ばれる，測者の海面からの高さのために起こる水平線の方向についての地球の曲率と大気の屈折による影響

③ 視差（Parallax）と呼ばれる，天体の距離が無限遠でないために生じる

地球中心と地表における天体の方向が異なることの影響

④ 太陽や月は円盤のように見え，その円盤の大きさを視半径（Semi-diameter）で表現できる。太陽などの中心の方向を定めるためには，その視半径の大きさを加減することが必要になる

5.1 天文気差（Refraction）

単純化して上層にいくに従って薄くなり最終的には真空となる何層かの密度の異なる空気層（下付き記号 $_i$ などで層の順番を示す）を考える。空気層の境界では，Z_i，Z_{i-1} などを光の入射角（天頂から測る），n を屈折率とすれば，Snell の法則から（図 5.1 参照）

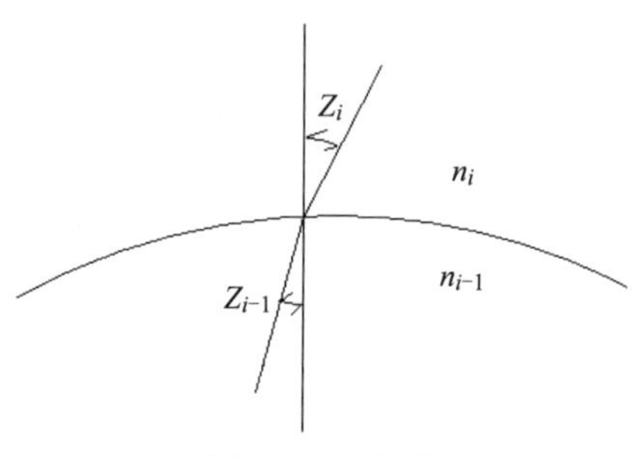

図 5.1 天文気差

$$\frac{\sin Z_i}{\sin Z_{i-1}} = \frac{n_{i-1}}{n_i} \tag{5.1}$$

が成り立つから，上層から下層までの各層では，最上層を n，最下層を 1 として

$$\frac{\sin Z_i}{\sin Z_{i-1}} = \frac{n_{i-1}}{n_i} \quad \cdots \quad \frac{\sin Z_2}{\sin Z_1} = \frac{n_1}{n_2} \tag{5.2}$$

左辺と右辺をそれぞれ乗じると

$$\frac{\sin Z_i}{\sin Z_1} = \frac{n_1}{n_i} = n_1 \tag{5.3}$$

となり，大気の最上層と最下層の角度関係式となる。最下層での天頂角 Z'，最上層で $Z' + \rho$ とすれば

$$\frac{\sin(Z' + \rho)}{\sin Z'} = n_1 \tag{5.4}$$

ρ は微小であるから

$$\frac{\sin(Z' + \rho)}{\sin Z'} = \frac{\sin Z' + \rho \cos Z'}{\sin Z'} = n_1 \tag{5.5}$$

$$\rho = (n_1 - 1) \tan Z' \tag{5.6}$$

と求められ，角度の分単位で求めるに

$$\rho' = \frac{n_1 - 1}{\mathrm{arc}\,1'} \tan Z' \tag{5.7}$$

となる。観測より，$n_1 = 1.0002916$ が得られているので，これを代入して，$\rho' = 1.0026 \tan Z'$ となる。15 度以上の高度角では上式が適用できるが，複雑な空気のゆらぎを簡略化しすぎた導き方ではある。適当な関数 $f(n)$ を導入して，次の微分方程式をたてたほうが現実的である。

$$d\rho = \tan Z' f(n) dn \tag{5.8}$$

いずれにしても，空気密度の分布はつねに変化しており $f(n)$ を決定することは容易ではないため，半経験的に導き出された公式を使うことになる。海上保安庁「天測計算表」においては Radau の気差表，NavPac においては Bennett の算式を使用している。

天文気差公式導出の一例を示す。屈折率を n で表記し，屈折率が $n + dn$ から n へと変化する空気層を通り過ぎると屈折による大気差（角度変化）は

$$\frac{\sin(Z + \rho)}{\sin Z} = \frac{n + dn}{n} \tag{5.9}$$

したがって

$$\rho = \frac{\tan Z}{n} dn \tag{5.10}$$

であるから，地表での変化量（R）はこれを積分して

$$R = \int_1^{n_0} \frac{\tan Z}{n} dn \tag{5.11}$$

と求められる。ここで，下付きの $_0$ で地表での数値であることを表記し，また地球球面の空気層に Snell の法則を適用し，r_0 を地心から地表までの距離，r を地心から空気最上層までの距離とすれば

$$\tan Z = \frac{\sin Z}{\sqrt{1 - \sin^2 Z}} \tag{5.12}$$

$$\sin Z = \frac{n_0 r_0 \sin Z_0}{nr} \tag{5.13}$$

であるから

$$R = \int_1^{n_0} \frac{n_0 r_0 \sin Z_0}{n\sqrt{(nr)^2 - (n_0 r_0 \sin z_0)^2}} dn \tag{5.14}$$

$$= n_0 r_0 \tan Z_0 \int_1^{n_0} \left(1 + \left(1 - \left(\frac{n_0 r_0}{nr}\right)^2\right)\tan^2 Z_0\right)^{-1/2} /(n^2 r) dn \tag{5.15}$$

$$= n_0 r_0 \tan Z_0 \int_1^{n_0} \left(1 - \frac{1}{2}\left(1 - \left(\frac{n_0 r_0}{nr}\right)^2\right)\tan^2 Z_0 + \cdots\right) /(n^2 r) dn \tag{5.16}$$

$\tan Z_0$ にかかる積分部分を定数 A，$\tan^3 Z_0$ の積分部分について B に置き換えると

$$R = A \tan Z_0 - B \tan^3 Z_0 \tag{5.17}$$

が得られ，一般的には，観測値から $A = 58''.294$，$B = 0''.0668$ としている。

5.1.1　天文気差（大気差）の近似式

ここでは，理科年表に記載の近似式を示すことにする。大気差（R）= 視高度 − 真高度 として

$$R = (R_0 \tan Z + R_1 \tan^3 Z) \tag{5.18}$$

（単位ラジアン，$Z = 90 -$ 視高度）

$$R_0 = (n_0 - 1)(1 - H), \quad R_1 = 1/2(n_0 - 1)^2 - (n_0 - 1)H \tag{5.19}$$

$H \approx 0.00130$（地球半径を単位とした大気のスケールハイト），n_0 は観測地点の空気の屈折率で，次の式で与えられる。

$$(n_0 - 1) \times 10^8 = C(\lambda)\frac{P}{T}\left[1 + P\left(57.9 \times 10^{-8} - 9.325 \times 10^{-4}\frac{1}{T} + 0.25844\left(\frac{1}{T}\right)^2\right)\right]\left(1 - 0.16\frac{F}{P}\right)$$

$$C(\lambda) = 2371.34 + 683939.7\left(130 - \frac{1}{\lambda^2}\right)^{-1} + 4547.3\left(38.9 - \frac{1}{\lambda^2}\right)^{-1}$$

ここに，T は気温（K），P は気圧（hPa），F は水蒸気圧（hPa）である。

【例】標準乾燥空気（$P = 1013.25\,\mathrm{hPa}$，$F = 0$，$T = 288.15\,\mathrm{K}$）の観測波長（$\lambda$）がほぼ黄色の $0.5753\,\mu\mathrm{m}$ における屈折率は 1.000277373 で，このとき $R_0 = 57''.138$，$R_1 = -0''.066$ である。

5.1.2　Bennett の算式

NavPac で計算に用いられている Bennett による式であり，0 度から 90 度までの視高度に対応した算式（Bennett's astronomical refraction formula）である。ここでは，H は視高度（単位：角度）であり，気差 R_0 の単位は角度である。

$$R_0 = 0^\circ.0167/\tan\left(H + \frac{7.32}{H + 4.32}\right) \tag{5.20}$$

気圧（P : hPa）と気温（T : °C）に対する改正項として

$$f = 0.28P/(T + 273) \tag{5.21}$$

を R_0 に乗じて $R = fR_0$ とする。Bennett の式は非常に優れており，上の理科年表の近似式や他に提案されている式に比して測高度が低いときでも信頼できる数字を与える。

Bennett は別の式を公表しており，こちらは低高度での気差でもより精度の高い値を導いている。天体出没方位角を求めるときの視高度の計算に使うので，以下に示しておく。

$$R_0'' = 60.0/\tan(\pi/2 - z' + 1.351520851 * 10^{-3}/(1 - 0.6069468169z')) \tag{5.22}$$

ここに，z' は視天頂角で，単位は radian である。

5.1.3　Almanac for Computers 1976 による算式

Kaplan らによる算式で，Almanac for Computers1976 で使用されたものである。視天頂角を z'（単位を radian）とし，標準大気状態（0°C，1013.25 hPa (mb)）における天文気差 $R_0('')$ は

$$R_0'' = 31915.366(z' - \sin^{-1}(0.998115 \sin z')) \tag{5.23}$$

であり，気圧（P : hPa）と気温（T : °C）に対する改正項は

$$f = P * 273/(1013 * (T + 273)) \tag{5.24}$$
$$= 0.279P/(T + 273) \tag{5.25}$$

または，standard condition（$f = 1$）を 1010 hPa，10°C としている算式であれば

$$f = P * 283/(1010 * (T + 273)) \tag{5.26}$$

とする。ただし，同 Almanac を見ることはできなかったので，気圧と気温に対する改正項は標準的な航海術書に掲載されている式を用いたが，これは Bennett の式と同様である。なお，気体の屈折率 n は，次の近似式で計算できる。n_0，P_0，T_0 をそれぞれ標準大気の屈折率，気圧，温度とすれば

$$n - 1 = (n_0 - 1)\frac{PT_0}{P_0T} = (n_0 - 1)\frac{P(273 + 15)}{1013T}$$

であり，これから気圧と気温に対する改正項 f の近似値が得られることになる。

5.2 眼高差（Dip）

日本語の水平線の意味には 2 つあり，「空と海面の接触面としてみえる平らな海面」と「重力の方向と直角に交わる線」と辞書に書かれている。眼高差とはまさに水平線を見るときの目の高さによる，この 2 つの水平線の方向差のことをいう。「見えている水平線」と「ここに理論的にあるべき水平線」との角度差といってもよいかもしれない。海上では重力の方向を感覚的に認識できても正確な方向を示すことは難しい。当然，重力と直角である正確な水平の方向を示すことも困難である。したがって，見えている水平線を基準にして天体の高度観測をすることになる。となれば，眼高差についての知識は必須なものであることが頷ける。

5.2.1　視水平距離と眼高差を求める簡略法

(1) 幾何学的視水平と眼高差

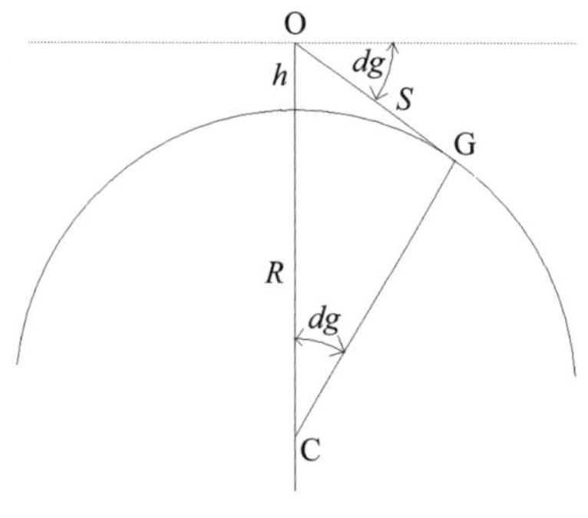

図 5.2　視水平距離

図 5.2 より，R は地球半径，h は眼高，そして幾何学的視水平までの距離 OG を S とすれば，$(R+h)^2 = R^2+S^2$ となる。これを展開して，$S = (2Rh + h^2)^{1/2} \approx \sqrt{2Rh} = 3.57\sqrt{h}$ と km 単位での距離が求められる。ただし，h はメートル単位で入力するように係数について変換してある。海里では，S (nm) $= 1.9276\sqrt{h}$ である。

幾何学的眼高差は次のように近似できる。図 5.2 において，dg を幾何学的眼高差とすれば，$\cos(dg) = \mathrm{CG/OC} = R/(R+h)$ であり，dg は微小角だから，$\cos(dg) = 1 - dg^2/2 = 1/(1 + h/R) = 1 + h/R$，$dg = \sqrt{2h/R}$ となり，$R = 6378\,\mathrm{km}$，$h = 1.5\,\mathrm{m}$ を代入すれば，dg は 0.039 度（2.36 角度分）である。人は肉眼で角度 1 分を見分けることができるといわれる。したがって，海岸に立ったとき容易に眼高差を認識することになる。

(2) 気差を考慮した視水平と眼高差

地表付近での光の屈折による光路の曲率半径は R/k とされ，$k \approx 1/6 \sim 1/7$ が測量などで使われてきた。これによれば，地球の曲率は $1/R$ により，地球表面付近における光の曲率は $1/R' = k/R$ で表記できるから，その差は $\dfrac{1}{R} - \dfrac{1}{7R} = \dfrac{6}{7R}$ である。この数値は，観測値あるいは経験値であり，理論値ではない。実際の大気の気温減率を仮定した理論計算式から求められるものとは異なり，大気の複雑さを示す。

ここで，水平線を見る場合などにおける地球表面付近の空気層により光は角度変化（気差）するが，これを含む光の地表に対する角度変化を見かけの角度変化と呼ぶことにし，高度により空気密度が変化しないとする場合（気差のない）の光の角度変化を真の角度変化と呼ぶことにする。すなわち真の角度変化

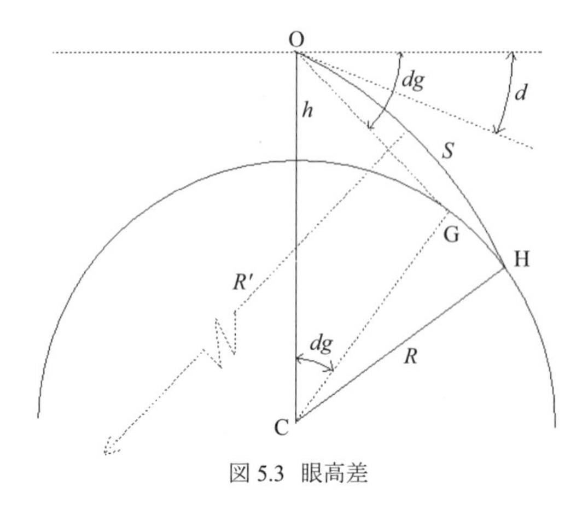

図 5.3　眼高差

とは，気差のない場合には光の地球表面に対する方向変化は光が移動した距離が地球中心に張る角度のみに等しく，気差による角度変化を含まないことを明示するための表現とする。上述の曲率表現を用いれば，両者の角度変化の比率（m と表記する）は $m = 1 - k$ により表現される。この m は光の曲率と地球の曲率の比率により決まるものであり，これにより観測者のいる地球表面から見た相対的光路が表現できる。逆に光から見た相対的地球表面における距離を計算すれば眼高差が計算できることになる。曲率の比率から得られる相対的光路についての考察から，この m により得られる仮想の地球上での眼高差を計算すると近似解が得られることになる。

ここでは，(1)「幾何学的視水平と眼高差」と同様に気差がないものとして，(1) で用いた式により，近似解としての幾何学的計算をすることにする。気差の影響により見えている視水平までの距離 OH を S で表記することにし，地球半径 R により光の地球表面付近における相対的曲率半径 R_r を表現すれば，$R_r = \dfrac{R}{1-k} = \dfrac{7R}{6}$ と表現できる。$R_r \approx 7440$ となり，眼高をメートル単位で入力できるように係数変換して $\sqrt{2R_r} = 3.857$ であるから，視水平までの距離は S（km）$= 3.85\sqrt{h}$ となり，海里では S（nm）$= 2.0826\sqrt{h}$ と表される。

一般的に，d を気差を考慮した眼高差とすれば，$dg - d$ のことを地上大気差といい，$dg - d = 0.0784dg$ で表される。したがって，$d = 0.9216 * dg =$

$0.9216 * \sqrt{2h/R}$，$R = 6378\,\mathrm{km}$ を代入し，$d\,(\mathrm{rad}) = 0.000516\sqrt{h}$，角度の分単位で $d' = 1.7741\sqrt{h}$ と近似できる。ただし，h は眼高をメートル単位で表現する。

光達距離計算などで使う公式が，まず幾何学的近似解として得られること，また $\sqrt{h}$ に係数を乗ずればよいとする簡単な形式であることは，水平線近くの複雑な屈折率理論が必要であると思われる大気を考えると不思議である。

日本の海上保安庁の刊行物においては，経験的に光達距離計算公式は $S = 2.083\sqrt{h}$，天測での視水平距離公式においては $S = 2.072\sqrt{h}$，また眼高差公式については $d' = 1.776\sqrt{h}$ が用いられているが，Explanatory Supplement においては $1.75\sqrt{h}$ が用いられている。以上の眼高差の数式のみを見ると，純粋な理論解であるかのように誤解する可能性も否定できない。地表付近における光の屈折による曲率や屈折角は観測により決定されていることを理解しておく必要がある。

それを再確認する意味で，別法にて眼高差の数式を導いてみる。図 5.4 において，A から O への光線は円弧で近似でき，OT と AT はそれぞれ接線であるので

$$\angle\mathrm{TOA} = \angle\mathrm{OAT}$$

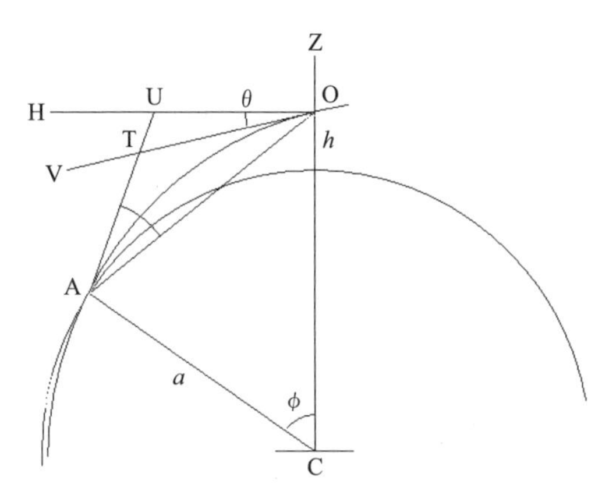

図 5.4　光の屈折と眼高差

が成立する。$\angle$OCA を ϕ とすると，$\angle$TOA は近似的に ϕ に比例するものとでき，その比例常数を β と置くと

$$\angle \mathrm{OAT} = \beta\phi$$

とできる。この β は経験的にあるいは観測値として，ほぼ 1/13 = 0.077 とされている。

$$\begin{aligned}
\angle \mathrm{OAC} &= 90^\circ - \beta\phi \\
\angle \mathrm{AOC} &= 90^\circ - (\theta + \beta\phi) \\
\angle \mathrm{OAC} + \angle \mathrm{AOC} + \angle \mathrm{ACO} &= 180^\circ
\end{aligned}$$

より

$$\phi(1 - 2\beta) = \theta \tag{5.27}$$

三角形 AOC に正弦定理を適用すると

$$\frac{\cos\beta\phi}{\cos(\theta + \beta\phi)} = 1 + \frac{h}{a}$$

$$\frac{2\sin\dfrac{\theta}{2}\sin\dfrac{1}{2}(\theta + 2\beta\phi)}{\cos(\theta + \beta\phi)} = \frac{h}{a}$$

θ および ϕ は微小角であるから

$$\theta(\theta + 2\beta\phi) = 2h/a$$

したがって

$$\theta^2 = 2(1 - 2\beta)h/a$$

ここで，$\beta = 0.077$，$a = 6.37 * 10^6$ を代入し，θ を角度の分単位で表すと

$$\theta = 1'.77\sqrt{h}$$

とできる。他方

$$\theta + \angle \mathrm{VTA} = \angle \mathrm{HUA} = \phi$$

であるから

$$\phi = \frac{1}{1-2\beta}\theta$$
$$= 2'.09\sqrt{h}$$

が得られる。また，視水平までの距離（S）は，ϕ を radian で表して

$$S = a\phi$$
$$= 3880\sqrt{h}\ (\text{meter})$$

となる。

5.2.2　水準器による水平

水準器により水平に見ている目標物は，図 5.5，5.6 のように気差と幾何学的地球曲率の影響を受けるため，補正が必要である。気差の簡易補正式は

$$\text{BB}' = \frac{K}{2R}S^2 \tag{5.28}$$

であり，ここに $K = 0.13$〜0.14，R は地球半径，S は目標までの距離である。

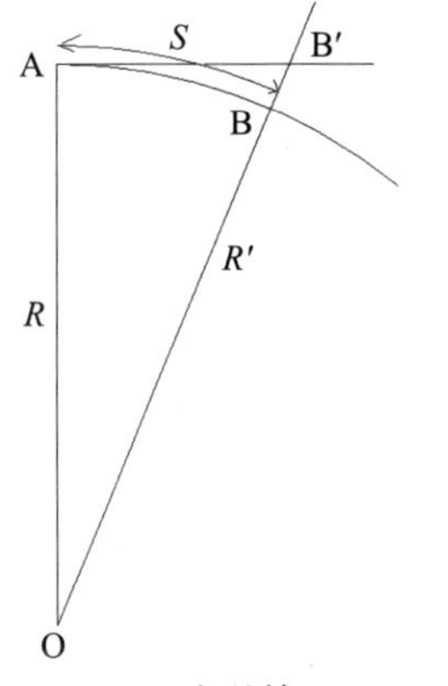

図 5.5　気差補正

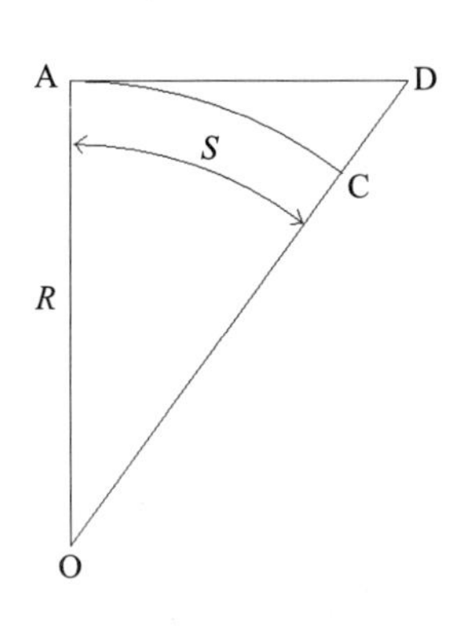

図 5.6　球差補正

また，地球曲率の影響を球差というが，これの補正式は

$$
\begin{aligned}
\mathrm{CD} &= R/\cos(S/R) - R \\
&\fallingdotseq S^2/(2R)
\end{aligned}
\tag{5.29}
$$

である。実際に $S = 300\,\mathrm{m}$ とすれば，補正値は気差で 0.9 mm，球差においては 7.055 mm となり，無視できない数値となる。

5.3 視差（Parallax）

天体を異なる地点から見た場合，その見える方向は異なる。とくに地球に近い月の場合，顕著に現れ，図 5.7「地平視差」のように，地球中心から見る場合と地球表面で見る場合では，月の背景に見えるはずの天球上の恒星が異なり，両者の見ている方向が宇宙空間に対して異なることがわかる。この方向の差を視差（Parallax）といい，この角度は図からもわかるとおり，天体中心から見た地球中心と測者の位置に張られる角度（HP）に等しい。そして，天体が測者の水平方向にあるときの視差を地平視差（Horizontal Parallax：HP）という。視差の大きさは太陽で約 0′.15（8″.8）と小さいが，月では約 1° である。ここでは，月の視差について考察することにするが，太陽，惑星についても同様に高度改正できる。

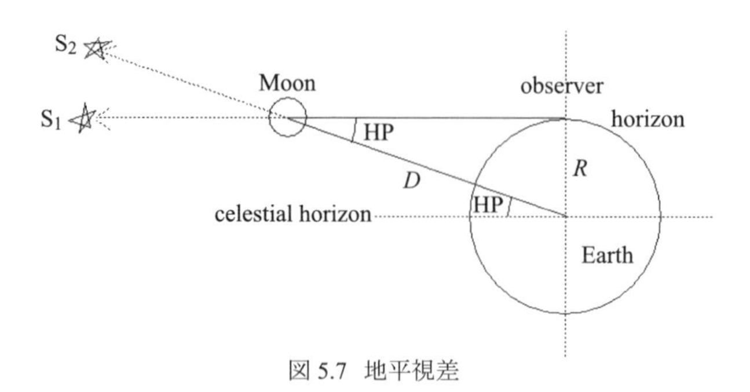

図 5.7 地平視差

一方，天体高度によりこの視差は変化するが，視差の変化については次式により求められる。地平視差については次式が成り立ち，R，D，H_3 をそれぞれ，

地球半径，月と地球との間の距離，高度とすれば，$\sin \mathrm{HP} = R/D$ である。したがって，図 5.8「任意高度における視差」において

$$\frac{\sin P}{R} = \frac{\sin(90 + H_3)}{D}$$
$$\sin P = \frac{R}{D} \cos H_3 \tag{5.30}$$
$$= \sin \mathrm{HP} \cos H_3$$

P，HP ともに微小であるので

$$P \approx \mathrm{HP} \cos H_3 \tag{5.31}$$

とできる。

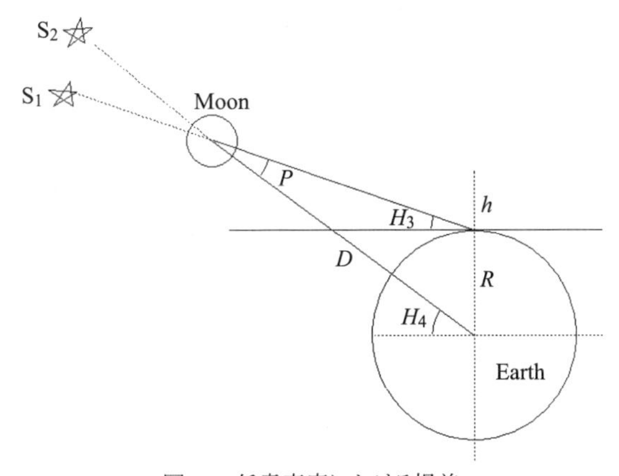

図 5.8　任意高度における視差

式 (5.31) において H_3 で表記した高度は月の中心の高度であるが，観測するのは月の下辺か上辺であるので，正確な改正を行うには視半径についての改正を同時に考えなければならない。視半径についての考察で再度問題にするが，ここでは下辺高度を観測したときの視差について考察しよう。観測した下辺高度に対する視差は次式で表現できる。すなわち，下辺高度を a_l，中心高度を a_c，天測暦に記載されている地心から見た月の視半径を SD とし，P_{low} を月の

下辺高度における視差とすれば

$$\begin{aligned} P_{\text{low}} &= \text{HP}\cos a_l \\ &= \text{HP}\cos(a_c - \text{SD}) \\ &= \text{HP}(\cos a_c \cos \text{SD} + \sin a_c \sin \text{SD}) \\ &\approx \text{HP}\cos a_c + \text{HP} * \text{SD} * \sin a_c \end{aligned} \tag{5.32}$$

となる。真高度に対する視差の他に第 2 項として別の要素が加わっており，中心高度における視差に対して過剰項である。これは，海上保安庁刊行の天測計算表における「月の測高度改正表」についての説明文を理解するための鍵になる「視半径増加率（augmentation）と相殺される項」である。これについては視半径の項で再度考察することにする。

5.3.1　地球楕円体における視差改正

天文航法においては地球を球体として扱うが，月のように地球に近い場合には，より良い観測精度を得るために，地球を回転楕円体として扱い視差改正（parallax correction for oblateness of the Earth）に次式で求められる修正値（ΔP_{ob}）を加えると約 0′.2 程度精度が向上する。緯度，方位，高度をそれぞれ，lat，Z，a と表記すれば

$$\Delta P_{\text{ob}} = 0^\circ.0032(\sin 2lat \cos Z \sin a - \sin^2 lat \cos a) \tag{5.33}$$

である。これを求めるに図 5.9「地球を楕円体とした場合の視差」を参照して考察すると，測地緯度を lat_{geodetic}，地心緯度を $lat_{\text{geocentric}}$ と表記し，e^2 を楕円扁平率とすれば，その差 v は式 (1.28) より

$$v = lat_{\text{geodetic}} - lat_{\text{geocentric}} \tag{5.34}$$

$$\approx m \sin(2 * lat_{\text{geodetic}}) \tag{5.35}$$

$m = e^2/(2 - e^2)$ であるから

$$= \frac{e^2}{2 - e^2} \sin(2 * lat_{\text{geodetic}}) \tag{5.36}$$

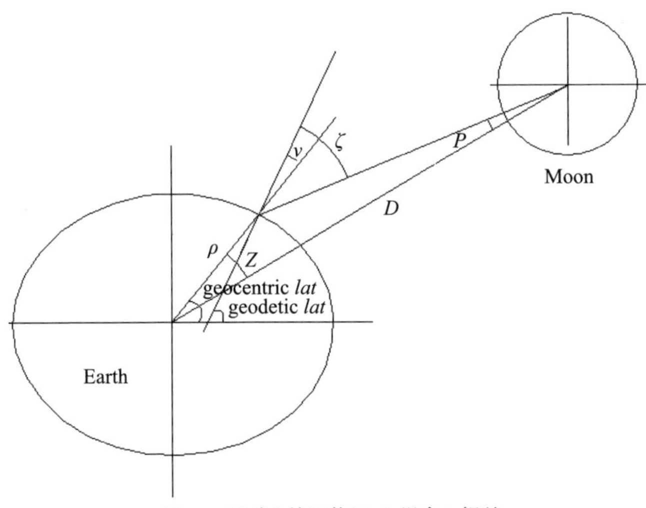

図 5.9　地球を楕円体とした場合の視差

とでき，三角公式より

$$\frac{\sin P}{\rho} = \frac{\sin(\zeta - \nu)}{D} \tag{5.37}$$

したがって

$$\sin P = \frac{\rho}{D}\sin(\zeta - \nu) \tag{5.38}$$

である。ここまでは子午線面における月，測者および地心の 3 点の関係で考えてきたが，実際の観測では，この 3 点は子午線面上にはなく，方位角により切られる面上にある。そこで，天球図 5.10「ν と高度の関係」と図 5.11「方位角方向への切断面」を参照して視差の問題を考えるに，$\varDelta = \nu \cos \mathrm{Az}$，$H = \mathrm{alt}$ と置き換えて

$$\begin{aligned}\frac{\sin P}{\rho} &= \frac{\cos(H + \varDelta)}{D} \\ &= \frac{\cos H - \varDelta * \sin H}{D}\end{aligned} \tag{5.39}$$

とできる。ρ については第 1 章の式 (1.13) で近似解を求めてあり，それを再掲すれば

$$\rho = a_{\mathrm{e}}\left(1 - \frac{e^2}{2}\sin^2 lat + \frac{e^4}{2}\sin^2 lat + \cdots\right) \tag{5.40}$$

である。これを上式に代入し，f^2 以下の微小項を無視し（$e^2 \approx 2f$），ν についての近似式を使用すれば，視差についての近似式が得られる。すなわち

$$
\begin{aligned}
P_{\mathrm{ellipsoid}} &\approx \frac{a_{\mathrm{e}}}{D}\cos H + \frac{a_{\mathrm{e}}}{D} f(\sin 2lat \sin H \cos \mathrm{Az} - \sin^2 lat \cos H) \quad (5.41)\\
&= P_{\mathrm{sphere}} + f * \mathrm{HP}(\sin 2lat \cos \mathrm{Az} \sin H - \sin^2 lat \cos H) \quad (5.42)
\end{aligned}
$$

と近似でき，第 1 項の P_{sphere} を除いた項が楕円についての修正値となる。

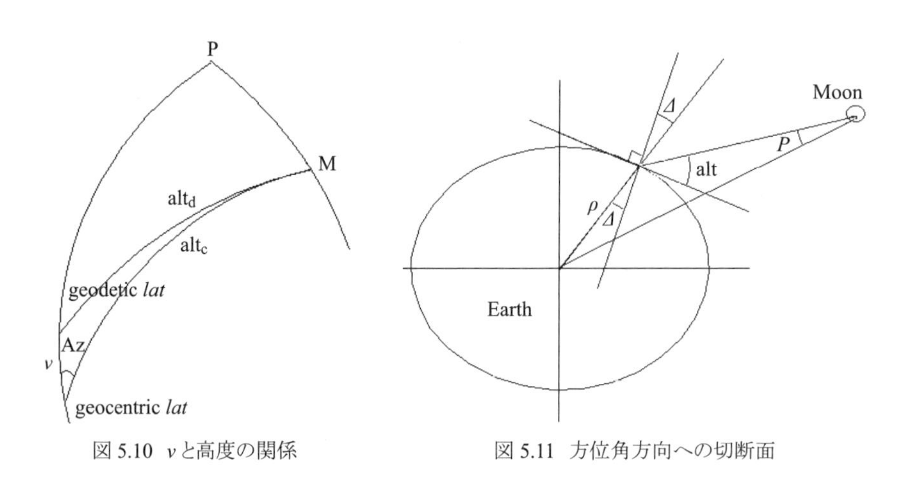

図 5.10　ν と高度の関係

図 5.11　方位角方向への切断面

5.4　視半径（Semi-diameter）

太陽あるいは月を見るとき円盤として見ており，その円盤の大きさ，すなわち円盤の半径を角度で示せばこれが視半径であるが，地心から見る視半径と地表から見る視半径では異なる。天測暦には地心における視半径を掲載しており，太陽，月ともに約 16′ である。視半径と地平視差との関係は，図 5.12「地球と月の距離と視半径の関係」を参照し，R，r を地球半径，月の半径とし，P_{E}，P_{m} を月の視半径（SD）と月の視差（HP）とすれば

$$
\sin P_{\mathrm{E}} = \frac{r}{R} \sin P_{\mathrm{m}}
$$

r/R を K と置き，R に 6378 km，r に 1738 km を代入すれば

$$P_{\mathrm{E}} \approx K * P_{\mathrm{m}} = 0.2725 * P_{\mathrm{m}}$$

すなわち，$\mathrm{SD}_{\mathrm{geocentric}} = P_{\mathrm{E}}$，$\mathrm{HP} = P_{\mathrm{m}}$ であるから

$$\mathrm{SD}_{\mathrm{geocentric}} = K * \mathrm{HP} \tag{5.43}$$

となる。

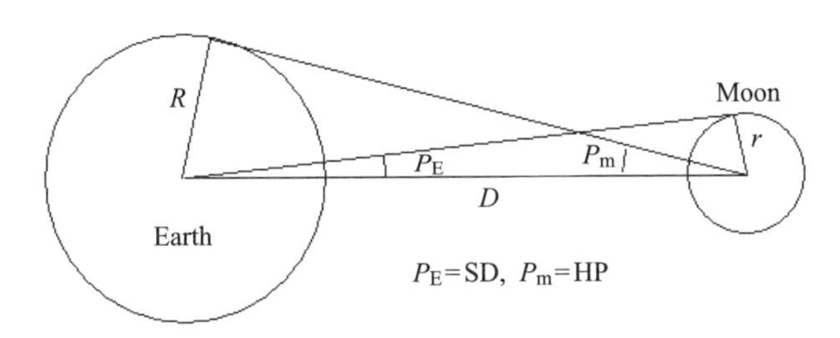

図 5.12　地球と月の距離と視半径の関係

5.4.1　月の視半径増加

月の視半径についてはもう少し詳細に検討する必要がある。月は地球の自転により月までの距離が正中時には出没時より地球半径分近くなったり，逆に出没時には正中時に比して地球半径分遠くなるため，視半径もこれに従い変化する。このように地心における視半径に対して地表面での視半径が増加することを視半径増加（augmentation）といい，その量は最大で約 0′.3 であり，次式で近似表現できる。

$$\begin{aligned} \Delta\mathrm{SD} &= K * \mathrm{HP} * \sin \mathrm{HP} \sin a_{\mathrm{c}} \\ &\approx K * \mathrm{HP}^2 * \sin a_{\mathrm{c}} \end{aligned} \tag{5.44}$$

これを求めるに，図 5.13「視半径増加」を参照して，D，R，r，a をそれぞれ月と地球の間の距離，地球半径そして月の半径，月の高度，$\mathrm{SD}_{\mathrm{topo}}$，$\mathrm{SD}_{\mathrm{geo}}$ をそれぞれ観測地における視半径と地心における視半径とすると

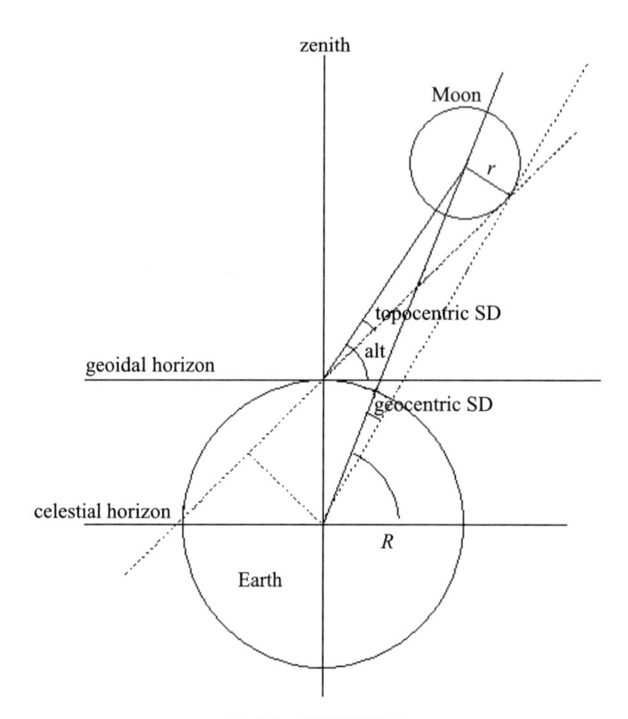

図 5.13 視半径増加

$$\sin \mathrm{SD_{topo}} \approx \frac{r}{D - R\sin a}$$
$$\sin \mathrm{SD_{geo}} = \frac{r}{D}$$

視半径は微小であり，$\mathrm{SD_{geo}} = K * \mathrm{HP}$ とでき，$\sin \mathrm{HP} = R/D$ であるので

$$\begin{aligned} \mathrm{SD_{topo}} &= \frac{r}{D - R\sin a} \\ &= \frac{\frac{r}{D}}{1 - \frac{R\sin a}{D}} \\ &\approx K * \mathrm{HP}(1 + \sin \mathrm{HP} * \sin a) \end{aligned} \tag{5.45}$$

とできる。第 2 項目の $K * \mathrm{HP} * \sin \mathrm{HP} * \sin a$ が視半径増加（augmentation）であり，HP に $60'$，R に 6378 km，r に 1738 km，D に約 38.44 万 km を代入すれば，高度最大で $0'.285$ と求められ，約 $0'.3$ の係数として計算できることになる。

観測した高度に天測暦から得た視半径の数値，すなわち地心における視半径を加減するので，求めた高度は視半径増加分（augmentation）が補正されていない。ここでは下辺を観測したとすれば，地心視半径で改正した数字は真高度に対して視半径増加分不足している。一方，視差の項で求めた式 (5.32) における第 2 項目 $\mathrm{HP} * \mathrm{SD} * \sin a_{\mathrm{c}}$ は，式 (5.43) を代入すれば，$K * \mathrm{HP}^2 * \sin a_{\mathrm{c}}$ となり，式 (5.45) の視半径増加分に等しいことがわかる。以上を整理すれば，視差での改正により視半径の不足を近似的に相殺していることになる。すなわち視半径増加（augmentation）の改正について陽には（表には）現れないが，修正を行っていることになるわけであり，これが天測計算表における「月の測高度改正表」での説明「視差と視半径増加率が互いに相殺する」の理論的説明となる。

これまで，幾何学的に考えてきたが，視点を変えて考察することにする。まず，視差と視半径の関係であるが，式 (5.30) を変形すると

$$\begin{aligned}\sin P &= \frac{R}{D} \cos a \\ &= \frac{Rr}{rD} \cos a = \frac{R}{r} \sin \mathrm{SD}_{\mathrm{geo}} \cos a \\ P &= \frac{R}{r} \mathrm{SD}_{\mathrm{geo}} \cos a \end{aligned} \tag{5.46}$$

とできる。これは，視差を視半径で表す式である。式 (5.46) を高度 a で微分すれば

$$\Delta P = -\frac{R}{r} \mathrm{SD}_{\mathrm{geo}} \sin a \, \Delta a \tag{5.47}$$

$\Delta a = \mathrm{SD}$ ととれば，$\mathrm{SD} = \mathrm{SD}_{\mathrm{geo}}$ と見なせるので

$$\Delta P = -\frac{R}{r} \mathrm{SD}_{\mathrm{geo}}^2 \sin a \tag{5.48}$$

と求められ，視半径を視差で表現すれば，上で幾何学的に求めた視半径増加と同じものになる。

5.5 日出時刻

気差と眼高差の計算例として，初日の出について富士山頂と犬吠埼ではどちらが早いか計算で確かめてみよう。視水平に太陽の上辺がくる日出時における太陽真高度（ここでは h とする）は，気差と太陽視半径および眼高差（ここでは眼高を H と表記する）を加減して以下の式で表される。

$$h = -(34' + 16') - 2.12\sqrt{H}$$

眼高差の式は，高度 5000 m まで係数は変わらずに適用でき，高度 100000 m でも 2.00 に漸減するだけである。概略の日出時刻（地方時で 6 時）の太陽の赤緯（Dec），グリニッジ時角（GHA）を求めておき，次式より近似の日出時刻を求める。

$$\mathrm{UT} = \mathrm{UT_a} - (\mathrm{GHA} + \lambda \pm t)/15$$

UT は日出時の世界時，$\mathrm{UT_a}$ は概略の日出世界時，λ は経度，t は $\mathrm{UT_a}$ における太陽地方時角で次式から求める。

$$\cos t = \frac{\sin h - \sin\phi \sin\delta}{\cos\phi \cos\delta}$$

ϕ，δ は緯度および赤緯（Dec）である。

2008 年元旦の富士山頂および犬吠埼における日出時刻は以下のとおりである。

Mt Fuji	
Dec at UT21 (6LT)	−23.078
GHA at UT21 (6LT)	134.2467
lat	35.36N
long	138.73E
elevation	3776 m

を用いて計算すると，日本標準時で 06:42 が求まる。

Inubou Saki	
Dec at UT21 (6hLT)	−23.078
GHA at UT21 (6hLT)	134.2467
lat	35.7N
long	140.865E
elevation	5 m

を用いて計算すると，同じく 06:46 が求まる。

5.5.1　均時差（Equation of Time）

日本で出版されている航海天文学書により学んだ者にとって，上の日出時を求める式において Equation of Time が陽に現れていないため，なぜ Equation of Time（Eq.T）を使用しないのかといった疑問が出そうだが，式をよく見れば，視時と正時の関係から日出時を求めており Eq.T を用いていることが理解されると思う。一方，日出没時の計算に天測暦を必要とするが，天測暦なしで略算できれば便利であるので，Equation of Time と declination を求めるための略算式を "Explanatory Supplement to the Astronomical Almanac" から以下に示す。δ，E をそれぞれ，赤緯，均時差とすれば

$$
\begin{aligned}
T &= (\mathrm{JD} + \mathrm{UT}/24 - 2451545.0)/36525 \\
L &= 280^\circ.460 + 36000^\circ.770T \\
G &= 357^\circ.528 + 36999^\circ.050T \\
\lambda &= L + 1^\circ.915 \sin G + 0^\circ.020 \sin 2G \\
\epsilon &= 23^\circ.4393 - 0^\circ.01300T \\
\delta &= \arcsin(\sin\epsilon \sin\lambda) \\
E &= -1^\circ.915 \sin G - 0^\circ.020 \sin 2G + 2^\circ.466 \sin 2\lambda - 0^\circ.053 \sin 4\lambda
\end{aligned}
$$

である。ここに，JD : Julian date，UT : Universal time in hours である。Julian date についての詳細は天文学書を参照されたい。ここでは，天文現象を扱うには必須と思われるので，グレゴリオ暦の年月日から JD に変換するための公式を示す。

$$
\mathrm{JD} = [1461 * (Y + 4800 + [(M - 14)/12]))/4]
$$

$$
\begin{aligned}
&+ [(367 * (M - 2 - 12 * [(M - 14)/12]))/12] \\
&- [3 * [(Y + 4900 + [(M - 14)/12])/100]/4] \\
&+ D - 32075
\end{aligned}
$$

ここに Y，M，D は年月日であり，[　] で除算の整数部分を表現した。なお，Julian Day number 0 はグレゴリオ暦の November 24th，4714BC に当てられ，noon Greenwich Mean Time からカウントする。ユリウス暦では January 1st, 4713BC となる。

5.6　太陽真出没時の高度

出没方位角測定のための太陽視高度については，下辺が視水平から約 20 角度分上に見えるときが真出没時であると天測暦に記載されていたり，NavPack では 18′ とされている。これを導くに，低高度における天文気差を知らなければ計算できないわけであるが，当該気差表を掲載した航海表が過去には利用されていた。しかし航海表は絶版となって久しいので，Bennett の式からの計算値を使い確かめてみたい。同計算値を表 5.1 に示してあるので，それを参考に計算してみよう。

天測計算表にあるとおり，測高度改正のための計算式は，a_t，a_o，Dip，Ref，Par をそれぞれ，真高度，視高度，眼高差，気差，視差，そして SD を視半径とすれば

$$a_t = a_o - \mathrm{Dip} - \mathrm{Ref} + \mathrm{Par} \pm \mathrm{SD}$$

である。眼高を 4.6 m とすれば Dip = 3′.8 また Par = 0′.15，SD = 16′ とし，太陽真高度が 0° になるときの太陽下辺の視高度を求めるに，a_o を 18′ とすれば，表 5.1 より Ref = 30.8 であり，$a_t = 18 - 3.8 + 0.15 + 16 - 30.8 = -0.45$ となり，視高度が 18′ から 19′ の間にあることがわかる。当然，肉眼での観測では，角度で 1′，2′ の大気差の場合，あまり意味はないだろう。このような順序で計算をすると，天測暦の天文略説にある視半径改正についての微分大気差（$\Delta\mathrm{Ref}/\Delta a$，高度変化に対する気差の変化による視半径の変化のこと）の改正を考慮しなくてすむことになる。また，恒星の場合には，$a_t = a_o - \mathrm{Dip} - \mathrm{Ref}$

であるので，表 5.1 より視高度 32′ に対する大気差（28′.4）を求めて真高度を計算すると，$a_t = 32 - 3.8 - 28.4 = -0.2$ となり，視高度 32′ から 33′ の間で真高度 0° になることがわかる。

表 5.1　視高度 0° から 43′ までの大気差（10°C，1013 hPa）

app.alt. (′)	0	1	2	3	4	5
	6	7	8	9	10	
refraction (′)	34.4	34.2	34.0	33.8	33.6	33.4
	33.2	33.0	32.8	32.6	32.4	
app.alt. (′)	11	12	13	14	15	16
	17	18	19	20	21	
refraction (′)	32.2	32.0	31.8	31.6	31.4	31.2
	31.0	30.8	30.6	30.5	30.3	
app.alt. (′)	22	23	24	25	26	27
	28	29	30	31	32	
refraction (′)	30.1	30.0	29.7	29.6	29.4	29.2
	29.1	28.9	28.7	28.5	28.4	
app.alt. (′)	33	34	35	36	37	38
	39	40	41	42	43	
refraction (′)	28.2	28.1	27.9	27.7	27.6	27.4
	27.3	27.1	27.0	26.8	26.7	

参考文献

[1]「理科年表」，丸善.

[2] NavPac and Compact Data 2006–2010, Her Majesty's Nautical Almanac Office.

[3] http://mintaka.sdu/GF/explain/atmos_refr/

[4] Boris Krasavtsev, Boris Khlyustin, Nautical Astronomy, University Press of the Pacific, Honolulu, Hawaii.

[5] A. T. Young, Understanding Astronomical Refraction, The Obsevatory, Vol.126, 2006: NASA Astrophysics Data System.

[6] A. D. Wittmann, Astronomical refraction: formulas for all zenith distances, Astron. Nachr. 318, 5.

[7] 相馬充,「日出入時刻計算における標高の効果について」, 国立天文台報, 第 5 巻, 2001.

[8] Explanatory Supplement to the Astronomical Almanac, Edited by P. K. Seidelmann, University Science Books.

[9] 中村英夫, 清水英範,「測量学」, 技報堂出版, 2007.

[10] 大津元一, 田所利康,「光学入門」, 朝倉書店, 2013.

[11] 天測計算表, 海上保安庁, 平成 5 年.

[12] 秋吉利雄,「航海天文学の研究」, 恒星社恒星閣, 1954.

[13] W. M. Smart, Textbook on Spherical Astronomy, Cambridge University Press, Reprint 1986.

第6章

緯度の決定

緯度決定（determination of latitude）に関する天測方法をここで扱う。次章と分けて独立にこの章を設けた理由は，ここで扱う手法と内容は原理的には理解しやすいにもかかわらず，数学的な扱いが比較的複雑で，典型的な微積分を利用する天測計算であることによる。

6.1　北極星高度緯度法

北極星の高度を観測して緯度を求める方法として北極星高度緯度法（latitude by Polaris altitude）がある。この方法では天測暦にある北極星緯度表の数値を加減しているが，その北極星緯度表の理論的数式を導くこととする。日本の海上保安庁刊行の天測暦においては次の式により計算している。

$$l = a - p\cos h + \frac{1}{2}(p\sin h)^2 \tan a \sin 1'$$

ここに，l を緯度，a は北極星の気差など修正後の観測高度，そして h を時角とする。以上 3 項の単位は角度の度である。一方 p は北極星の極距（赤緯の余角）で，角度の分単位で表現し，$\sin 1'$ により p^2 について計算の単位（角度の分）の整合を図っている。本式においては，角度の度と角度の分の単位が混在しており注意を要する。天測暦北極星緯度表においては，第 1 改正である第 1 表の値（tab_1）は $-p\cos h$ から $1'$ を引いたもの（第 3 表に $1'$ を加えたことによる），第 2 表の値（tab_2）は $\frac{1}{2}(p\sin h)^2 \tan a \sin 1'$ である。p については年間（ここでは 1995 年の天測暦を見ているので，この年の数字を使う）を通じて，角度で 45′.3 程度を仮定して算出する。第 3 表の値（tab_3）は p の真値と仮定値との差に対する改正であり，計算の便宜上 1′ を加えてある。すなわち，緯度は次の式で求める。

$$l = a + \mathrm{tab}_1 + \mathrm{tab}_2 + \mathrm{tab}_3$$

一方，英米の The Nautical Almanac においては，緯度は次式で表され

$$l = a - p\cos h + \frac{1}{2}p\sin p\sin^2 h\tan l \tag{6.1}$$

l，h，a はそれぞれ緯度，地方時角，そして高度であり，p は赤緯の余角で，それぞれ計算においては角度の度の単位を用いる。なお，p は 1° 以下の微小角（1996 年で 45′.1）であり，$p\sin p$ として $p^2\sin 1'$ の変換計算を不要にしている。また，$a = l$ としても問題ないことから上式における表現差は了解されるだろう。こちらの式はすべての項の単位は統一されており，混乱はしないだろう。

緯度を求めるには，次の式により a_1 などの Table における値を加える。ただし，Table の引数としての時角は春分点の地方時角（$\mathrm{LHA_{Aries}}$）であることに注意を要する。

$$l = a - 1^\circ + a_0 + a_1 + a_2$$

海上保安庁同様に，計算を正数で行えるように工夫している。すなわち，a_0 には $p\cos h$ と $\frac{1}{2}p\sin p\sin^2 h\tan l$ の 2 項の計算値に 58′.8 を加えたものを，同じく a_1 には $\frac{1}{2}p\sin p\sin^2 h\tan l$ の計算値をつねに正にするため 0′.6 加え，そして a_2 にも 0′.6 加える。すると，$58'.8 + 0'.6 + 0'.6 = 60'.0 = 1^\circ$ であるから，1° を引いて調整しておくこととなる。なお，以上の加減算については少し複雑であるので，詳しく説明する必要がある。英米暦では，恒星の時角計算式は次の式を用いる。

$$\mathrm{GHA_{Star}} = \mathrm{GHA_{Aries}} + \mathrm{SHA_{Star}}$$

ここに，SHA は Sidereal Hour Angle である。

a_0 の表値は $\mathrm{LHA_{Aries}}$ のみによる関数で表され，Polaris のその年の SHA（= 322°49′），Dec（= 89°14′.9）（ここでは 1996 年の暦を見ているので，1996

年）についての平均値（緯度 50° を平均値として計算される）を用いて計算されるものであり，式 (6.1) の右辺で h を含む 2 つの項の数値に相当する。これに 58′.8 を加えて調整している。a_1 については $\mathrm{LHA_{Aries}}$ と緯度の関数で表現され，緯度 50° での右辺第 2 項の数値を超える値となるところに 0′.6 を加えて正の数値にしている。a_2 は Polaris の平均位置を用いて算出した値に対する補正値であり，それに 0′.6 を加えている。

6.1.1　計算式の導出

まず，概念図を参考にしながら，視覚的に（幾何学的に）理解できる方法を説明する。図 6.1 は北極点を中心に北極星と赤道および水平線を示した天球図である。Polaris の赤緯はおよそ 89°15′ 程度であるから，この余角（極距）は 1° 以下の微小項で $p = \varDelta$ と表記する。Z は天頂，$\mathrm{P_n}$ は天の北極，$\mathrm{S_p}$ は Polaris とする。$\mathrm{ZS_p}$ を半径として Z を中心に円弧を描き，子午線との交点を A，$\mathrm{S_p}$ から子午線に下ろした脚を B と表記する。また，観測地の緯度を l, Polaris の観測高度を a，地方時角を h とする。

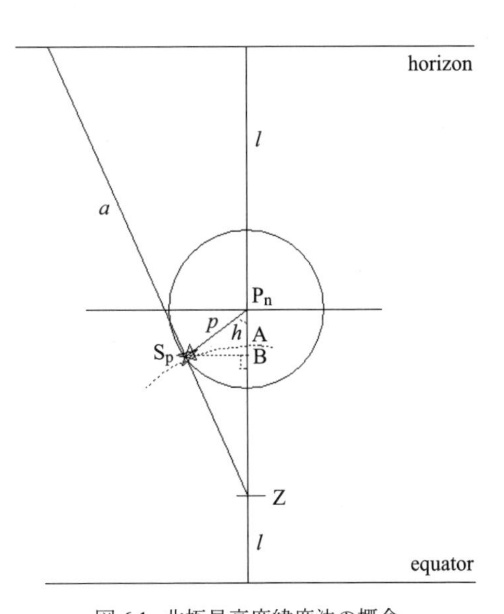

図 6.1　北極星高度緯度法の概念

$$
\begin{aligned}
\mathrm{P_nZ} &= 90° - l \\
&= \mathrm{S_pZ} + \mathrm{P_nB} - \mathrm{AB} \\
\mathrm{S_pZ} &= 90° - a
\end{aligned}
$$

これより

$$
l = a - \mathrm{PnB} + \mathrm{AB}
$$

ここで，$\mathrm{P_nB} = a_0$，$\mathrm{AB} = a_1$ と置けば

$$l = a - a_0 + a_1$$

とできる。

次に，微小球面三角 $\mathrm{P_nS_pZ}$ を近似的に平面三角と考えれば

$$\begin{aligned}\mathrm{P_nB} &= a_0 = p\cos h \\ \mathrm{ZB} &= \mathrm{S_pZ} - \mathrm{AB} \\ &= 90 - (a + a_1)\end{aligned}$$

である。一方，直角球面三角 $\mathrm{S_pBZ}$ において

$$\cos \mathrm{S_pZ} = \cos \mathrm{S_pB} \cos \mathrm{ZB}$$

であるから

$$\sin a = \cos \mathrm{S_pB} \sin(a + a_1)$$

$$\cos \mathrm{S_pB} = \frac{\sin a}{\sin(a + a_1)}$$

これから

$$\frac{1 - \cos \mathrm{S_pB}}{1 + \cos \mathrm{S_pB}} = \frac{1 - \dfrac{\sin a}{\sin(a + a_1)}}{1 + \dfrac{\sin a}{\sin(a + a_1)}}$$

したがって

$$\frac{1 - \cos \mathrm{S_pB}}{1 + \cos \mathrm{S_pB}} = \frac{\sin(a + a_1) - \sin a}{\sin(a + a_1) + \sin a}$$

左辺は

$$\frac{1 - \cos \mathrm{S_pB}}{1 + \cos \mathrm{S_pB}} = \frac{1 - \left(1 - 2\sin^2 \dfrac{\mathrm{S_pB}}{2}\right)}{1 + \left(1 - 2\sin^2 \dfrac{\mathrm{S_pB}}{2}\right)} = \frac{\sin^2 \dfrac{\mathrm{S_pB}}{2}}{\cos^2 \dfrac{\mathrm{S_pB}}{2}}$$

右辺は

$$\frac{\sin(a + a_1) - \sin a}{\sin(a + a_1) + \sin a} = \frac{2\cos \dfrac{2a + a_1}{2} \sin \dfrac{a_1}{2}}{2\sin \dfrac{2a + a_1}{2} \cos \dfrac{a_1}{2}}$$

すなわち

$$\tan^2 \frac{S_pB}{2} = \frac{\tan a_1/2}{\tan(a + a_1/2)} \approx \frac{\tan a_1/2}{\tan a}$$

したがって a_1 は，a_1，S_pB とも微小角であるので，次のように表現できる。

$$\tan a_1/2 = \tan^2 \frac{S_pB}{2} \tan a$$
$$S_pB = p \sin h$$

であるから

$$a_1 = \frac{1}{2} p^2 \sin^2 h \tan a$$

これで a_0，a_1 は求められたが，a_2 あるいは第 3 表が導出できていない。

6.1.2　第 3 表 a_2 の導出

ここでは，前項で Polaris の declination の平均値ともいうべき仮定値をもって計算式を求めていたものを，歳差運動などを考慮して式を導出する。前項での概念図を参考にして，球面三角 ZP_nS_p を直接解くことを考える。すなわち，次の式からスタートする。

$$\sin a = \sin l \sin d + \cos l \cos d \cos h \tag{6.2}$$

ここに，a，l，d，h はそれぞれ，天体高度，緯度，赤緯，地方時角である。p（$= \varDelta$）は微小角であることを考慮して

$$d = 90^\circ - \varDelta$$
$$a = l + P_nB = l + x$$

と置き，上式 (6.2) に代入すれば

$$\sin(l + x) = \sin l \cos \varDelta + \cos l \sin \varDelta \cos h$$

x は微小角であり，左辺を 2 倍角の三角関数公式で変換すると

$$\sin l \cos x + \cos l \sin x = \sin l(1 - x^2/2) + \cos l \cdot x$$

同様に右辺は

$$\sin l(1 - \varDelta^2/2) + \cos l \cdot \varDelta \cdot \cos h$$

したがって

$$x = \varDelta \cos h + \frac{x^2 - \varDelta^2}{2} \tan l \tag{6.3}$$

ここで，$\tan l \approx \tan a$ として $x = \varDelta \cos h$ を式 (6.3) 右辺の x に代入すれば

$$x = \varDelta \cos h - \frac{\varDelta^2}{2} \sin^2 h \tan l \tag{6.4}$$

となる。地方時角については，S を地方恒星時，α を赤経とすれば

$$h = S - \alpha$$

であるから，上式は

$$x = \varDelta \cos(S - \alpha) - \frac{\varDelta^2}{2} \sin^2(S - \alpha) \tan l$$

とできる。$\varDelta$，α は歳差運動などにより変化するので，ある基準のときの数値を $\varDelta_0$，α_0 とすれば

$$\begin{aligned} x = \varDelta_0 \cos(S - \alpha_0) - \frac{\varDelta_0^2}{2} \sin^2(S - \alpha_0) \tan l \\ - (\varDelta_0 \cos(S - \alpha_0) - \varDelta \cos(S - \alpha)) \end{aligned}$$

この式の最終項が表 3 あるいは a_2 の修正値になる。

【参考】北極星の方位角計算式

北極星の方位角計算を行うに，天頂（Z），北極（P_N）そして Polaris（S_P）からなる天文三角形 ZP_NS_P から球面三角公式を適用する。角と対辺の関係より，l，A_Z，P，a をそれぞれ，緯度，方位角，極距（天頂角），そして高度とすれば

$$\frac{\sin A_Z}{\sin P} = \frac{\sin h}{\sin(90 - a)}$$

したがって

$$\sin A_Z = \frac{\sin h \sin P}{\cos a}$$

P は 1° 以下の微小角かつ A_Z も小さい。そこで観測高度は緯度に等しいとすれば

$$A_Z = P \sin h / \cos l$$

とできる。これを表値で示したものが天測暦の北極星方位角表である。PC などの計算手段を有する現代では，次の 2 つの球面三角公式を利用して計算しても計算に伴う負荷に問題はないであろう。

$$\cos a \cos A_Z = \cos l \sin d - \sin l \cos d \cos h$$
$$\cos a \sin A_Z = \cos d \sin h$$

この 2 つの公式の下式を上式で除算すれば，$d = 90° - P$ であるので

$$\tan A_Z = \frac{\cos d \sin h}{\cos l \sin d - \sin l \cos d \cos h} = \frac{\tan P \sec l \sin h}{1 - \tan P \tan l \cos h}$$

これを ATAN2 関数で解けば，象限の問題で悩む必要もなくなる。もっとも，LHA（h）から方位は判明していることではあるが $\cdots$

6.2　子午線高度緯度法

ここでは，太陽の子午線正中高度を測定し緯度を決定する方法である子午線高度緯度法（latitude by meridian（greatest）altitude）について考察するが，航行速度による高度変化については考慮しない。この高度変化を含めた考察は 6.4 節「極大高度の問題」で扱う。

6.2.1　計算公式

海上保安庁刊行の天測計算表には次の式が掲載されている。まず，緯度，赤緯をそれぞれ l，d と表記し，それぞれが異名のとき

$$l = (90° - a) \sim d \tag{6.5}$$

l，d が同名で，$l > d$ のとき

$$l = (90° - a) + d \tag{6.6}$$

l，d が同名で，$l < d$ のとき

$$l = d - (90° - a) \tag{6.7}$$

ここに，a は観測高度である。この式においては，緯度，赤緯について北緯であるか南緯であるかはつねに計算者が考慮に入れており，計算の過程で適切に処理されることを前提にしている。しかし，計算を自動化すると問題を生ずることはすぐに気づかれるはずである。できれば，緯度と赤緯が異名か同名かの判断や，l，d の大小による計算式の変更を避けたい。そこで，もう一度基本に立ち返り，計算の自動化を前提にした式を導くことにする。緯度，赤緯について北緯を正（+），南緯を負（–）として計算し，計算結果が正ならば北緯，負ならば南緯の緯度が求められるような式を導き出すことを目標とする。まず，2 つの参考図を見ながら計算式を求めてみよう。無限遠の天体からの光線は地球上あらゆる場所で平行であるとして扱えることを認め，最初は緯度（l），赤緯（d）が異名の場合で，緯度が北緯，赤緯が南緯のとき，図 6.2 より（以下，図において，P，GP，a，Z をそれぞれ，測者の位置，天体の地位，観測高度，

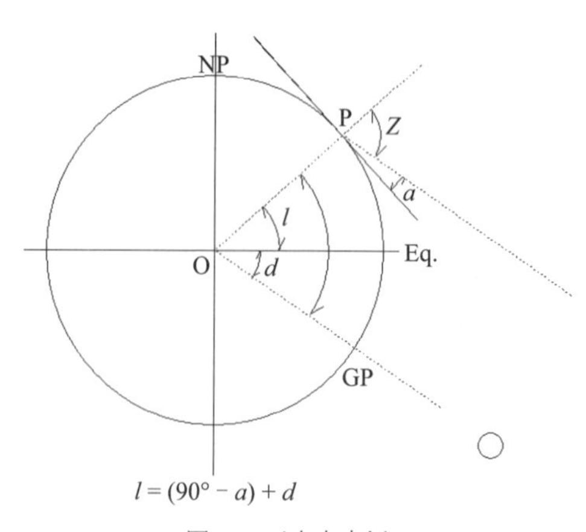

図 6.2　正中高度例 1

天頂距離とする）

$$l = (90^\circ - a) + d \tag{6.8}$$

であることが導かれる。

一方，緯度が南緯で赤緯が北緯の場合（図 6.3）は

$$l = -(90^\circ - a) + d \tag{6.9}$$

である。

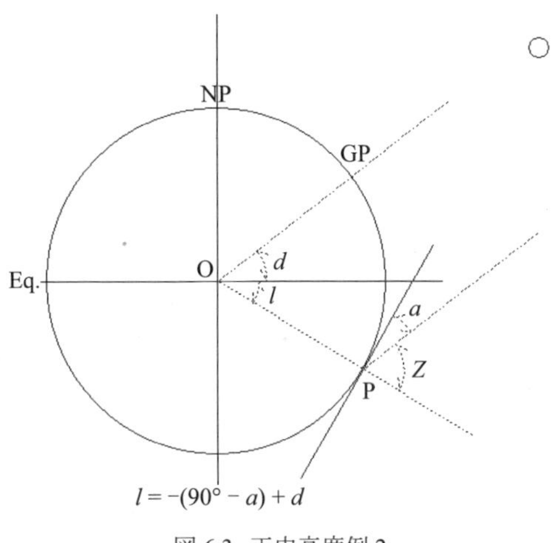

図 6.3　正中高度例 2

次に，緯度，赤緯が南緯の同名で，$l < d$ の場合を，図 6.4 を参照しながら導いてみると

$$l = -(90^\circ - a) + d \tag{6.10}$$

である。天測計算表と同じ式が導出されたことになるが，北緯，南緯の正負については一貫している。しかし，計算の自動化のために一工夫すると，次の式で表すことができる。

$$l = f(a)(90^\circ - a) + d \tag{6.11}$$

ここに，$f(a)$ は，観測高度（a）が北面のとき -1 をとり，南面のとき $+1$ をとる関数とする。

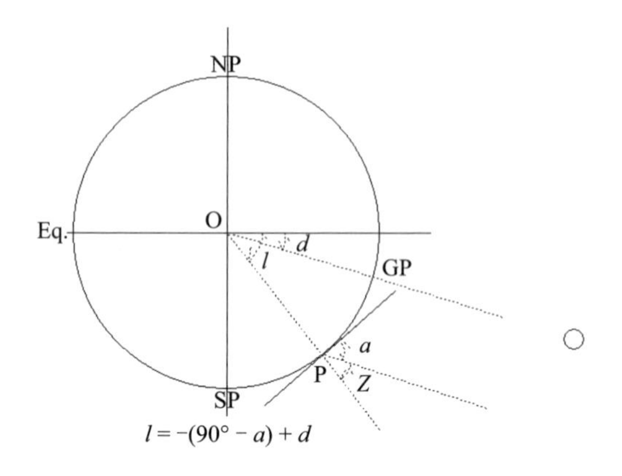

図 6.4　正中高度例 3

一方，正午位置を決定する実務においては，事前に予測観測高度を計算しておき，実際の観測高度との比較により子午線正中時の正午位置の線（緯度）を決定している。したがって，予測観測高度を求める式が必要である。予測観測高度を求めるには以下の式を用いる。

$$a = 90^\circ + f(l,d)(l - d) \tag{6.12}$$

ここに，$f(l,d)$ は $l < d$ のとき $+1$，$l > d$ のとき -1 とする関数とする。同名か異名かを問わず，単純に正負である数の大小を比較する。

6.2.2　子午線正中時

子午線正中時刻を前もって推算できなければ，長時間，正中の瞬間を待たねばならなくなる。したがって前もって正中時刻を計算しておくわけであるが，その予測正中時刻を求める方法を説明する。

我々は太陽の運行により時刻を計っているが，太陽が正中する時刻は日により異なり，一年を通じて変化していることを知っている。というのも我々は正確な時計や放送による標準時刻を知っていて，なおかつ天文学的知識もある程度持っているから，このようなことが言えるのである。しかし，精確な時計を持たない昔の人々は一部の天文学者を除いて，太陽の運行こそ精確な時刻を知らせてくれていると考えていただろう。太陽が正中し次の正中までの 1 日は精確に 24 時間であると考えていたであろう。

さて，天文学的には，実際に目にする太陽を視太陽（Apparent Sun）といい，現実には存在しないがつねに一定の速度で運行する仮想の太陽を考えてそれを平均太陽（Mean Sun）と呼んでいる。平均太陽による時刻を平時（Mean Time），実物の視太陽により決定される時刻を視時（Apparent Time）というが，この 2 つの関係は次の式で表現される。

$$\text{Apparent Time} = \text{Mean Time} + \text{Eqn. of Time} \tag{6.13}$$

あるいは

$$\text{Eqn. of Time} = \text{Apparent Time} - \text{Mean Time} \tag{6.14}$$

ここに出てきた Eqn. of Time とは均時差（Equation of Time）と呼ばれるもので，平時と視時の差である。1833 年までの航海暦では，これとは逆に

$$\text{Mean Time} = \text{Apparent Time} + \text{Eqn. of Time} \tag{6.15}$$

$$\text{Eqn. of Time} = \text{Mean Time} - \text{Apparent Time} \tag{6.16}$$

とされていたが，これは，精確な時計がない時代に，時計よりも精確と思われる太陽の運行をもとに，平時を求めていたことを示す。現在では，精確な平時から視時を求めることが必要である場合が多いことから，現行の公式により計算されていることが理解できよう。

具体的に Eqn. of Time を求めるには，日本の天測暦では

$$\text{Eqn. of Time} = E_{\odot} - 12^{\text{h}} \tag{6.17}$$

で求める。

一方，英米の The Nautical Almanac では，太陽，月の GHA，dec を掲載しているページの右下に，UT = 0^{h}，12^{h} における値を正中（meridian passage, Meri. pass）時刻とともに示すが，UT に対応した太陽 GHA が記載されているので，それからも任意時の Eqn. of Time は求められる。たとえば，海上保安庁の天測暦の某月某日の UT が 2^{h} の $E_{\odot} = 11^{\text{h}}54^{\text{m}}09^{\text{s}}$ であれば，Eqn. of Time = $11^{\text{h}}54^{\text{m}}09^{\text{s}} - 12^{\text{h}} = -5^{\text{m}}51^{\text{s}}$ と計算される。また，The Nautical

Almanac では，UT = 0^h の Eqn. of Time = 5^m51^s，Meri. pass は 12^h06^m と掲載されているので，Eqn. of Time の正負の符号は自明であろう。そして，UT = 2^h における太陽の GHA が 208°32′.2 と記載されているので，これから $15° * 14^h = 210°$ を引き算すれば，Eqn. of Time = 1°27′.8 = 5^m51^s と均時差は求められる。

6.2.3　正中時の予測と時刻改正の例解

【例解 1】

某月某日正午の船位を 44°N，135°E とし，船内使用時は JST（$+9^h$）とする。そこから，Co. = 60°，Vel. = 20 knots で 1 日（時刻改正の時間を除いて約 24 時間）航走する場合，翌日の正午の太陽正中について予測し，時刻改正についても考察する。なお，この船では時刻改正については 30 分単位（実際的には 30 分か 1 時間）で行い，船内時刻管理の簡素化を目的とし視正午を船内時の正午に合わせることはしないものとする。

まず，翌日の概略視正午の推測船位を計算すると，Lat = 48°N，$Long$ = 144°.97E（144°58′.4）である。経度について時間で表せば，longitude in Time = $9^h39^m53^s$ であるので，この地の視正午は UT では 12^h−long. in T = $2^h25^m.95$UT と求められる。天測暦によれば $E_\odot = 11^h54^m09^s$ なので，この UT に対する均時差は -5^m51^s，また赤緯は 16°35′.1N であった。時刻改正を施す前の推測位置における視正午は，船内時刻ではおよそ $9^h + 2^h25^m = 11^h25^m$ となり，船内時計を 30 分進める時刻改正を実施する必要があると判断するであろう。

そこで 30 分の時刻改正を行った場合の翌日の船内時刻（GMT に対して $+9^h30^m$）による正午位置を推算すると，Lat = 47°.916N（47°55′.0N），$Long$ = 144°.758E（144°45′.5N），longitude in Time = $9^h39^m2^s$ となる。再度，正中時刻（視正午）を計算すると，$12^h - 9^h39^m = 2^h21^m$UT であるので，均時差により平時に改正すると $2^h26^m.81$UT，したがって時刻改正後の船内時刻では $2^h26^m.81 + 9^h30^m = 11^h56^m.81$ と求められた。

この後の作業であるが，普通，視正中時刻と船内時計による正午の時間差はできるだけ小さくなるようにし，なおかつ正中時が船内時の正午の前になるように 3 分単位で時刻改正を行っている。しかし，30 分単位の改正ではできるだけ正中時刻が船内時刻で 12 時の前になるように調整するが，これを過ぎることもあり支障が出ることも想定される。とはいえ，船内時刻の正午の後であろうと子午線高度観測が実施できれば正午の船位は決定できる。

位置の線航法のありがたいところは，推測位置をどこに置こうと位置の線は同一の位置を通るものが引かれることであり，前もって推算正中高度を計算するに，視正午における推測位置に固執する必要はない。したがって，船内時刻正午の推測位置を用いて式 $a = 90° + f(l, d)(l - d)$ に $l = 47°55'.0$N, $d = 16°35'.1$N を代入すれば，$a = 58°40'.1$ が求められる。これに眼高差，気差などを逆改正して六分儀高度を計算しておき，観測値との比較から修正差を求めれば位置の線が引かれることになる。一般的には問題にしないが，決定した位置は視正午の位置であり，船内時刻の正午位置とは時間にして数分違いがある。船内時刻での正午位置にするためには，この場合であれば 3 分程度航行した位置が正午位置ということになる。文章ではわかりにくいので表により必要な要素を示すと

Departure Point (*lat*, *long*)	Co.	Vel.
lat = 44°N, *long* = 135°E	60°	20 knots
Voyage hours with no clock adjust		
24^h		
DRP Noon (*lat*, *long*)	Longitude in Time	
lat = 48°N, *long* = 144°.9735E	$9^h39^m.8$	
App. Meri. pass Time (UT)	Eq. of Time	dec
2^h20^m	-5^m51^s	16°35′.1N
Mean Time for Meri. pass (UT)		
$2^h25^m.9$		
Meri. pass Time in ship's Time before clock adjust		
$11^h25^m.9$		
Clock adjust	diff. to GMT	
30^m ahead	9^h30^m	
Meri. pass Time in ship's Time after clock adjust		
$11^h56^m.8$		

Voyage hour to Meri. pass $23^h26^m.8$
DRP at Meri. pass time (*lat*, *long*) *lat* = 47°54′.46N, *long* = 144°44′.2E
DRP at Ship's Noon (*lat*, *long*) *lat* = 47°55′.0N, *long* = 144°45′.5E

【例解 2】

某月某日正午の船位を 44°N，130°E とし，船内使用時は JST（$+9^h$）とする。そこから Co. = 210°，Vel. = 20 knots で 1 日（時刻改正の時間を除き約 24 時間）航走する場合，翌日の正午の太陽正中について予測し，時刻改正についても考察する。なお，この船では時刻改正については 30 分単位（実際的には 30 分か 1 時間）で行い，船内時刻管理の簡素化を目的とし視正午を船内時の正午に合わせることはしないものとする。また，この例解では船内正午と子午線正中時の時間間隔が大きいので，Meri. pass における DRP を用い，running fix の誤差を小さくすると同時に，船内正午時刻における船位を明確に計算することにした。 正中時の推測位置を用いて式 $a = 90° + f(l,d)(l - d)$ に $l = 36°50'.5$N，$d = 16°35'.1$N を代入すれば，$a = 69°45'.6$ と求められる。観測高度との比較で得られた位置の線は，正中時のものであるので，船内正午位置へ移動計算することになる。

Departure Point (*lat*, *long*) *lat* = 44°N, *long* = 130°E	Co. 210°	Vel. 20 knots
Voyage hours with no clock adjust 24^h		
DRP Noon (*lat*, *Long*) *lat* = 37°.0718N, *long* = 124°.7368E	Longitude in Time 8^h19^m	
App. Meri. pass Time (UT) 3^h41^m	Eq. of Time -5^m50^s	dec 16°34′.1N
Mean Time for Meri. pass (UT) $3^h46^m.9$		

Meri. pass Time in ship's Time before clock adjust	
$12^{h}46^{m}.9$	
Clock adjust	diff. to GMT
1^{h} aback	8^{h}
Meri. pass Time in ship's Time after clock adjust	
$11^{h}47^{m}.7$	
Voyage hour to Meri. pass	
$24^{h}47^{m}.7$	
DRP at Meri. pass Time (*lat*, *long*)	
$lat = 36°50'.53$N, $long = 124°34'.4$E	
DRP at Ship's Noon (*lat*, *long*)	
$lat = 36°46'.98$N, $long = 124°31'.75$E	

6.3　近子午線高度緯度法

太陽の子午線正中高度を観測して緯度を求める子午線高度緯度法は簡便にして信頼に足る精度をもたらすが，正中の瞬間に観測ができない場合の対策を講じておく必要がある。そのための方策として近（傍）子午線高度緯度法（latitude by ex-meridian altitude）がある。これについての理論式を導出してみたい。正中時前後における天体高度は，極大となる正中高度に近く，その高度は急速には変化しない。したがって，正中前後の高度変化についての量を求めることができれば，正中前後の観測高度から正中高度を予測できる。

6.3.1　計算式の導出

【解法 1】

正中高度を a_{m}，正中前後の近子午線高度を a_1（ex-meridian altitude）と表記し，正中時の極大高度との差を Δa とすれば

$$a_{\mathrm{m}} = a_1 + \Delta a$$

の関係式が得られる。求めたいものは Δa であるので，観測時の天文球面三角公式から考えよう。a，l，d，h をそれぞれ高度，緯度，赤緯そして時角とす

れば

$$\sin a_1 = \sin l \sin d + \cos l \cos d \cos h$$

ここでは，正中前後の観測時間のあいだ，天体の赤緯は変化しないとする。$a_1 = a_m - \Delta a$，$\cos h = 1 - 2\sin^2 \dfrac{h}{2}$ であるから，上式に代入すれば，次式が得られる。

$$\sin(a_m - \Delta a) = \sin l \sin d + \cos l \cos d \left(1 - 2\sin^2 \frac{h}{2}\right)$$

$$\sin a_m \cos \Delta a - \cos a_m \sin \Delta a = \cos(l - d) - 2\cos l \cos d \sin^2 \frac{h}{2}$$

$\cos \Delta a \approx 1 - (\Delta a)^2/2$ として，また Z を天頂距離とすれば，$\cos(l - d) = \cos Z = \sin a_m$ であるから

$$\sin a_m - \sin a_m \frac{\Delta a^2}{2} - \cos a_m \Delta a = \sin a_m - 2\cos l \cos d \sin^2 \frac{h}{2} \qquad (6.18)$$

これより

$$\Delta a = \frac{\cos l \cos d}{\sin(l - d)} 2\sin^2 \frac{h}{2} - (\Delta a)^2/2 \tan a_m$$

Δa^2 の微小項を無視して，次式が得られる。

$$\Delta a = 2\frac{\cos l \cos d}{\sin(l - d)} \sin^2 \frac{h}{2}$$

これまで Δa について，単位を radian として計算してきているので，角度の分単位に変換するに，1（rad）$= \dfrac{180 * 60}{\pi} = 3437.7467$ を乗じて

$$\Delta a = 2 * 3437.75 \frac{\cos l \cos d}{\sin(l - d)} \sin^2 \frac{h}{2} \qquad (6.19)$$

h（rad）は小さく，時間の分（H で表記）で表現すれば，h（rad）$= 15 * H^m/3438$ から

$$\sin^2 \frac{h}{2} = \left(\frac{h}{2}\right)^2 = \left(\frac{15H}{2 * 3438}\right)^2$$

これを式 (6.19) に代入し Δa を角度の分で表せば，以下の式になる。l，d の符号を考慮して

$$\Delta a = 0'.032722 \frac{\cos l \cos d}{\sin(l \pm d)} H^2 = \frac{0'.032722}{\tan l \pm \tan d} H^2$$

これを表の形にしたものが CH^2 表であるが，最近では入手が難しい。

【解法 2】

マクローリン展開による方法を導いてみる。解析学で学んだマクローリン展開の公式は次式のとおりである。

$$f(x) = f(a) + f'(a)x + \frac{f''(0)}{2!}x^2 + \cdots$$

天文球面三角形の公式によれば，前項同様，天体の高度は次の公式で表すことができる。

$$\begin{aligned}\sin a &= \sin l \sin d + \cos l \cos d \cos h \\ &= \sin l \sin d + \cos l \cos d \left(1 - 2\sin^2 \frac{h}{2}\right)\end{aligned}$$

Z で天頂角を表し，Z_0 で正中時の天頂角を表せば，$\cos Z_0 = \cos(l \sim d)$ であるから

$$\cos Z = \cos Z_0 - 2\cos l \cos d \sin^2 \frac{h}{2} \tag{6.20}$$

ここで，式 (6.20) 右辺第 2 項の $2\cos l \cos d \sin^2 \frac{h}{2}$ を y と置くと

$$\cos Z = \cos Z_0 - y \tag{6.21}$$

Z_0 は定数であり，$\cos Z_0 = C$ と置けるので

$$\cos Z = C - y \tag{6.22}$$

と表現できる。したがって

$$Z = \cos^{-1}(C - y) = f(y) \tag{6.23}$$

と Z を $f(y)$ の関数表現にすることができる。式 (6.23) をマクローリン展開すれば

$$\begin{aligned}Z = f(y) &= f(0) + f'(0)y + \frac{f''(0)}{2!}y^2 + \cdots \\ &= Z_0 + \frac{dZ_0}{dy}y + \frac{1}{2}\frac{d^2Z_0}{dy^2}y^2 + \cdots\end{aligned} \tag{6.24}$$

と表現できる。ここで導関数を求めるに，逆関数の微分計算はせずに，式 (6.22) の微分から考えると

$$-\sin Z\, dZ = -dy$$

である。したがって

$$\frac{dZ}{dy} = \frac{1}{\sin Z}$$

同様にこれを微分して

$$\frac{d^2Z}{dy^2} = \frac{-\cos Z}{\sin^2 Z}\frac{dZ}{dy} = -\frac{\cot Z}{\sin^2 Z}$$

であるから，これらの微分項に Z_0 を代入して式 (6.24) を計算すれば

$$Z = Z_0 + \frac{1}{\sin Z_0}y - \frac{1}{2!}\frac{\cot Z_0}{\sin^2 Z_0}y^2 + \cdots \tag{6.25}$$

これに $y = 2\cos l \cos d \sin^2 \dfrac{h}{2}$ を代入すれば

$$Z = Z_0 + 2\frac{\cos l \cos d}{\sin Z_0}\sin^2\frac{h}{2} - \frac{1}{2!}\frac{\cot Z_0}{\sin^2 Z_0}\left(2\cos l \cos d \sin^2\frac{h}{2}\right)^2 \tag{6.26}$$

となる。この式の右辺第 2 項は前項で求めてあり CH^2 表に掲載されているものである。第 3 項も CH^2 で表現して求めるべき高度 a_0 で示せば

$$a_0 = a + CH^2 - 0.000145C^2H^4 \tan a_0 \tag{6.27}$$

と求められる。右辺第 2 項の a_0 については，最初は推算値を入れ，求められた新高度での繰り返し計算をする。しかし低緯度海域で観測時刻が正中時から大きく離れているときには，この項の計算値も大きくなり計算する必要が生ずるが，一般的に実施することはあまりない。

6.4　極大高度の問題

天体の高度変化は航行速度による影響を受け，とくに高速船が南北に近い針路で航行する場合には正中時の観測高度と高度変化が停留する（極大となる）

瞬間の観測高度（relative maximum altitude）が異なるために改正を行う必要がある。ここでは，この極大高度を改正することについての理論的考察を行うことにする。

6.4.1　極大高度を求める式の導出

まず，実用的な太陽についての極大高度に対する航行針路・速度による測高度改正の意味と改正値について限定して考えるが，理解を容易にするために次の 3 つの場合，すなわち，（1）針路が真南あるいは真北の場合，（2）針路が東西の場合，（3）針路が任意の場合に分けて考える。

（1）針路が真南あるいは真北の場合

緯度，経度が (l_1, L_1) の地点に船舶が停止しているときに，太陽の子午線高度 a_1 を時刻 t_1 に観測したとする。話を簡単にするため，緯度（l）と赤緯（d）は同名で，$l > d$ とするが，赤緯は変化しないと仮定すると，次の子午線高度緯度法の公式により

$$l_1 = (90° - a_1) + d$$

と緯度が求められた。ここで思考実験を行う。

① (l_1, L_1) の地点を，この正中時刻 t_1 に針路 180°，速力 V ノットで航行している船舶においては，航行による緯度変化により太陽高度の変化は続いており，ある時間 Δt の後，緯度 l_2 の船位において高度変化は止まり，そのときに極大高度 a_{1r} を観測する。

② 一方，①で航行中の船舶が経度 L_1 で，極大高度を観測する時刻 $t_1 + \Delta t$ に，子午線（経度 L_2 とする）上の緯度 l_2 において太陽は子午線正中する。そして，その地点で停止している船舶においては，最大高度 a_2 を観測するであろう。

ここで，①，②の場合を比較しながら，L_1 上を真南へ航行している船舶が子午線 L_2 上で正中している太陽の極大高度を観測する場合を図 6.5「極大高度改正の概念」により考えることにする。

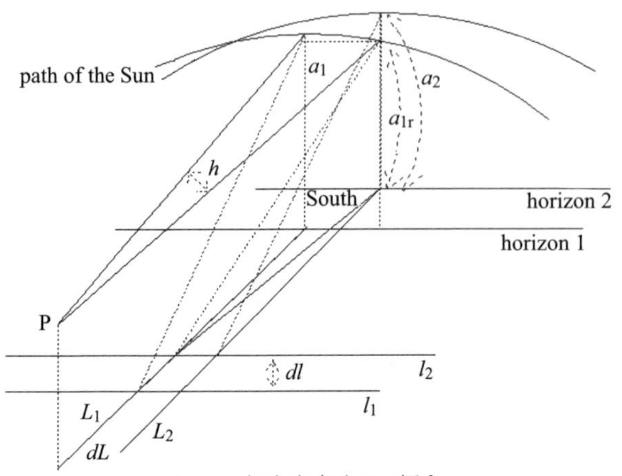

図 6.5　極大高度改正の概念

まず，l_2，L_2 で停止している船舶上で正中高度 a_2 を観測すれば

$$l_2 = (90° - a_2) + d$$

赤緯変化を無視し，$\Delta a = \Delta l$ であるので

$$a_2 = a_1 + \Delta a$$

これを上式に代入すれば

$$l_2 = 90° - (a_1 + \Delta a) + d$$

これは

$$l_2 = 90° - (a_1 + \Delta l) + d$$

ということである。何ら変わったところはない。緯度変化を反映しただけのことである。L_1 を航行している船舶上では，この同じ太陽の極大高度を a_{1r} と観測する。したがって

$$l_2 = (90° - (a_{1r} + \Delta a_{1r})) + d$$

ここに，Δa_{1r} は子午線正中高度と極大高度との差とし，a_{1r} と a_1 の関係をみると，航行による緯度変化と，正中からある時間を隔てた別の子午線にある太陽

高度に対する修正（正中最大高度から高度を下げている）を考慮しなければならないので

$$a_{1r} = a_1 + \Delta l - \Delta a_{1r}$$

とできる。この a_{1r} を上式に代入すれば

$$l_2 = (90^\circ - (a_1 + \Delta l)) + d$$

となり，停止中の高度観測値と修正された航行中の高度観測値から同値の緯度が得られることがわかる。

以上から極大高度改正は，正中時から極大高度観測時までの高度変化（Δa_{1r}）が計算できれば，その値を用いて高度改正する作業であることが理解される。そして，この高度変化は近子午線高度緯度法ですでに近似解を求めてあるのでこれを用いればよい。

航行中に観測する子午線正中高度と停止中に観測する正中高度が異なるということではない。船舶上での六分儀による正中高度観測では実際には不可能に近いことではあるが，正中の瞬間が判別できて，その瞬間の正中高度が精確に観測できれば，極大高度の改正は不要になるわけである。

(2) 針路が東西の場合

観測高度について，この場合，航行による高度変化を生ずる要素が存在しないことから修正を要しないが，正中時間については航行による変化がある。

(3) 針路が任意の場合

次の天文三角公式の偏微分式から考える。高度，緯度，赤緯および時角を a，l，d，h とし

$$\sin a = \sin l \sin d + \cos l \cos d \cos h$$

に関する a，l，d，h の時間変化を考えるに，時間 t による偏微分を行うと

$$\frac{\partial \sin a}{\partial t} = \frac{\partial(\sin l \sin d + \cos l \cos d \cos h)}{\partial l}\frac{dl}{dt} + \frac{\partial(\sin l \sin d + \cos l \cos d \cos h)}{\partial d}\frac{dd}{dt}$$

$$+\frac{\partial(\sin l \sin d + \cos l \cos d \cos h)}{\partial h}\frac{dh}{dt}$$

計算を進めて

$$\begin{aligned}\cos a\frac{da}{dt} &= (\cos l \sin d - \sin l \cos d \cos h)\frac{dl}{dt}\\ &\quad + (\sin l \cos d - \cos l \sin d \cos h)\frac{dd}{dt}\\ &\quad - \cos l \cos d \sin h\frac{dh}{dt}\end{aligned}$$

とすると，航行速度は緯度と経度（時角）の変化として上式の計算に含まれることとなる。とくにいま，考察する子午線正中に近い時刻での観測においては，h は微小であり，極大高度では $da/dt = 0$ であるから

$$\sin h\frac{dh}{dt} = \frac{\sin(l-d)}{\cos l \cos d}\left(\frac{dd}{dt} - \frac{dl}{dt}\right)$$

となる。ここでは，太陽の赤緯・赤経の変化は無視できるとし，地球自転と船速を考え，時間あたり時角の変化と航行速力の影響を考慮して $dh/dt = 900' \pm \Delta L$，$dl/dt = \Delta l$，$dd/dt = \Delta d$ と置き，緯度と赤緯の符号を考慮すれば

$$\begin{aligned}\sin h &= \frac{\sin(l \pm d)}{\cos l \cos d}\frac{\Delta l \pm \Delta d}{(900 \pm \Delta L)}\\ &= \frac{\Delta l \pm \Delta d}{900\left(1 \pm \dfrac{\Delta L}{900}\right)}(\tan l \pm \tan d)\end{aligned}$$

ここで

$$\frac{1}{1 \pm \dfrac{\Delta L}{900}} = \left(1 \pm \frac{\Delta L}{900}\right)^{-1} = 1 \mp \frac{\Delta L}{900}$$

であることを適用すれば

$$\sin h = \frac{1}{900}(\Delta l \pm \Delta d)\left(1 \mp \frac{\Delta L}{900}\right)(\tan l \pm \tan d)$$

h を角度の分単位（H'）で表現すれば，1 (radian) = 3437′.75 として

$$H' = \frac{3437.75}{900}(\Delta l \pm \Delta d)\left(1 \mp \frac{\Delta L}{900}\right)(\tan l \pm \tan d) \tag{6.28}$$

$$= 3'.82(\Delta l \pm \Delta d)\left(1 \mp \frac{\Delta L}{900}\right)(\tan l \pm \tan d) \tag{6.29}$$

時間の秒（second）単位ならば

$$h^{\sec} = 15.28(\Delta l \pm \Delta d)\left(1 \mp \frac{\Delta L}{900}\right)(\tan l \pm \tan d)$$

時間の分（minute）単位ならば

$$h^{\min} = 0.2546(\Delta l \pm \Delta d)\left(1 \mp \frac{\Delta L}{900}\right)(\tan l \pm \tan d) \tag{6.30}$$

となる。

近子午線高度緯度法において正中前後の観測高度から正中高度を求めるために，次式を得ている。

$$\Delta a = 2\frac{\cos l \cos d}{\sin(l - d)} \sin^2 \frac{h}{2}$$

この式を極大高度と正中高度との関係に適用し，h は小さいので，$\sin^2 h/2 = h^2/4$ とでき

$$\Delta a = \frac{\cos l \cos d}{2 \sin(l - d)} h^2 \tag{6.31}$$

とできる。また

$$\left(\frac{1}{1 \mp \frac{\Delta L}{900}}\right)^2 = 1 \pm \frac{2\Delta L}{900}$$

であることを適用し，式 (6.31) に式 (6.29) を代入すれば

$$\Delta a(') = \frac{\cos l \cos d}{2 \sin(l \pm d)}(\Delta l \overset{+}{\sim} \Delta d)^2 \left(1 \mp \frac{\Delta L}{900}\right)^2 (\tan l \overset{+}{\sim} \tan d)^2$$

$$= \frac{3.82^2}{2 * 3438}(\tan l \overset{+}{\sim} \tan d)(\Delta l \overset{+}{\sim} \Delta d)^2 \left(1 \pm \frac{2\Delta L}{900}\right)$$

$$= 0.002122(\tan l \overset{+}{\sim} \tan d)(\Delta l \overset{+}{\sim} \Delta d)^2 \left(1 \pm \frac{2\Delta L}{900}\right) \tag{6.32}$$

と，子午線高度（単位は角度の分）を得るための改正値が求められた。

- l，d 異名のとき $\tan l + \tan d$ を，同名のとき $\tan l \sim \tan d$ をとる
- Δl : 船速による毎時の変緯（′），Δd : 赤緯の毎時の変化（′），北への変化に N，南への変化に S の符号をつける
- Δl と Δd が異名のとき $\Delta l + \Delta d$，同名のとき $\Delta l \sim \Delta d$ をとる
- ΔL : 船速による毎時の変経（′），針路西方のとき $1 + 2\Delta L/900$，東方のとき $1 - 2\Delta L/900$ をとる

ものとする。なお，これについては次項でも共通とする。

6.4.2　極大高度の瞬間と正中時との時間間隔

次に，極大高度と正中高度の時間間隔を求める。すでに時角（h）は式 (6.29) により得られているので，時角と時間の関係を整理しておく。地方時角（LHA）は次式で得られるが，太陽の赤経・赤緯の変化は無視できるとし，航行による経度の増減の影響を次のように扱う。LHA を h，GHA を h_g，そして経度を L と表記して

$$h = h_g \pm L$$

航行による経度の変化を考慮し

$$h + \Delta h = h_g + \Delta h_g \pm L \pm \Delta L$$

航行しているときと航行していないときの正中時と極大時との差は

$$\Delta h = \Delta h_g \pm \Delta L$$

これは，東西方向の速度成分を V_{EW} と表記すれば

$$\Delta h = \Delta h_g \pm V_{EW}$$

ということである。ここまでの時角についての単位は角度である。ここで，1 時間単位でこの数式を計算し Δt の比例計算に備えることにする。右辺 h_g は地球自転角速度（1 時間で $15° * 60' = 900'$），速力 ΔL もノットで角度の分単位

で表現している。したがって，上式の左辺の時角 h を時間の単位に変換した $H_h = 900\Delta h$ で表現すると

$$H_h = 900\Delta h = 900 \pm \Delta L$$

Δt の間に変化する時角は

$$900\Delta h_t = (900 \pm \Delta L)\Delta t$$

であり，したがって

$$\Delta t = \frac{900\Delta h_t}{900 \pm \Delta L} = \Delta h_t \left(1 \mp \frac{\Delta L}{900}\right) \tag{6.33}$$

である。式 (6.33) の Δh_t に式 (6.30) を代入すれば

$$\Delta t^{\min} = 0.2546(\Delta l \pm \Delta d)(\tan l \pm \tan d)\left(1 \pm \frac{2\Delta L}{900}\right) \tag{6.34}$$

となり，時間の分単位での正中と極大高度になる瞬間との時間差が求められたことになる。

参考文献

[1] Boris Krasavtsev, Boris Khlyustin, Nautical Astronomy, University Press of the Pacific, Honolulu, Hawaii.

[2] 秋吉利雄，「航海天文学の研究」，恒星社恒星閣，1954.

[3] The Nautical Almanac, United States Naval Observatory & Her Majesty's Stationary Office.

[4] 天測暦，海上保安庁.

第7章

天　測

PC などの普及により計算機能が飛躍的に向上した手段を船橋に所有する現在，天測による位置決定方法（methods of celestial fix）も新しい手法が提案されたり，ソフトウェアとして販売されている。ここでは米国航法学会（The Institute of Navigation：ION）の雑誌 Navigation に掲載された 3 論文と英国 HM Nautical Almanac Office から刊行されている NavPac の計算手法を紹介すると同時に，古典的な最小自乗法による計算法を示して理解を助けたい。また，ほかに 2 つの位置決定計算法についても例解を示しつつ紹介する。

7.1　最小自乗法の適用

ここでは標準的教科書どおり最小自乗法を適用して計算する。n 回観測したうちの i 回目の観測方程式は次のとおりである。

$$p_i\ (= a_i) = \left(\frac{\partial H_c}{\partial L}\right)_i \Delta L + \left(\frac{\partial H_c}{\partial \lambda}\right)_i \Delta\lambda \tag{7.1}$$

ここに，下付文字 $_o$ で観測を，同 $_c$ で計算を示すことにし，H を高度とすれば，$p\ (= a) = H_o - H_c$ で表記されるものは観測高度と計算高度の差であり，修正差（intercept）と呼ばれる。L, λ は推測位置（DRP）あるいは仮定位置（assumed position）の緯度および経度であり，d は赤緯，GHA はグリニッジ時角とする。

天体の水平線からの高度を求める天文球面三角公式を次式のとおり

$$\sin H = \sin L \sin d + \cos L \cos d \cos(\mathrm{GHA} + \lambda) \tag{7.2}$$

$$H = \arcsin(\sin H) \tag{7.3}$$

で表せば，偏微分の項は

$$\frac{\partial H}{\partial L} = [\cos L \sin d - \sin L \cos d \cos(\mathrm{GHA} + \lambda)] / \cos H \tag{7.4}$$

$$\frac{\partial H}{\partial \lambda} = -[\cos L \cos d \sin(\mathrm{GHA} + \lambda)] / \cos H \tag{7.5}$$

である。したがって，2 以上の n 回の観測からなる観測方程式 (7.1) により ΔL と $\Delta\lambda$ の 2 つを求めるに，最小自乗法による正規方程式を立てると

$$\Delta L \sum_{i=1}^{n} \left(\frac{\partial H_{\mathrm{c}i}}{\partial L}\right)^2 + \Delta\lambda \sum_{i=1}^{n} \left(\frac{\partial H_{\mathrm{c}i}}{\partial L}\right)\left(\frac{\partial H_{\mathrm{c}i}}{\partial \lambda}\right) = \sum_{i=1}^{n} p_i \left(\frac{\partial H_{\mathrm{c}i}}{\partial L}\right) \tag{7.6}$$

$$\Delta L \sum_{i=1}^{n} \left(\frac{\partial H_{\mathrm{c}i}}{\partial L}\right)\left(\frac{\partial H_{\mathrm{c}i}}{\partial \lambda}\right) + \Delta\lambda \sum_{i=1}^{n} \left(\frac{\partial H_{\mathrm{c}i}}{\partial \lambda}\right)^2 = \sum_{i=1}^{n} p_i \left(\frac{\partial H_{\mathrm{c}i}}{\partial \lambda}\right) \tag{7.7}$$

となり，この連立 1 次方程式を行列式（Cramer の公式）を用いて解くと

$$\Delta L = \frac{\begin{vmatrix} \left[p_i \left(\frac{\partial H_{\mathrm{c}i}}{\partial L}\right)\right] & \left[\left(\frac{\partial H_{\mathrm{c}i}}{\partial L}\right)\left(\frac{\partial H_{\mathrm{c}i}}{\partial \lambda}\right)\right] \\ \left[p_i \left(\frac{\partial H_{\mathrm{c}i}}{\partial \lambda}\right)\right] & \left[\left(\frac{\partial H_{\mathrm{c}i}}{\partial \lambda}\right)^2\right] \end{vmatrix}}{\begin{vmatrix} \left[\left(\frac{\partial H_{\mathrm{c}i}}{\partial L}\right)^2\right] & \left[\left(\frac{\partial H_{\mathrm{c}i}}{\partial L}\right)\left(\frac{\partial H_{\mathrm{c}i}}{\partial \lambda}\right)\right] \\ \left[\left(\frac{\partial H_{\mathrm{c}i}}{\partial L}\right)\left(\frac{\partial H_{\mathrm{c}i}}{\partial \lambda}\right)\right] & \left[\left(\frac{\partial H_{\mathrm{c}i}}{\partial \lambda}\right)^2\right] \end{vmatrix}} \tag{7.8}$$

$$\Delta \lambda = \frac{\begin{vmatrix} \left[\left(\frac{\partial H_{\mathrm{c}i}}{\partial L}\right)^2\right] & \left[p_i \left(\frac{\partial H_{\mathrm{c}i}}{\partial L}\right)\right] \\ \left[\left(\frac{\partial H_{\mathrm{c}i}}{\partial L}\right)\left(\frac{\partial H_{\mathrm{c}i}}{\partial \lambda}\right)\right] & \left[p_i \left(\frac{\partial H_{\mathrm{c}i}}{\partial \lambda}\right)\right] \end{vmatrix}}{\begin{vmatrix} \left[\left(\frac{\partial H_{\mathrm{c}i}}{\partial L}\right)^2\right] & \left[\left(\frac{\partial H_{\mathrm{c}i}}{\partial L}\right)\left(\frac{\partial H_{\mathrm{c}i}}{\partial \lambda}\right)\right] \\ \left[\left(\frac{\partial H_{\mathrm{c}i}}{\partial L}\right)\left(\frac{\partial H_{\mathrm{c}i}}{\partial \lambda}\right)\right] & \left[\left(\frac{\partial H_{\mathrm{c}i}}{\partial \lambda}\right)^2\right] \end{vmatrix}} \tag{7.9}$$

と解が得られる。ここでは，[　　] で上式の $\sum$ を略記した。

この ΔL と $\Delta\lambda$ を DRP に加減して最確位置を求める。すなわち，DRP の緯度，経度を (L_0, λ_0) とすれば，$L = L_0 + \Delta L$，$\lambda = \lambda_0 + \Delta\lambda$ が最確位置となる。ほとんどの場合 1 回で必要な精度の位置が得られるが，ΔL と $\Delta\lambda$ が大きいときには，この新計算位置を用いて上述の計算を繰り返し，より精度の高い位置を求める。

＜追加項目 1＞

ここまでの記述は私が学生時代に学んだ数学表現であって，古いかもしれないので，最近の主流であるマトリックス（行列）形式で記述し直すことにする。観測方程式は

$$p_i = \left(\frac{\partial H_c}{\partial L}\right)_i \Delta L + \left(\frac{\partial H_c}{\partial \lambda}\right)_i \Delta\lambda$$

である。これを次のように表現し直して表記を簡略化し

$$\begin{aligned} p_1 &= a_{11}\Delta L + a_{12}\Delta\lambda \\ p_2 &= a_{21}\Delta L + a_{22}\Delta\lambda \\ &\vdots \\ p_n &= a_{n1}\Delta L + a_{n2}\Delta\lambda \end{aligned}$$

とする。これは，マトリックス形式で表すと

$$AX = P \tag{7.10}$$

であり，ここに

$$A = \begin{bmatrix} \left(\frac{\partial H_c}{\partial L}\right)_1 & \left(\frac{\partial H_c}{\partial \lambda}\right)_1 \\ \left(\frac{\partial H_c}{\partial L}\right)_2 & \left(\frac{\partial H_c}{\partial \lambda}\right)_2 \\ \vdots & \vdots \\ \left(\frac{\partial H_c}{\partial L}\right)_n & \left(\frac{\partial H_c}{\partial \lambda}\right)_n \end{bmatrix} = \begin{bmatrix} a_{11} & a_{12} \\ a_{21} & a_{22} \\ \vdots & \vdots \\ a_{n1} & a_{n2} \end{bmatrix}$$

$$X = \begin{bmatrix} \Delta L\ (= x_1) \\ \Delta \lambda\ (= x_2) \end{bmatrix}$$

$$P = \begin{bmatrix} p_1 \\ p_2 \\ \vdots \\ p_n \end{bmatrix}$$

である。これから残差方程式を次のマトリックス形式で表せる。

$$V = P - AX_0 \tag{7.11}$$

残差の 2 乗和 $S = V^{\mathrm{t}}V$ が最小となるように正規方程式をつくれば

$$V^{\mathrm{t}}V = (P - AX_0)^{\mathrm{t}}(P - AX_0) = P^{\mathrm{t}}P - 2X_0^{\mathrm{t}}A^{\mathrm{t}}P + X_0^{\mathrm{t}}A^{\mathrm{t}}AX_0 \tag{7.12}$$

$$\frac{\partial V^{\mathrm{t}}V}{\partial X_0} = 2A^{\mathrm{t}}AX_0 - 2A^{\mathrm{t}}P = 0 \tag{7.13}$$

となり，上で導かれている正規方程式のマトリックス形式であり，その解は

$$X_0 = (A^{\mathrm{t}}A)^{-1}A^{\mathrm{t}}P \tag{7.14}$$

となる。

具体的に 3 回の観測方程式について微分して，確かめてみると

$$\begin{aligned}
v_1 &= p_1 - a_{11}x_1 - a_{12}x_2 \\
v_1^2 &= p_1^2 - 2p_1(a_{11}x_1 + a_{12}x_2) + a_{11}^2x_1^2 + 2a_{11}a_{12}x_1x_2 + a_{12}^2x_2^2 \\
v_2 &= p_2 - a_{21}x_1 - a_{22}x_2 \\
v_2^2 &= p_2^2 - 2p_2(a_{21}x_1 + a_{22}x_2) + a_{21}^2x_1^2 + 2a_{21}a_{22}x_1x_2 + a_{22}^2x_2^2 \\
v_3 &= p_3 - a_{31}x_1 - a_{32}x_2 \\
v_3^2 &= p_3^2 - 2p_3(a_{31}x_1 + a_{32}x_2) + a_{31}^2x_1^2 + 2a_{31}a_{32}x_1x_2 + a_{32}^2x_2^2
\end{aligned}$$

であるから

$$\begin{aligned}
\frac{\partial v^2}{\partial x_1} = &-2p_1a_{11} + 2a_{11}a_{11}x_1 + 2a_{11}a_{12}x_2 \\
&- 2p_2a_{21} + 2a_{21}a_{21}x_1 + 2a_{21}a_{22}x_2 \\
&- 2p_3a_{31} + 2a_{31}a_{31}x_1 + 2a_{31}a_{32}x_2
\end{aligned}$$

$$
\begin{aligned}
&= 0 \\
\frac{\partial v^2}{\partial x_2} &= -2p_1a_{12} + 2a_{11}a_{12}x_1 + 2a_{12}a_{12}x_2 \\
&\quad - 2p_2a_{22} + 2a_{21}a_{22}x_1 + 2a_{22}a_{22}x_2 \\
&\quad - 2p_3a_{32} + 2a_{31}a_{32}x_1 + 2a_{32}a_{32}x_2 \\
&= 0
\end{aligned}
$$

であり，この解をマトリックス形式で表すと

$$A^{\mathrm{t}}AX_0 = A^{\mathrm{t}}P \tag{7.15}$$

であることから，最確値は

$$X_0 = (A^{\mathrm{t}}A)^{-1}A^{\mathrm{t}}P \tag{7.16}$$

と求められる。

以上の数式だけをみていると，逆行列を含む行列演算があるために，マトリックス形式になじみのない場合には数学的表現に最初難しさを覚えるかもしれない。しかし，この解法は PC 用の表計算ソフトで実行すると実に簡単に解が得られる利点がある。

＜追加項目 2＞

各観測精度に重みをつけて方程式を考えることも必要な場合には以下の式で示される。残差の 2 乗和 $S = V^{\mathrm{t}}WV$ が最小となるように正規方程式をつくれば

$$
\begin{aligned}
S &= V^{\mathrm{t}}WV = (P - AX_0)^{\mathrm{t}}W(P - AX_0) \\
&= P^{\mathrm{t}}WP - 2P^{\mathrm{t}}WAX_0 + A^{\mathrm{t}}X_0WAX_0
\end{aligned}
$$

であるから

$$\frac{\partial V^{\mathrm{t}}WV}{\partial X_0} = -2P^{\mathrm{t}}WA + 2A^{\mathrm{t}}WAX_0 = 0$$

である。したがって

$$A^{\mathrm{t}}WAX_0 = A^{\mathrm{t}}WP$$

から，X_0 が求まる。ここに，W は重みに関するマトリックスで

$$W = \begin{bmatrix} w_1 & 0 & \cdots & 0 \\ 0 & w_2 & \cdots & 0 \\ \vdots & \vdots & \ddots & \vdots \\ 0 & 0 & \cdots & w_n \end{bmatrix}$$

と表現する。理解を容易にするため，$S = V^t WV$ について，観測数 3 の例で具体的に示せば

$$V = \begin{bmatrix} v_1 \\ v_2 \\ v_3 \end{bmatrix}$$

とすると

$$WV = \begin{bmatrix} w_1 v_1 \\ w_2 v_2 \\ w_3 v_3 \end{bmatrix}$$

$$V^t WV = w_1 v_1^2 + w_2 v_2^2 + w_2 v_2^2 \tag{7.17}$$

である。真値を P とすれば，残差方程式は

$$V = P - AX_0$$

で表され，要素で表せば

$$\begin{aligned} v_1 &= p_1 - (a_{11}x_1 + a_{12}x_2) \\ v_2 &= p_2 - (a_{21}x_1 + a_{22}x_2) \\ v_3 &= p_3 - (a_{31}x_1 + a_{32}x_2) \end{aligned}$$

である。これを式 (7.17) に代入し，$V^t WV$ をそれぞれ $X(x_1, x_2)$ で偏微分し 0 にすれば，解が得られる。x_1 について演算すると

$$\begin{aligned} \frac{\partial V^t WV}{\partial x_1} &= 2w_1(a_{11}^2 x_1 + a_{11}a_{12}x_2 - p_1 a_{11}) \\ &\quad + 2w_2(a_{21}^2 x_1 + a_{21}a_{22}x_2 - p_2 a_{21}) \\ &\quad + 2w_3(a_{31}^2 x_1 + a_{31}a_{32}x_2 - p_3 a_{31}) \\ &= 2(w_1 a_{11}^2 + w_2 a_{21}^2 + w_3 a_{31}^2)x_1 \\ &\quad + 2(w_1 a_{11}a_{12} + w_2 a_{21}a_{22} + w_3 a_{31}a_{32})x_2 \\ &\quad - 2(w_1 p_1 a_{11} + w_2 p_2 a_{21} + w_3 p_3 a_{31}) \end{aligned}$$

x_2 についても同様であるから，これをマトリックス形式で表現すれば

$$A^{\mathrm{t}}WAX_0 = A^{\mathrm{t}}WP \tag{7.18}$$

となり，X_0 の解は

$$X_0 = (A^{\mathrm{t}}WA)^{-1}A^{\mathrm{t}}WP \tag{7.19}$$

である。

7.2　Severance による解

推測（DRP）あるいは仮定（assumed position）位置と観測天体からなる天文球面三角形において，天体の水平線からの高度 H は次の式で求められる。ここでは，d：赤緯（declination），GHA：グリニッジ時角（Greenwich Hour Angle），H：計算高度（calculated altitude），L：緯度（latitude），λ：経度（longitude）とする。

$$\sin H = \sin L \sin d + \cos L \cos d \cos(\mathrm{GHA} + \lambda) \tag{7.20}$$

$$H = \arcsin(\sin H) \tag{7.21}$$

これを L，λ により偏微分すると

$$\frac{\partial H}{\partial L} = [\cos L \sin d - \sin L \cos d \cos(\mathrm{GHA} + \lambda)] / \cos H \tag{7.22}$$

$$\frac{\partial H}{\partial \lambda} = -[\cos L \cos d \sin(\mathrm{GHA} + \lambda)] / \cos H \tag{7.23}$$

となる。

n 回の観測による天体高度（h）および計算による天体高度（H）を行列により表現し

$$h = [h_1, h_2, \cdots, h_n]^{\mathrm{T}} \tag{7.24}$$

$$H = [H_1, H_2, \ldots, H_n]^{\mathrm{T}} \tag{7.25}$$

とする。

（観測値 – 計算値）の残差の 2 乗和を最小にする L および λ を求めるために，次の関数 $Q(L,\lambda) = [h - H]^{\mathrm{T}}[h - H]$ を偏微分して

$$\nabla Q(L,\lambda) = 0 \tag{7.26}$$

としたいが，直接解くことはできない。そこで，H を展開して，$H \simeq H_0 + PD$ と近似させる。ここに

$$P = \begin{bmatrix} \dfrac{\partial H_1}{\partial L} & \dfrac{\partial H_1}{\partial \lambda} \\ \dfrac{\partial H_2}{\partial L} & \dfrac{\partial H_2}{\partial \lambda} \\ \vdots & \vdots \\ \dfrac{\partial H_n}{\partial L} & \dfrac{\partial H_n}{\partial \lambda} \end{bmatrix} \tag{7.27}$$

$$D = \begin{bmatrix} \Delta L \\ \Delta \lambda \end{bmatrix} \tag{7.28}$$

である。式 (7.26) は，$-2P^{\mathrm{T}}[h - H] = 0$ となり $P^{\mathrm{T}}[h - H_0 - PD] = 0$ とすることができる。これを変形して

$$P^{\mathrm{T}}PD = P^{\mathrm{T}}[h - H_0] \tag{7.29}$$

$$D = [P^{\mathrm{T}}P]^{-1}P^{\mathrm{T}}[h - H_0] \tag{7.30}$$

とすることができる。代数的に表記すれば

$$\begin{bmatrix} \Delta L \\ \Delta \lambda \end{bmatrix} = \begin{bmatrix} \sum \left(\dfrac{\partial H_i}{\partial L}\right)^2 & \sum \dfrac{\partial H_i}{\partial L}\dfrac{\partial H_i}{\partial \lambda} \\ \sum \dfrac{\partial H_i}{\partial L}\dfrac{\partial H_i}{\partial \lambda} & \sum \left(\dfrac{\partial H_i}{\partial \lambda}\right)^2 \end{bmatrix}^{-1} \begin{bmatrix} \sum \dfrac{\partial H_i}{\partial L}[h_i - H_{0i}] \\ \sum \dfrac{\partial H_i}{\partial \lambda}[h_i - H_{0i}] \end{bmatrix} \tag{7.31}$$

となる。これを初期位置に加減して最確位置を求める。ほとんどの場合 1 回で必要な精度の修正値が求められるが，ΔL と $\Delta\lambda$ が大きいときには，得られた位置を用いて再計算を行う。

Severance による方法は数学的にエレガントで表現はシンプルである。解は最小自乗法による解そのものであるが，ここで示したような数式だけの展開をみると，逆行列の計算が含まれ，理解するにやや困難で計算が複雑にみえる。

著者は Severance の論文が出た当時，Fortran コンパイラでプログラムしたが，行列や逆行列のプログラムに苦労した経緯もあり，とくにそう思うのであろう。表計算ソフトによれば，逆に簡単な作業で解が求められる。

7.3　NavPac における方法

NavPac においては n 回天体観測をした i 回目の観測について，位置の線の方程式を次式のような非常に簡潔なものを利用する。

$$x \sin Z_i + y \cos Z_i = p_i \tag{7.32}$$

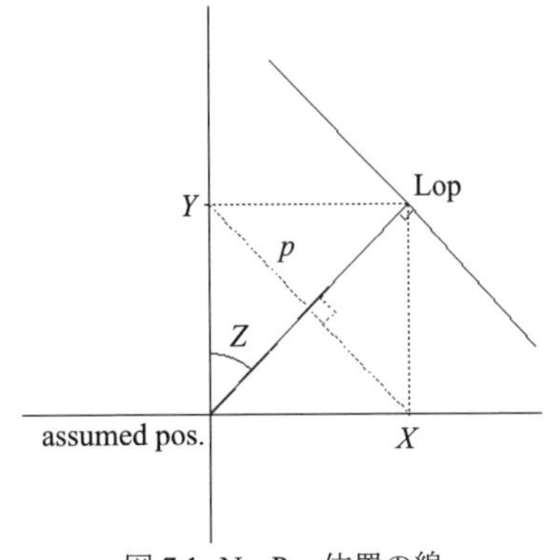

図 7.1　NavPac 位置の線

ここに，Z_i，p_i はそれぞれ天体方位と修正差（intercept）である。ここでの距離に関する計算単位は angular mile を用いているが，位置の線についての概念図，図 7.1「NavPac 位置の線」のとおり観測方程式は推測位置における平面座標で考えているものである。x，y は東西方向および南北方向の座標値であり，距離（linear mile）であることに注意を要する。地球上での位置表示としての角度である緯度，経度へは当然ながら変換を要する。添え字 i は観測天体の識別子とする。

この方程式に最小自乗法を適用し正規方程式を求めると

$$x \sum_{i=1}^{n} \sin^2 Z_i + y \sum_{i=1}^{n} \sin Z_i \cos Z_i = \sum_{i=1}^{n} p_i \sin Z_i \tag{7.33}$$

$$x \sum_{i=1}^{n} \sin Z_i \cos Z_i + y \sum_{i=1}^{n} \cos^2 Z_i = \sum_{i=1}^{n} p_i \cos Z_i \tag{7.34}$$

である。したがって，解は次の式で求められる。

$$x = \frac{\begin{vmatrix} [p_i \sin Z_i] & [\sin Z_i \cos Z_i] \\ [p_i \cos Z_i] & [\cos^2 Z_i] \end{vmatrix}}{\begin{vmatrix} [\sin^2 Z_i] & [\sin Z_i \cos Z_i] \\ [\sin Z_i \cos Z_i] & [\cos^2 Z_i] \end{vmatrix}} \tag{7.35}$$

$$y = \frac{\begin{vmatrix} [\sin^2 Z_i] & [p_i \sin Z_i] \\ [\sin Z_i \cos Z_i] & [p_i \cos Z_i] \end{vmatrix}}{\begin{vmatrix} [\sin^2 Z_i] & [\sin Z_i \cos Z_i] \\ [\sin Z_i \cos Z_i] & [\cos^2 Z_i] \end{vmatrix}} \tag{7.36}$$

ここでは，[　　] で上式の $\sum$ を略記した。修正緯度・経度を加減して計算船位を求めるには

$$Lat_{\mathrm{c}} = Lat_{\mathrm{a}} + y, \quad Long_{\mathrm{c}} = Long_{\mathrm{a}} + x / \cos Lat_{\mathrm{a}}$$

とすればよい。ただし，ここでは Lat_{a}，$Long_{\mathrm{a}}$ を assumed position（あるいは DRP）の緯度・経度，Lat_{c}，$Long_{\mathrm{c}}$ は決定位置の緯度・経度とする。

NavPac では，次の代数式を用いてわかりやすく計算式を示している。

$$\begin{aligned}
A &= \cos^2 Z_1 + \cos^2 Z_2 + \cdots \\
B &= \cos Z_1 \sin Z_1 + \cos Z_2 \sin Z_2 + \cdots \\
C &= \sin^2 Z_1 + \sin^2 Z_2 + \cdots \\
D &= p_1 \cos Z_1 + p_2 \cos Z_2 + \cdots \\
E &= p_1 \sin Z_1 + p_2 \sin Z_2 + \cdots \\
F &= p_1^2 + p_2^2 + \cdots \\
G &= AC - B^2 \\
dL &= (AE - BD)/(G \cos Lat) \\
dB &= (CD - BF)/G
\end{aligned}$$

ここに，dL，dB はそれぞれ経度および緯度についての修正値である。

なお，NavPac においては，経度を L，緯度を B と表記しているが，ここでは一部変更し，天体高度と方位角の計算式は次のとおりとする。

Lat = latitude，*Long* = longitude，LHA = local hour angle，DEC =

declination，Z = azimuth とし，まず S，C，H_c（天体高度）を計算する。

$$S = \sin \mathrm{DEC}$$
$$C = \cos \mathrm{DEC} \cos \mathrm{LHA}$$
$$H_c = \arcsin(S \sin Lat + C \cos Lat)$$

次に，X，A を計算する。

$$X = (S \cos Lat - C \sin Lat) / \cos H_c$$
$$\text{if} \quad X > +1 \qquad \text{set} \quad X = +1$$
$$\text{if} \quad X < -1 \qquad \text{set} \quad X = -1$$
$$A = \arccos X$$

方位角 Z を次により決定する。

$$\text{if} \quad \mathrm{LHA} > 180^\circ \qquad \text{then} \quad Z = A$$
$$\text{Otherwise} \quad Z = 360^\circ - A$$

<参考>

方位角の計算では象限の問題で悩むよりも，できれば自動化したい。表計算ソフトやプログラミングツールで計算するのであれば関数 ATAN2 を利用できる。以下の式を利用するとそれが可能である。次の球面三角公式 2 式

$$\cos H \cos Z = \cos Lat \sin \mathrm{DEC} - \sin Lat \cos \mathrm{DEC} \cos \mathrm{LHA}$$
$$\cos H \sin Z = \cos \mathrm{DEC} \sin \mathrm{LHA}$$

の下式を上式で除算すれば

$$\tan Z = \frac{\cos \mathrm{DEC} \sin \mathrm{LHA}}{\cos Lat \sin \mathrm{DEC} - \sin Lat \cos \mathrm{DEC} \cos \mathrm{LHA}}$$

となり ATAN2 を適用すれば方位角 Z が求められる。

7.4　Kaplan による方法

観測方程式は次のとおりであるが，ここで求めたいものは，位置（緯度，経度）ならびに実航針路，速力である。

$$p = H_o - H_c$$

$$
\begin{aligned}
&= \Delta H_c \\
&= \frac{\partial H_c}{\partial \phi}\Delta\phi + \frac{\partial H_c}{\partial \lambda}\Delta\lambda
\end{aligned} \tag{7.37}
$$

ここでは，p，H_o，H_c はそれぞれ修正差，観測天体高度，計算天体高度で，ϕ，λ は緯度，経度とする。また，偏微分項については

$$
\frac{\partial H_c}{\partial \phi} = [\cos\phi\sin d - \sin\phi\cos d\cos(\mathrm{GHA}+\lambda)]/\cos H_c \tag{7.38}
$$

$$
\frac{\partial H_c}{\partial \lambda} = -[\cos\phi\cos d\sin(\mathrm{GHA}+\lambda)]/\cos H_c \tag{7.39}
$$

である。そして，緯度と経度については，初期位置（ϕ_0，λ_0），針路（Co），速力（V）および時間（t）を要素とする関数で表されるが，最初に略算式を示すこととする。

（1）針路が東西方向に近いか，航行距離が比較的短い場合

DRP 計算式は

$$
\begin{aligned}
\phi' &= f(\phi_0, \lambda_0, \mathrm{Co}, V, t - t_0) \\
&= \phi_0 + \frac{V(t-t_0)\cos\mathrm{Co}}{M_0}
\end{aligned} \tag{7.40}
$$

$$
\begin{aligned}
\lambda' &= g(\phi_0, \lambda_0, \mathrm{Co}, V, t - t_0) \\
&= \lambda_0 + \frac{V(t-t_0)\sin\mathrm{Co}}{N_0\cos\phi_{\mathrm{midlat}}}
\end{aligned} \tag{7.41}
$$

と表現でき，ここに a は地球楕円体の長半径とすれば

$$
\begin{aligned}
M &= \frac{a(1-e^2)}{(1-e^2\sin^2\phi)^{3/2}} \\
N &= \frac{a}{(1-e^2\sin^2\phi)^{1/2}} \\
\frac{\partial M^{-1}}{\partial \phi} &= -\frac{3e^2\sin 2\phi(1-e^2\sin^2\phi)^{1/2}}{2a(1-e^2)} \\
\frac{\partial N^{-1}}{\partial \phi} &= -\frac{e^2\sin 2\phi}{2a(1-e^2\sin^2\phi)^{1/2}}
\end{aligned}
$$

であり

$$\Delta\phi = \frac{\partial f}{\partial \phi_0}\Delta\phi_0 + \frac{\partial f}{\partial \lambda_0}\Delta\lambda_0 + \frac{\partial f}{\partial \mathrm{Co}}\Delta\mathrm{Co} + \frac{\partial f}{\partial V}\Delta V \tag{7.42}$$

$$\Delta\lambda = \frac{\partial g}{\partial \phi_0}\Delta\phi_0 + \frac{\partial g}{\partial \lambda_0}\Delta\lambda_0 + \frac{\partial g}{\partial \mathrm{Co}}\Delta\mathrm{Co} + \frac{\partial g}{\partial V}\Delta V \tag{7.43}$$

とできるから，式 (7.42)，(7.43) を (7.37) に代入して，次の観測方程式が得られる。なお，下付文字 $_{\mathrm{o}}$ で初期値，$_{\mathrm{midlat}}$ の表記で中分緯度を表す。

$$\begin{aligned} p = &\left(\frac{\partial H_\mathrm{c}}{\partial \phi}\frac{\partial f}{\partial \phi_0} + \frac{\partial H_\mathrm{c}}{\partial \lambda}\frac{\partial g}{\partial \phi_0}\right)\Delta\phi_0 + \left(\frac{\partial H_\mathrm{c}}{\partial \phi}\frac{\partial f}{\partial \lambda_0} + \frac{\partial H_\mathrm{c}}{\partial \lambda}\frac{\partial g}{\partial \lambda_0}\right)\Delta\lambda_0 \\ &+ \left(\frac{\partial H_\mathrm{c}}{\partial \phi}\frac{\partial f}{\partial \mathrm{Co}} + \frac{\partial H_\mathrm{c}}{\partial \lambda}\frac{\partial g}{\partial \mathrm{Co}}\right)\Delta\mathrm{Co} + \left(\frac{\partial H_\mathrm{c}}{\partial \phi}\frac{\partial f}{\partial V} + \frac{\partial H_\mathrm{c}}{\partial \lambda}\frac{\partial g}{\partial V}\right)\Delta V \end{aligned} \tag{7.44}$$

この観測方程式を最小自乗法で解くことにより，推測位置に対する修正項と針路，速力に対する修正項ならびに位置を求めることができる。

ここに必要な偏微分項は以下のとおりであり，必要な精度での位置決定が可能である。

$$\frac{\partial f}{\partial \phi_0} = 1 + V(t-t_0)\cos\mathrm{Co}\frac{\partial M_0^{-1}}{\partial \phi_0}$$

$$\frac{\partial f}{\partial \lambda_0} = 0$$

$$\frac{\partial f}{\partial \mathrm{Co}} = -\frac{V(t-t_0)\sin\mathrm{Co}}{M_0}$$

$$\frac{\partial f}{\partial V} = \frac{(t-t_0)\cos\mathrm{Co}}{M_0}$$

$$\frac{\partial g}{\partial \lambda_0} = 1$$

$$\frac{\partial g}{\partial \phi_0} = \frac{V(t-t_0)\sin\mathrm{Co}}{\cos\phi_{\mathrm{midlat}}}\left[\frac{\partial N_0^{-1}}{\partial \phi_0} + \frac{\tan\phi_{\mathrm{midlat}}}{2N_0}\left(1 + \frac{\partial \phi'}{\partial \phi_0}\right)\right]$$

$$\frac{\partial g}{\partial \mathrm{Co}} = \frac{V(t-t_0)}{N_0\cos\phi_{\mathrm{midlat}}}\left[\cos\mathrm{Co} + \sin\mathrm{Co}\tan\phi_{\mathrm{midlat}}\left(\frac{1}{2}\frac{\partial \phi'}{\partial \mathrm{Co}}\right)\right]$$

$$\frac{\partial g}{\partial V} = \frac{(t-t_0)\sin\mathrm{Co}}{N_0\cos\phi_{\mathrm{midlat}}}\left[1 + V\tan\phi_{\mathrm{midlat}}\left(\frac{1}{2}\frac{\partial \phi'}{\partial V}\right)\right]$$

Kaplan によれば，以上の式は針路が東西方向に近いか，あるいは当該計算における航行距離が短い場合に適用できるとしている。

(2) 精密な一般解

精密な計算公式を以下に記述する。Kaplan の目指す天文航法の手法は 21 世紀においても天文航法が GPS とは独立に自律的かつ補完的システムとして存続する可能性の構築を目指しており，視点が非常に遠大であることに敬意を表する意味も込めて，少し長くなるが記述することにする。偏微分項を求めるための DRP 計算のための経緯度計算式は

$$\phi = \phi_0 + \frac{M_0}{a(1-e^2)}\left[\left(1-\frac{3}{4}e^3\right)(\phi'-\phi_0)+\frac{3}{8}e^2(\sin 2\phi' - \sin 2\phi_0)\right]$$

$$\begin{aligned}\lambda = \lambda_0 + \tan\mathrm{Co}\Bigg(&\ln\left[\tan\left(\frac{\pi}{4}+\frac{\phi}{2}\right)\right]+\frac{e}{2}\ln\left[\frac{1-e\sin\phi}{1+e\sin\phi}\right]\\ &-\ln\left[\tan\left(\frac{\pi}{4}+\frac{\phi_0}{2}\right)\right]-\frac{e}{2}\ln\left[\frac{1-e\sin\phi_0}{1+e\sin\phi_0}\right]\Bigg)\end{aligned}$$

である。

そして，計算に必要な偏微分項は以下のとおりとなる。

$$\frac{\partial\lambda}{\partial\phi} = \tan\mathrm{Co}\left[\frac{1}{\cos\phi} - \frac{e^2\cos\phi}{1-e^2\sin^2\phi}\right]$$

$$\begin{aligned}\frac{\partial f}{\partial\phi_0} = \frac{\partial\phi}{\partial\phi_0}\\ &= 1 + \frac{1}{a(1-e^2)}\frac{\partial M_0}{\partial\phi_0}\left[\left(1-\frac{3}{4}e^2\right)(\phi'-\phi_0)+\frac{3}{8}e^2(\sin 2\phi'-\sin 2\phi_0)\right]\\ &\quad + \frac{M_0}{a(1-e^2)}\left[\left(1-\frac{3}{4}e^2\right)\left(\frac{\partial\phi'}{\phi_0}-1\right)+\frac{3}{4}e^2\left(\frac{\partial\phi'}{\partial\phi_0}\cos 2\phi'-\cos 2\phi_0\right)\right]\end{aligned}$$

$$\frac{\partial f}{\partial\lambda_0} = \frac{\partial\phi}{\partial\lambda_0} = 0$$

$$\frac{\partial f}{\partial\mathrm{Co}} = \frac{\partial\phi}{\partial\mathrm{Co}} = \frac{M_0}{a(1-e^2)}\left[1-\frac{3}{4}e^2+\frac{3}{4}e^2\cos 2\phi'\right]\frac{\partial\phi'}{\partial\mathrm{Co}}$$

$$\frac{\partial f}{\partial V} = \frac{\partial\phi}{\partial V} = \frac{M_0}{a(1-e^2)}\left[1-\frac{3}{4}e^2+\frac{3}{4}e^2\cos 2\phi'\right]\frac{\partial\phi'}{\partial V}$$

$$\frac{\partial g}{\partial \phi_0} = \frac{\partial \lambda}{\partial \phi_0} = -\tan \mathrm{Co}\left[\frac{1}{\cos\phi_0} - \frac{e^2\cos\phi_0}{1-e^2\sin^2\phi_0}\right] + \frac{\partial \lambda}{\partial \phi}\frac{\partial \phi}{\partial \phi_0}\frac{\partial g}{\partial \lambda_0} = \frac{\partial \lambda}{\partial \lambda_0} = 1$$

$$\begin{aligned}\frac{\partial g}{\partial \mathrm{Co}} &= \frac{\partial \lambda}{\partial \mathrm{Co}}\\ &= \frac{1}{\cos^2 \mathrm{Co}}\left(\ln\left[\tan\left(\frac{\pi}{4}+\frac{\phi}{2}\right)\right] + \frac{e}{2}\ln\left[\frac{1-e\sin\phi}{1+e\sin\phi}\right]\right.\\ &\quad \left. - \ln\left[\tan\left(\frac{\pi}{4}+\frac{\phi_0}{2}\right)\right] - \frac{e}{2}\ln\left[\frac{1-e\sin\phi_0}{1+e\sin\phi_0}\right]\right) + \frac{\partial \lambda}{\partial \phi}\frac{\partial \phi}{\partial \mathrm{Co}}\end{aligned}$$

$$\frac{\partial g}{\partial V} = \frac{\partial \lambda}{\partial V} = \frac{\partial \lambda}{\partial \phi}\frac{\partial \phi}{\partial V}$$

なお，Kaplanのように速力をlinearな扱いとせずに通常のangularな扱いを行っても，観測天体高度の精度が$0'.2$程度であることを考慮すれば，問題とすべき大きな誤差は生じない。そのときには次の式で計算できる。

$$\begin{aligned}\phi' &= f(\phi_0, \lambda_0, \mathrm{Co}, V, t-t_0)\\ &= \phi_0 + V(t-t_0)\cos\mathrm{Co}\\ \lambda' &= g(\phi_0, \lambda_0, \mathrm{Co}, V, t-t_0)\\ &= \lambda_0 + V(t-t_0)\sin\mathrm{Co}/\cos\phi_{\mathrm{midlat}}\\ \phi_{\mathrm{midlat}} &= \frac{1}{2}(\phi_0+\phi')\end{aligned}$$

であるから，偏微分項は

$$\begin{aligned}\frac{\partial f}{\partial \phi_0} &= 1\\ \frac{\partial f}{\partial \lambda_0} &= 0\\ \frac{\partial f}{\partial \mathrm{Co}} &= -V(t-t_0)\sin\mathrm{Co}\\ \frac{\partial f}{\partial V} &= (t-t_0)\cos\mathrm{Co}\\ \frac{\partial g}{\partial \lambda_0} &= 1\\ \frac{\partial g}{\partial \phi_0} &= \frac{V(t-t_0)\sin\mathrm{Co}}{\cos\phi_{\mathrm{midlat}}}\left[\tan\phi_{\mathrm{midlat}}\left(1+\frac{\partial \phi'}{\partial \phi_0}\right)\right]\\ \frac{\partial g}{\partial \mathrm{Co}} &= \frac{V(t-t_0)}{\cos\phi_{\mathrm{midlat}}}\left[\cos\mathrm{Co} + \sin\mathrm{Co}\tan\phi_{\mathrm{midlat}}\left(\frac{1}{2}\frac{\partial \phi'}{\partial \mathrm{Co}}\right)\right]\end{aligned}$$

$$\frac{\partial g}{\partial V} = \frac{(t - t_0)\sin \mathrm{Co}}{\cos \phi_{\mathrm{midlat}}}\left[1 + V \tan \phi_{\mathrm{midlat}}\left(\frac{1}{2}\frac{\partial \phi'}{\partial V}\right)\right]$$

Kaplanの方法は位置と同時に実航針路・速力を求めることが可能であり，海流などの影響によりDR位置に不確かなものが発生する状況における測位には非常に有効であり注目に値するが，残念なことに，とくに当直時間内に正午位置決定を必要とする場合に4時間の当直中の太陽高度隔時観測値には観測方位に偏りがあり測位計算が完結しないという欠点がある。そのため，実務に従事している航海士が必要とする方法とするには工夫を要する。しかしながら，この欠点を解決すべく推定針路・速力の誤差を求める方法を見いだすことができれば（すなわちrunning fixによる誤差解消ができれば）非常に有効な方法となることが期待される。

7.5　例解

7.5.1　Severance 法による例解

assumed position 32°.75N, 15°.5W, Co. 315°, Sp'd 12 knots（at 12:00:00 UTC）

① 観測時刻および推測位置を以下のとおりとし，2006 年 2 月 15 日 12:00:00 UTC の位置を求める。

	Vega	Jupiter	Moon	Sun
time (UTC)	6:28:52	6:31:45	6:33:52	9:53:45
Lat	31.96951	31.97631	31.98129	32.45242
Long	−14.57199	−14.58007	−14.58601	−15.14618

② GHA，DEC，観測天体高度および計算天体高度

GHA	323.0625	16.7933	73.2716	324.9039
DEC	38.7831	−16.1419	5.7085	−12.6589
H_c	48.0067	41.8350	29.4290	24.1393
H_o	47.9999	41.8831	29.3676	24.1446
p (deg)	−0.00682	0.04806	−0.06143	0.00521

③ 計算過程

dH/dL	0.41027	−0.99875	−0.21761	−0.56956
$dH/d\lambda$	0.77364	−0.04223	−0.82789	0.69358

$$P = \begin{bmatrix} 0.410277445 & 0.773643632 \\ -0.998759775 & -0.042234098 \\ -0.217618052 & -0.827892579 \\ -0.569566608 & 0.693587992 \end{bmatrix}$$

$$\left[P^{\mathrm{T}}P\right]^{-1} = \begin{bmatrix} 0.655411176 & -0.053682216 \\ -0.053682216 & 0.570398775 \end{bmatrix}$$

$$P^{\mathrm{T}}[h - H] = \begin{bmatrix} -0.040411297 \\ 0.047166776 \end{bmatrix}$$

$$D = \left[P^{\mathrm{T}}P\right]^{-1} P^{\mathrm{T}}[h - H] = \begin{bmatrix} -0.029018032\ (1'.741)\ (= dL) \\ 0.029073239\ (1'.744)\ (= d\lambda) \end{bmatrix}$$

$Lat = 32°.72098197\mathrm{N}$（32°43′.259N）

$Long = 15°.47092676\mathrm{W}$（15°28′.256W）

7.5.2　最小自乗法による例解

Severance による例解を最小自乗法により解く。assumed position 32°.75N, 15°.5W，Co. 315°，Sp'd 12 knots（at 12:00:00 UTC）

① 観測時刻および推測位置

	Vega	Jupiter	Moon	Sun
time (UTC)	6:28:52	6:31:45	6:33:52	9:53:45
Lat	31.96951	31.97630	31.98129	32.45242
Long	−14.57199	−14.58007	−14.58600	−15.14618

② GHA，DEC，観測天体高度および計算天体高度

GHA	323.0625	16.7933	73.2716	324.9039
DEC	38.7831	−16.1419	5.7085	−12.6589
H_c	48.0067	41.8350	29.4290	24.1393
H_o	47.9999	41.8831	29.3676	24.1446
p (deg)	−0.006827	0.048067	−0.0614333	0.005217

③ 計算過程

dH/dL	0.41027	−0.99875	−0.21761	−0.56956
$dH/d\lambda$	0.77364	−0.04223	−0.82789	0.69358

$\sum(dH/dL)^2$	1.5376124
$\sum(dH/dLdH/d\lambda)$	0.14471006
$\sum(dH/d\lambda)^2$	1.7667786
$\sum(pdH/dL)$	−0.0404113
$\sum(pdH/d\lambda)$	0.04716677

$$dL = \frac{\begin{bmatrix} -0.040411 & 0.1447101 \\ 0.0471668 & 1.7667786 \end{bmatrix}}{\begin{bmatrix} 1.5376124 & 0.1447101 \\ 0.1447101 & 1.7667786 \end{bmatrix}} = -0.02901803\ (1'.741)$$

$$d\lambda = \frac{\begin{bmatrix} 1.5376124 & -0.04011 \\ 0.1447101 & 0.0471668 \end{bmatrix}}{\begin{bmatrix} 1.5376124 & 0.1447101 \\ 0.1447101 & 1.7667786 \end{bmatrix}} = 0.029073239\ (1'.744)$$

$Lat = 32°.72098197\ (32°43'.259)$ N

$Long = 15°.47092676\ (15°28'.256)$ W

④ マトリックス形式による解法

微分係数（$\partial H/\partial lat$，$\partial H/\partial long$）によるマトリックス A は上記同様に次のとおりである。

$$A = \begin{bmatrix} 0.410277445 & 0.773643632 \\ -0.998759741 & -0.042234669 \\ -0.217618052 & -0.827892579 \\ -0.569566608 & 0.693587992 \end{bmatrix}$$

この A の転置行列と逆行列ならびに p を要素にした行列を演算して

$$(A^{\mathrm{t}}A)^{-1} = \begin{bmatrix} 0.655411 & -0.053682 \\ -0.053682 & 0.570398 \end{bmatrix}$$

$$(A^{\mathrm{t}}A)^{-1}A^{\mathrm{t}} = \begin{bmatrix} 0.227369 & -0.652331 & -0.098186 & -0.410533 \\ 0.419260 & 0.02952 & -0.460546 & 0.426197 \end{bmatrix}$$

$$p^{t} = \begin{bmatrix} -0.006827 & 0.048067 & -0.0614333 & 0.005217 \end{bmatrix}$$

$$\begin{bmatrix} dL \\ d\lambda \end{bmatrix} = (A^{t}A)^{-1}A^{t}p = \begin{bmatrix} -0.029018869 \\ 0.02907327 \end{bmatrix}$$

と求められ，入力作業中のケアレスミスが相当防げることはありがたい。

7.5.3　太陽子午線高度を含む太陽高度の隔時観測

① 2009 年 10 月 1 日，Co. 060°，Sp'd 12 knots，各観測時の推測位置および計算に必要な要素ならびに観測高度を以下のとおりとする。なお，推定時刻 3:07:30 の観測は正中高度である。

	1	2	3	4	5
time (UTC)	0:00:00	1:00:00	2:00:00	3:00:00	3:07:30
Lat	30.0	30.1	30.2	30.3	30.3125
Long	130.0	130.2	130.4	130.6	130.625
GHA	182.555	197.5583	212.56166	227.565	229.44
Dec	−3.1566	−3.17166	−3.1883	−3.205	−3.21
H_c	33.8671	44.6586	52.85263	56.4491	56.477
H_o	33.88	44.67	52.87	56.46	56.48
p (deg)	0.0128	0.01137	0.01736	0.0108	0.0025

② 微分係数を計算し，前出例と同様に正規方程式を解くと

	1	2	3
		4	5
$dH/dLat$	−0.464059956	−0.66271982	−0.87480557
		−0.998325	−1.0
$dH/dLong$	0.767128586	0.647883728	0.418718811
		0.049945669	−0.00

$$A = \begin{bmatrix} -0.464059956 & 0.767128586 \\ -0.66271982 & 0.647883728 \\ -0.87480557 & 0.418718811 \\ -0.998325405 & 0.049945669 \\ -1 & 0 \end{bmatrix}$$

この A の転置行列と逆行列ならびに p を要素にした行列を演算して

$$A^tA = \begin{bmatrix} 3.416487603 & -1.201518624 \\ -1.201518624 & 1.186059605 \end{bmatrix}$$

$$(A^tA)^{-1} = \begin{bmatrix} 0.454688378 & 0.460614755 \\ 0.460614755 & 1.309746323 \end{bmatrix}$$

$$(A^tA)^{-1}A^t = \begin{bmatrix} 0.142348 & -0.002906 & -0.204895 & -0.430921 & -0.454688 \\ 0.790991 & 0.543305 & 0.145467 & -0.394427 & -0.460614 \end{bmatrix}$$

$$p^t = \begin{bmatrix} 0.012811 & 0.011374 & 0.017365 & 0.010856 & 0.0025 \end{bmatrix}$$

$$x_0 = (A^tA)^{-1}A^tp = \begin{bmatrix} -0.007582525 \\ 0.013405902 \end{bmatrix}$$

角度で $dLat = -0.0076$，$dLong = 0.0134$，マイルでは $dLat = -0.455$，$dLong = 0.804$ となり，正中時（UTC = 3:07:30 approx）の決定位置は $Lat = 30°.30491\ (30°18'.295)$ N，$Long = 130°.6384\ (130°38'.304)$ E である。

7.5.4 NavPac による例解

Severance 法による例解と同様で観測時刻および推測位置を以下のとおりとし，2006 年 2 月 15 日 12:00:00 UTC の位置を求める。assumed position 32°.75N，15°.5W，Co. 315°，Sp'd 12 knots（at 12:00:00 UTC）とし，UTC 12:00:00 の位置を求める。

① 観測時刻および推測位置

	Vega	Jupiter	Moon	Sun
time (UTC)	6:28:52	6:31:45	6:33:52	9:53:45
Lat	31.96951	31.97630	31.98129	32.45242
Long	−14.57199	−14.58007	−14.58600	−15.14618

② GHA，DEC，観測天体高度および計算天体高度

GHA	323.0625	16.7933	73.2716	324.9039
DEC	38.7831	−16.1419	5.7085	−12.6589
H_c	48.00672	41.8350	29.4290	24.1393
H_o	47.9999	41.8831	29.3676	24.1446
p (deg)	−0.00682	0.04806	−0.06143	0.00521
Z_c	65.7777	−177.1461	−102.5691	124.7200

③ 計算過程

$\sin Z_c$	0.9119	−0.0497	−0.9760	0.8219
$\cos Z_c$	0.4102	−0.9987	−0.2176	−0.5695

$\Sigma \sin Z_c^2$	0.83167	0.00247	0.95264	0.67559
$\Sigma \cos Z_c^2$	0.16832	0.99752	0.04735	0.32440

$\Sigma \sin Z_c * \cos Z_c$	0.37415	0.04972	0.21240	−0.46815
$\Sigma p \sin Z_c$	−0.00615	−0.00239	0.05996	0.00428
$\Sigma p \cos Z_c$	−0.00280	−0.04800	0.013368	−0.00297
Σp^2	4.556E-05	0.0023	0.0037	2.722E-05

A	1.537612594
B	0.168134111
C	2.462387406
D	−0.040379557
E	0.055700351
F	0.006157277
G	3.757928808

$dL = 0.029214, dB = -0.028968$ となり，$Lat = 32.72324$（32°43′.278N），$Long = -15.4708$（15°28′.2468W）となる。2 回の繰り返し計算でも，$Lat = 32°.721$，$Long = -15°.4708$ であり，1 回目の計算で十分である。

④ マトリックス形式による解

前出のとおり観測方程式は

$$AX = P$$

であり，ここに

$$A = \left[\sin Z_i \quad \cos Z_i \right]$$

$$X = \begin{bmatrix} x \\ y \end{bmatrix}$$

$$P = [p_i] = \begin{bmatrix} -0.00682 & 0.04806 & -0.06143 & 0.00521 \end{bmatrix}^{\mathrm{t}}$$

$$A = \begin{bmatrix} 0.911960755 & 0.410277445 \\ -0.049788676 & -0.998759775 \\ -0.976034007 & -0.217618052 \\ 0.82194518 & -0.569566608 \end{bmatrix}$$

であるから

$$X = (A^{\mathrm{t}}A)^{-1}A^{\mathrm{t}}P$$

を計算するに，表計算ソフトによれば行列だけの計算となり

$$A^{\mathrm{t}}A = \begin{bmatrix} 2.462387 & 0.168134 \\ 0.168134 & 1.537612 \end{bmatrix}$$

$$(A^{\mathrm{t}}A)^{-1} = \begin{bmatrix} 0.409165 & -0.044741 \\ -0.044741 & 0.655251 \end{bmatrix}$$

$$(A^{\mathrm{t}}A)^{-1}A^{\mathrm{t}} = \begin{bmatrix} 0.354786 & 0.024314 & -0.389622 & 0.361794 \\ 0.228032 & -0.652211 & -0.098925 & -0.409984 \end{bmatrix}$$

$$X = (A^{\mathrm{t}}A)^{-1}A^{\mathrm{t}}p = \begin{bmatrix} 0.024569 \\ -0.028968 \end{bmatrix}$$

$x = 0.02457$，$y\ (= dlat) = -0.02897$ から $dlong = 0.02921$ (deg)

$$Lat = 32^\circ.72103\ (32^\circ 43'.278\mathrm{N})$$
$$Long = -15^\circ.47078\ (15^\circ 28'.2468\mathrm{W})$$

と解が求められ，入力作業による誤りが少なくなるメリットがある。

⑤ weight を考慮してマトリックス形式で解く

月と木星についての観測精度について weight を 0.5 とすれば，weight matrix は

$$W = \begin{bmatrix} 1 & 0 & 0 & 0 \\ 0 & 0.5 & 0 & 0 \\ 0 & 0 & 0.5 & 0 \\ 0 & 0 & 0 & 1 \end{bmatrix}$$

である。位置についてのマトリックス解は

$$X_0 = (A^{\mathrm{t}}WA)^{-1}A^{\mathrm{t}}WP$$

であるから

$$(A^tWA)^{-1} = \begin{bmatrix} 0.504166 & -0.018409 \\ -0.018409 & 0.985726 \end{bmatrix}$$

$$(A^tWA)^{-1}A^tW = \begin{bmatrix} 0.504166 & -0.018409 \\ -0.018409 & 0.985726 \end{bmatrix}$$

$$X_0 = \begin{bmatrix} dlong\ (\text{deg}) = 0.0166\ (0'.9959) \\ dlat\ (\text{deg}) = -0.02325\ (-1'.395) \end{bmatrix}$$

$$Lat = 32^\circ.7267\ (32^\circ 43'.602\text{N})$$

$$Long = -15^\circ.4834\ (15^\circ 29'.004\text{W})$$

7.5.5　Kaplan 法による例解

＜例 1＞

以下の観測値を用い，2012 年 5 月 5 日 UTC 09:50:17（最終観測時）における位置と針路，速力を求める。UTC 5 月 5 日 00:00:00 における departure point を 39°.23253N（39°13′.95N），144°.2325E（144°13′.95E）とし，Co. 060°，Sp’d 11 knots で航行中と推定する。なお，DRP 計算には angular mile を用いて，微分項の計算を簡易化している。

① 観測時刻および推測位置を以下のとおりとし，計算する。

obs No.	1	2	3	4
	5	6	7	8
obs body	Sun	Venus	Venus	Sun
	Capella	Kochab	Regulus	Arcturus
time (UTC)	3:10:12	3:12:30	4:06:07	7:08:15
	9:45:46	9:47:31	9:48:52	9:50:17
Lat	39.5231	39.5266	39.6085	39.61179
	40.1274	40.1301	40.13218	40.1343
Long	144.8909	144.8989	145.085	145.0924
	146.26938	146.2755	146.2802	146.28519
GHA	228.38	190.5683	203.9933	242.8933
	290.7133	147.8633	218.6266	157.18
DEC	16.3433	27.8216	27.8216	16.355
	46.01	74.105	11.9033	19.1166

② GHA，DEC，観測天体高度，計算天体高度および修正差（I.C.）

obs No.	1 5	2 6	3 7	4 8
H_o	64.0336	66.6944	75.2462	56.2077
	35.3744	45.0011	61.3734	37.9181
H_c	64.0934	66.58	75.1439	56.3361
	35.683	44.8712	61.4407	37.5486
$p\ (')$	−3.58	6.815	6.139	−7.706
	−18.516	7.786	−4.04	22.17

③ 計算過程

微分係数

obs No.	1 5	2 6	3 7	4 8
$dH/d\phi$	−0.863596	−0.382581	−0.756884	−0.583262
	0.553132	0.935752	−0.984555	−0.107791
$df/d\phi_0$	1	1	1	1
	1	1	1	1
$dH/d\lambda$	−0.388911	0.712647	0.503505	−0.625768
	−0.636993	0.269636	−0.133855	0.76008
$dg/d\phi_0$	0.009692	0.00981	0.012568	0.012678
	0.030306	0.030398	0.03047	0.030545
$df/d\lambda_0$	0	0	0	0
	0	0	0	0
$dg/d\lambda_0$	1	1	1	1
	1	1	1	1
df/dC	−0.008784	−0.00889	−0.011366	−0.011465
	−0.027053	−0.027134	−0.027196	−0.027262
dg/dC	0.003296	0.003335	0.004259	0.004296
	0.010057	0.010087	0.010109	0.010133
df/dV	1.585	1.604166	2.050972	2.06875
	4.881388	4.895972	4.907222	4.919027
dg/dV	3.599069	3.64278	4.66303	4.703676
	11.184086	11.217947	11.244071	11.271486

各回の観測方程式の係数は

obs. No	const for $d\phi_0$	for $d\lambda_0$	for Co	for V
1	−0.867365	−0.388911	0.006304	−2.768519
2	−0.37559	0.712647	0.005778	1.982293
3	−0.750556	0.503505	0.010748	0.795512
4	−0.591196	−0.625768	0.003998	−4.150038
5	0.533827	−0.636993	−0.02137	−4.424138
6	0.943948	0.269636	−0.022671	7.606185
7	−0.988633	−0.133855	0.025423	−6.336509
8	−0.084574	0.76008	0.010641	8.037008

この 8 行 4 列の係数群をマトリックス A として，行列による計算を利用し緯度，経度および針路，速力を求めると

$$(A^tA)^{-1} = \begin{bmatrix} 1.558939 & -0.068441 & 58.15556 & -0.050882 \\ -0.068441 & 2.240152 & -40.36801 & -0.210721 \\ 58.15556 & -40.36801 & 3363.498 & 2.140655 \\ -0.050882 & -0.210721 & 2.140655 & 0.027005 \end{bmatrix}$$

そして P（I.C.）について radian で計算し

$$X = \begin{bmatrix} dlat \\ dlong \\ d\mathrm{Co} \\ d\mathrm{Vel} \end{bmatrix} = (A^tA)^{-1}A^tP = \begin{bmatrix} -0.0014\ (\mathrm{deg}) \\ -0.0016\ (\mathrm{deg}) \\ 6.6\ (\mathrm{deg}) \\ 0.037\ (\mathrm{deg}) \end{bmatrix}$$

この修正値を加減して，$lat = 40°.1329$N，$long = 146°.2868$E，Co. = 66°.6235，Vel = 13′.227 が求まる。この針路・速力を用いて再度 DRP を計算し天測計算を繰り返すと，3 回程度の再計算で，緯度 40°.13339N (40°8′.0)，経度 146°.7739E (146°46′.435)，針路 64°.96，速力 13.00 knots が求まる。これは，針路 65°，速力 13 ノットで予め計算し得られる緯度 40°.132N（40°7′.9），経度 146°.7726E（146°46′.35）に相当するが，場合によっては Kaplan の方法により得られる実航針路，速力の近似値に重きを置き，この針路・速力を用いて DRP を計算し薄明時の星測のみから求められる位置を決定位置とすることもよいかもしれない。

＜例 2＞

Kaplan の方法は，4 時間程度の時間内での太陽隔時観測による位置決定はできないが，以下のように理論的には許されないような方法で実用レベルでの位

置決定が可能である。つまり 4 時間程度のワッチ内での太陽高度観測データのみで正午位置を決定できる。とはいえ理論的に問題のない方法にすることについては読者の意見を伺いたいところである。

以下の観測値を用い，2009 年 10 月 1 日 UTC 03:07:00 頃における位置と針路，速力を求める。UTC 9 月 30 日 21:00:00 における assumed position を 29°.725298N，129°.3207E とし，Co. 060°，Sp'd 12 knots で航行中と推定する。なお，DRP 計算には angular mile を用いて，微分項の計算を簡易化している。

① 観測時刻および推測位置を以下のとおりとし，計算する。ただし，推定時刻 3:07:10 の観測は正中高度の測定とする。

obs No.	1 5	2 6	3 7	4 8	 9
time (UTC)	23:00:00 1:30:00	0:0:00 3:07:10	0:30:00 2:00:00	1:0:00 2:30:00	 3:00:00
Lat	29.925 30.1753	30.025 30.337	30.0753 30.225	30.1253 30.2753	 30.3253
Long	129.721 130.2227	129.9216 130.5439	130.0219 130.3232	130.1223 130.4238	 130.5244

② GHA，DEC，六分儀観測天体高度および六分儀計算天体高度

obs No.	1 5	2 6	3 7	4 8	 9
GHA	167.552 205.06	182.555 229.3566	190.0566 212.5616	197.558 220.0633	 227.565
DEC	−3.14 −3.18	−3.1566 −3.212	−3.1966 −3.18834	−3.1966 −3.2533	−3.205
H_o	21.726 49.219	33.862 56.487	39.514 52.889	44.683 55.406	 56.472
H_c	21.667 49.13	33.795 56.444	39.419 52.798	44.591 55.315	 56.42
obs'd error (′)	0.6 −0.4	−0.4 −0.5	0.7 −0.1	0 0.6	 −0.4
p (′)	3.557 5.335	3.998 2.596	5.722 5.4759	5.503 5.462	 3.111

③ 計算過程

子午線高度緯度法により正午緯度を 30°.29397N と決定する。この緯度

を用いて推測位置を再計算し直すが，経度については変化はない。

obs No.	1	2	3	4	
	5	6	7	8	9
time (UTC)	23:00:00	0:0:00	0:30:00	1:0:00	
	1:30:00	3:07:10	2:00:00	2:30:00	3:00:00
Lat	29.882	29.982	30.032	30.082	
	30.132	30.2939	30.182	30.232	30.282
Long	129.721	129.9216	130.0219	130.1223	
	130.2227	130.5439	130.3232	130.4238	130.5244

この位置情報を推測位置とし，Kaplan の方法を適用するが，緯度の偏微分項は子午線高度による観測値を用いるため，観測方程式は次のとおりである。

$$K_1\delta\lambda + K_2\delta\mathrm{Co} + K_3\delta V = p - K_0\delta\phi \tag{7.45}$$

K_0，K_1，K_2，K_3 については前出式 (7.44) の偏微分項である。

obs No.	1	2	3	4	
	5	6	7	8	9
$dH/d\phi$	−0.296414	−0.462962	−0.558174	−0.661457	
	−0.769649	−1	−0.873731	−0.956942	−0.998183
$dH/d\lambda$	0.828087	0.767764	0.718332	0.648966	
	0.552191	0	0.420467	0.250799	0.052032
$df/d\phi_0$	1	1	1	1	
	1	1	1	1	1
$dg/d\phi_0$	0.22891	0.344239	0.402119	0.460144	
	0.518315	0.707726	0.576632	0.635094	0.693704
$df/d\lambda_0$	0	0	0	0	
	0	0	0	0	0
$dg/d\lambda_0$	1	1	1	1	
	1	1	1	1	1
df/dC	−0.34641	−0.519615	−0.606218	−0.69282	
	−0.779423	−1.059919	−0.866025	−0.952628	−1.03923
dg/dC	0.230535	0.345976	0.40374	0.46153	
	0.519355	0.706835	0.577206	0.635087	0.692997
df/dV	1	1.5	1.75	2	
	2.25	3.059722	2.5	2.75	3
dg/dV	1.996494	2.996242	3.496492	3.996994	
	4.497749	6.121374	4.998756	5.500016	6.00153

各回の観測方程式の係数は

const. for $d\lambda_0$	for Co	for V	$P = p - K_0\delta\phi$ (rad)
0.828087151	0.293584372	1.356856986	0.058387683
0.767764684	0.506190748	1.605964984	0.06496545
0.718332104	0.628392314	1.534844724	0.09309487
0.648966461	0.757790792	1.271000393	0.088641864
0.552191368	0.88666585	0.751907126	0.084838091
0	1.059918869	−3.059722222	0.034812948
0.420467059	0.999370228	−0.08251692	0.085926731
0.250799959	1.070889323	−1.252185973	0.084296128
0.052032554	1.07340069	−2.682274278	0.043710186

この係数のうち左側の 9 行 3 列の部分をマトリックス A として，行列による計算を利用し視正午における経度および針路，速力を求めると

$$(A^{\mathrm{t}}A)^{-1} = \begin{bmatrix} 5.265790349 & -2.974420327 & -1.229247341 \\ -2.974420327 & 1.846720413 & 0.717351368 \\ -1.229247341 & 0.717351368 & 0.327048358 \end{bmatrix}$$

そして

$$X = \begin{bmatrix} dlong \\ d\mathrm{Co} \\ d\mathrm{Vel} \end{bmatrix} = (A^{\mathrm{t}}A)^{-1}A^{\mathrm{t}}P = \begin{bmatrix} 0.008303646\ (\mathrm{deg}) \\ 0.084251058\ (\mathrm{rad}) \\ 0.016487979\ (\mathrm{deg}) \end{bmatrix}$$

この修正値を加減して，$long = 130°.5566\mathrm{E}$，$\mathrm{Co} = 64°.8$，$\mathrm{Vel} = 12'.99$ となる。経度についてはまだ精度に欠けるが，針路・速力は期待以上の精度で求めることができた。針路・速力の精度が向上すると Kaplan の方法で経度も求められるようになる（理論的には不明ながら）。ここで求めた近似値を使い，再度計算すると，緯度は 30°.29397N（30 度 17.6 分），経度 130°.71816E（130 度 43.09 分），実針路は 64°.686，実速力 13.02 ノットとなる。この計算は前もって以下のシナリオで計算したものであり，UTC 21:00:00 における assumed position を 29°.7253N, 129°.3207E，針路 65°.0，速力 13.0 ノットで航行中，観測高度を DRP に対する計算高度にランダムな誤差を与えて NavPac 法で決定した視正午位置（30°.27728N（30 度 16.64 分），130°.71218E（130 度 42.73 分））

となるものを使用した。子午線高度緯度観測に −0′.5 の誤差を含ませてあるので，子午線高度緯度法による緯度決定には誤差があること，また太陽観測方位が分散しておらず南東方向に偏っていることを考慮すれば，期待した精度において一致しているというべきである。図 7.2「位置決定図」は，視正午の assumed position を 30°.3372N，130°.5484E，針路 060°.0，速力 12.0 ノットとして Kaplan 法で計算した位置と観測位置の線の関係を示す。

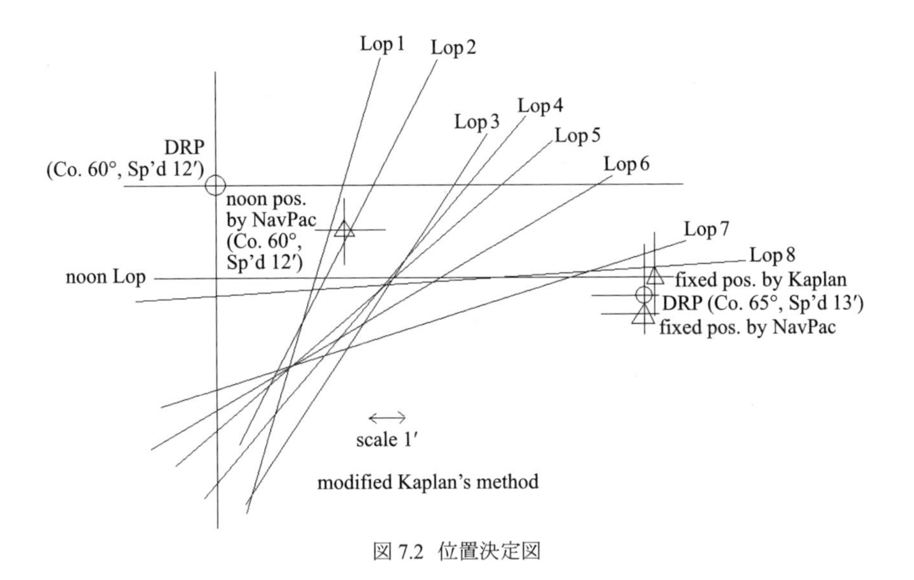

図 7.2　位置決定図

7.6　夾角天測法

低緯度海域においては，緯度と太陽の赤緯の差が小さいため，太陽方位はほぼ東西方向にあり，位置の線はほとんど経度線に平行で，経度についての情報は得られるにもかかわらず，正中の高度観測のほかには緯度に関する情報が得られない。その上，太陽高度は高くその方位変化も急激であるため観測が困難であり，その精度に問題なしとはしない。また，悪天などにより正中時に観測が確実に実施されない場合には，緯度についての情報がまったく得られないこととなる。この問題を解決するに傍子午線緯度法が普通は航海の教科書に載せてあるが，DRP 精度の信頼性が低く，かつ観測精度に問題ある場合などには位置決定に難のある方法である。通常あまり目にすることはないが，「夾角天測法」（latitude by contained angle between Sun and due South/North horizon，著者訳）なる方法が昭和 19 年の水路部書誌 685 号に掲載されている。

7.6.1　概説

この方法についての理論と実際への応用を例題を用いて考察してみたい。観測すべき角度（夾角（contained angle）という）は，ジャイロコンパスにより真南あるいは真北方向を定めた視水平線の位置と太陽が張る角度であり，これを六分儀で測る（図 7.3「夾角天測法における観測」を参照）。

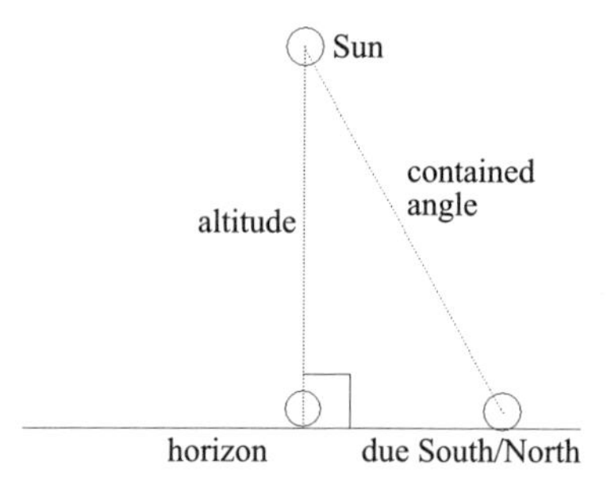

図 7.3　夾角天測法における観測

この観測角度については，太陽視半径と視差を改正し，水平線については眼高差を改正する必要があり，これを観測夾角の真夾角への改正というが，通常の測高度改正で行われる修正を加えれば十分である。精度を高めたければ眼高差および視差について図 7.4「夾角天測法の概念」の視夾角に対し真夾角の改正値に相当する成分について，それぞれの辺を挟む角度をもって改正すればよいが，高度が高く，視差は微小で，天体方位がほぼ東または西で，球面三角の形からほとんど差の現れないものであることから，あまり意味を持たないことがわかる。観測夾角から改正により求めた真夾角を用いて球面三角形を解き，緯度を求めることになる。この方法では太陽高度が 70° 以下の場合は誤差が大きく，水平線方位の判定誤差が 1° に対して，太陽高度 80° のときで位置誤差は 1′ 以下であるとしている。

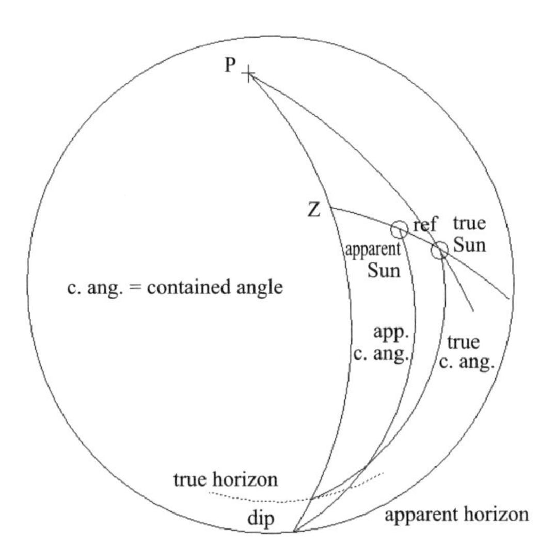

図 7.4　夾角天測法の概念

書誌 685 号では図表を用いて夾角改正値を加減して緯度を求めているが，現在のように計算手段の進化した時代においては直接計算したほうが理解が容易である。まず，図 7.5「夾角天測法の球面三角形」の球面三角形に球面三角公式を適用し，緯度を求めると

$$
\begin{aligned}
&\sin B = \sin b \sin h / \sin a \\
&\cot \frac{C}{2} = \tan \frac{A+B}{2} \cos \frac{a+b}{2} / \cos \frac{a-b}{2} \\
&\sin c = \sin b \sin C / \sin B
\end{aligned}
$$

c が求めるべき緯度になる。

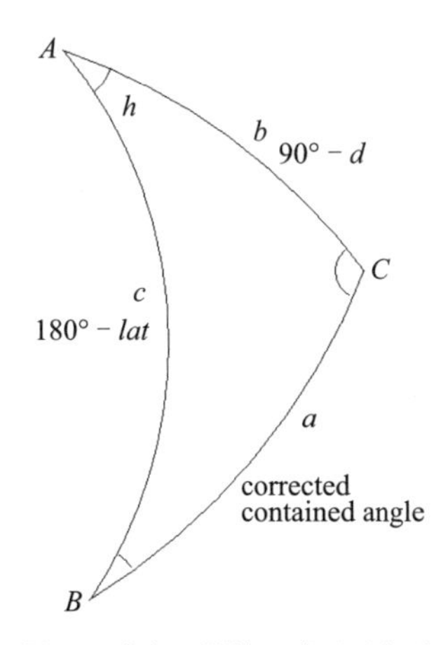

図 7.5　夾角天測法の球面三角形

7.6.2　例解

＜例解 1＞

2010 年 9 月 2 日，針路 65°，速力 12 ノットで航行中，時刻 3:00:00（UTC）に DRP（10°32′.96N，131°11′.84E）であるとして，夾角天測法を実施した。夾角観測値は 87°.324（I.E. = 0，眼高（H.E.）20 m）として，そのときの緯度を求める。なお，GHA = 228°.795，dec = 7°.98166N である。

観測夾角と高度は，正中時に近いため，ほぼ等しいとして，気差について通常の改正と同様に行い 0′.07，視半径（SD）= 16′，眼高差は 8′.09 とする。これを改正し真夾角を求めると 87°.4589 である。この真夾角を用いて上の計算を行い緯度を計算すると

$$
\begin{aligned}
&\sin B = \sin b \sin h / \sin a \\
&B = -18.81704415 \\
&\cot \frac{C}{2} = \tan \frac{A+B}{2} \cos \frac{a+b}{2} / \cos \frac{a-b}{2} \\
&C = -176.6103644 \\
&\sin c = \sin b \sin C / \sin B \\
&c = 10°.55\mathrm{N}
\end{aligned}
$$

緯度は 10°33′N と求められ，ほぼ DRP の緯度に船位を決定できる。

＜例解 2＞

2010 年 9 月 1 日 21:00（UTC）に 10°N，130°E と位置を求めた後，真針路 060°，速力 11 ノットで航行中，次のとおりの時刻の DRP において通常の太陽観測を行い，時刻 3:00:00（UTC）（9 月 3 日）に夾角天測法を行うことにより視正午位置を求める。なお，視正午はおおよそ 3:15:00（UTC）とし，観測夾角は 87°.324 であり，真夾角は 87°.4589 である。ここでは，天測位置決定用図に作図したときに，通常の航海士であれば，風潮流の影響あるいはその誤差の影響をどのように考慮して位置決定するかという問題を，次の方法で考えてみた。厳密さに欠けるとはいえ，最も確からしい船位を求めるための苦肉の策であることを理解したうえで参考にされたい。

〔方法〕

緯度についての情報は夾角天測法によるものだけであり，通常の天測位置決定法は信頼性の問題から実行上無理がある。しかし，この例題では，経度情報は十分であるのでこの情報を利用する。

① まず，NavPac のような通常の天測計算と夾角天測法で緯度と経度を求める。DRP に誤差が含まれているので，夾角天測法の緯度と NavPac による位置には相当の誤差が発生している。

② しかし，夾角天測法の緯度を最も確かなものとして，この緯度を用いて視正午位置を計算する。夾角天測法で求めた視正午緯度と DRP の緯度との差を $dlat$ とし，また p は I.C. であり，Z は方位角とする。

③ この視正午位置の線上において他の観測位置の線（ほぼ南北方向に引かれる）の移動量（$Dlong$）から船速誤差の近似値（dV_{true}）を推定する。なお，V_{err}，$\mathrm{Co}_{\mathrm{err}}$ は DRP 計算に用いた針路であり，$Dlong$ については観測時ごとに時速に変換したもの（$Dlong_{/\mathrm{hour}}$）の平均値を用いる。計算式は次のとおりである。

$$Dlong = p \sin Z + dlat / \tan Z$$

$$dV_{\mathrm{true}} = Dlong_{/\mathrm{hour}} / \sin \mathrm{Co}_{\mathrm{err}}$$

$$V_{\mathrm{true}} = V_{\mathrm{err}} + dV_{\mathrm{true}}$$

④ 同じく位置の線の東西方向への移動量から，次の式により，針路の誤差に起因するものを推定し，針路の近似値を求める。

$$V_{\mathrm{true}} * \sin \mathrm{Co}_{\mathrm{true}} = (Dlong_{/\mathrm{hour}} + V_{\mathrm{true}} * \sin \mathrm{Co}_{\mathrm{err}}) / V_{\mathrm{true}}$$

⑤ ③，④で求めた近似の針路・速力を用いて DRP を再計算し，NavPac などで天測計算を繰り返す。

緯度については夾角天測法により決定し，経度については緯度・経度の両者を NavPac などの最小自乗法により求めた位置のうちの経度を決定経度とする。針路・速力は上記のとおり求める。折衷的に最小自乗法による位置決定法を用いているが，緯度についての情報が決定的に欠けているうえに，夾角天測法についても誤差は免れないことから，1 回の繰り返し計算をもって完了する。

計算に必要な情報は以下のとおりである。また，夾角天測法から，最初の計算においては $dlat = 0'.17$ が求められている。

time (UTC)	23:00:00	0:00:00	1:00:00	1:30:00
	2:00:00	2:30:00	3:15:00	
lat	10.1833	10.275	10.36667	10.4125
	10.4583	10.5041	10.5729	
long	130.3225	130.4838	130.6452	130.7259
	130.8066	130.8874	131.0085	
obs_{alt}	26.29	41.24	56.207	57.03
	71.1	78.52		
GHA	165.003	180.0333	195.0366	195.7866
	210.004	217.5416	228.795	
dec	8.0466	8.0316	8.0166	8.015
	8.0016	7.9933	7.9816	
H_c	26.2076	41.1405	56.057	56.8729
	70.9043	78.3082	87.4336	
$p\,(')$	4.9	6.16	8.99	9.6
	11.8	12.7		
Dlong (′)	5.0	6.2	8.9	9.6
	11.8	12.8		
dV_{true}		1.36	2.29	2.1
	2.6	2.5		
$V_{true} * \sin Co_{true}$		0.8253	0.8957	0.8829
	0.92069	0.917		

1 回の繰り返し計算を行った決定視正午位置は 10°.575N，131°.25E となり，推定実針路は 63°.29，同速力は 13.11 ノットと求められた。

これは，21:00:00 における DRP を 10°.0N，130°.0E とし，針路 65°.0，速力 13 ノットで航行中に観測したものとして計算した観測高度にランダムな誤差（±1′ 以下）を加減したものから得られる視正午位置（10°.5729N，131°.25E）に相当する近似値を与えている。

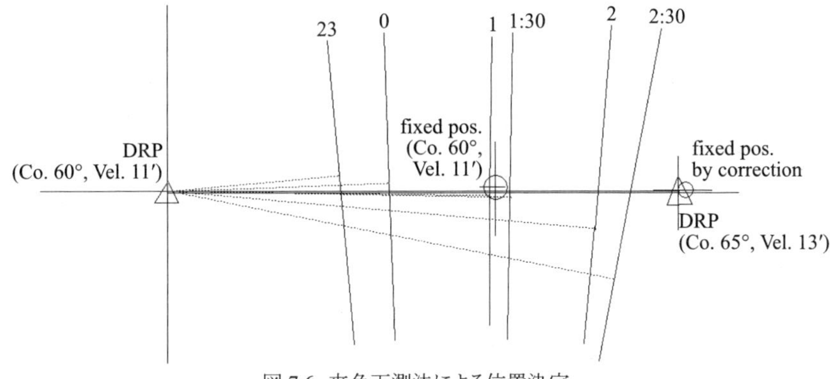

図 7.6　夾角天測法による位置決定

7.7　Stanley による推測位置不要な天測位置決定法

推測位置についての情報なしで船位を求める方法として，Stanley により“The Direct Fix of Latitude and Longitude from Two Observed Altitude”が 1997 年の Navigation に発表されている。観測から直接緯度・経度を求められる方法がこの時期まで発表されていなかったことは不思議であるが，疑いなく画期的な方法である。しかし，特殊な環境でない限り，2 天体を同時に観測することは普通は困難であるし，船舶の航行による移動の問題（running fix）の解決には直接つながらない形式の観測方程式であることから，現場で実行するには解決すべき問題があると考えていた。

観測方程式において船舶航行による移動の問題を扱うに，提案された観測方程式の形式では天体の geographical position（GP）の移動で対応するしかないのではないかという問題である。であるとすれば，短距離とはいえ，船舶の移動に対応した位置の線の転位に相当する球面上遠く離れた天体の GP をどのように平行移動すればよいのかという難問の解決が必要であった。そして推測位置の情報を使わずに位置の線の転位計算が必要な位置決定を行うなどということが可能なのか。位置の線の航行に対応した転位は特殊な移動形式であり，単純に GP の転位をすればよいというようなものではない。船舶の近似位置が求められたならば位置の線の転位に相当する GP の転位も可能であるが，目的とする観測方程式の形式を破壊してしまう。読者の研究をお願いしたい。

いまもって，この問題は解決できていないが，Stanley の方法は記述に値する。2 天体と測者の関係を示す天文球面三角形の考察から始めよう。図 7.7「Stanley の方法概念図」から考えてみる。

7.7.1 計算法概説

測者が観測した 2 つの天体高度からこれと等しい高度に観測する位置の圏が 2 つ得られ，その交点が船位となる。図において，P は北極，GP_1，GP_2 をそれぞれの天体の地位（geographical position）とし，SU，SL を 2 つの位置の圏の交点とする。Stanley による表記では，“Upper Intersection, Lower Intersection” としているものである。船位が SU，SL のどちらなのかは，方位観測から判断できるし，自船位置がまったく不明ということは一般的には考えられないので，判断には困難はないだろう。ただし，計算にあたって，天体の geographical position は赤緯と GHA を用いていることから，測位位置については，経度について西経をプラス，東経をマイナスとする必要がある。

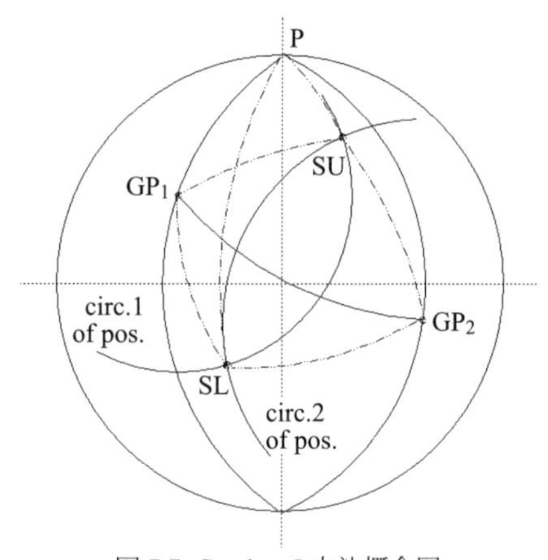

図 7.7 Stanley の方法概念図

まず，最初に北極と天体の geographical position からなる三角形 $\triangle P \cdot GP_1 \cdot GP_2$ における $\angle A$ を求めるが，球面三角形（図 7.8 参照）における GP_1 と GP_2 の間の距離を天体観測高度と同様に扱い，仮想の余角（$\mathrm{Co} - h_{12}$）とすると

$$\sin(h_{12}) = \sin(\mathrm{dec}_1)\sin(\mathrm{dec}_2) + \cos(\mathrm{dec}_1)\cos(\mathrm{dec}_2)\cos\angle P$$

$$\cos\angle A = \frac{\sin(\mathrm{dec}_2) - \sin(\mathrm{dec}_1)\sin(h_{12})}{\cos(\mathrm{dec}_1)\cos(h_{12})} \tag{7.46}$$

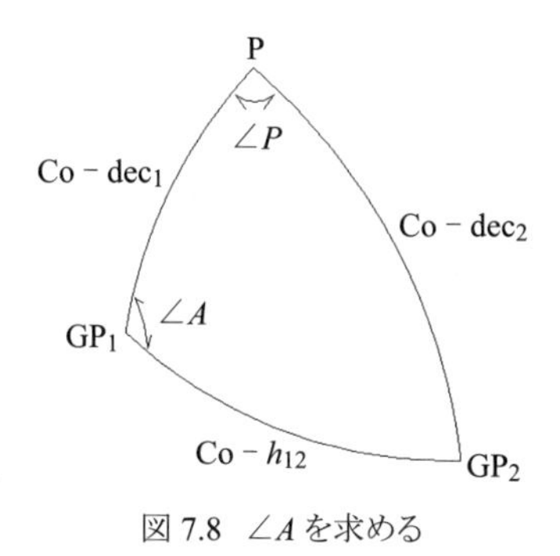

図 7.8　∠A を求める

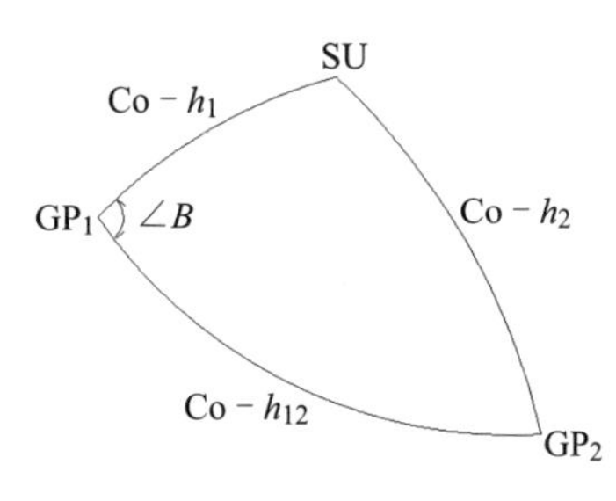

図 7.9　∠B を求める

次に ∠B は

$$\cos \angle B = \frac{\sin(h_2) - \sin(h_1)\sin(h_{12})}{\cos(h_1)\cos(h_{12})}$$

で求め，upper intersection（P_1）と lower intersetion（P_2）における緯度・経度を求めるために

$$\angle P_1 = \angle A - \angle B$$
$$\angle P_2 = \angle A + \angle B$$

であるから，球面三角 △P・GP$_1$・SU において

$$\sin(lat) = \sin(\mathrm{dec}_1)\sin(h_1) + \cos(\mathrm{dec}_1)\cos(h_1)\cos(\angle P_1 \text{ or } P_2)$$

緯度が求まったので

$$\cos(t_1) = \frac{\sin(h_1) - \sin(\mathrm{dec}_1)\sin(lat)}{\cos(\mathrm{dec}_1)\cos(lat)}$$
$$Long_1 = \mathrm{GHA}_1 - t_1$$
$$Long_2 = \mathrm{GHA}_1 - t_2$$

と経度が求められる。

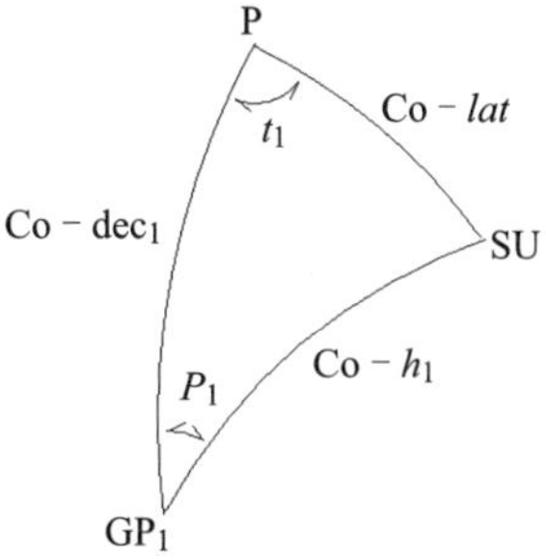

図 7.10　∠P_1，t_1 を求める

7.7.2　例解

＜例解 1＞

2013 年 4 月 16 日 9:51:09 UTC に Capella と Kochab を次のとおり同時観測した。位置を求める。

body	GHA	dec	altitude
Capella	273°.076666	46°.01N	50°.91986
Kochab	129°.81	74°.1N	34°.280900

h_{12} =	32°.64585089
A =	11°.22103859
B =	74°.20360016
$A + B$ =	85°.42463875
lat =	36°.39999849N
t_1 =	51°.3266755
$long$ =	−138°.2500095E

＜例解 2＞

2013 年 4 月 16 日 9:51:09 UTC に Sirius と Denebola を次のとおり同時観測した。位置を求める。

body	GHA	dec	altitude
Sirius	251°.06	16°.74S	30°.07869
Denebola	175°.0533333	14°.495N	43°.078770

h_{12} =	8°.748551748
A =	71°.89648171
B =	44°.8096409
$A - B$ =	27°.08684081
lat =	36°.40000882N
t_1 =	29°.30999801
$long$ =	−138°.249998E

7.8 デカルト座標による天測位置決定法

GPS の測位方程式からヒントを得た方法を紹介する。ただし，この方法においては，緯度と経度の 2 つの情報を得るために 3 次元の測位式（X，Y，Z である 3 つのパラメータが必要）を利用することから，観測回数が最低 3 回（あるいは 3 天体）必要である。したがって，何らかの解決策を講じなければ 2 天体の観測による位置決定に適用できない欠陥を有する。また，GPS の観測方程式は 4 衛星の同時観測を前提にしているので，船舶航行による running fix による位置決定を実施するには観測方程式を別途立て直さなければ実用にはならないことがわかる。しかし改善策を考えることは良い宿題になるだろう。これのメリットとして，位置決定計算に球面三角公式を不要とできることがあげられる。

7.8.1　計算法概説

まず，航行による移動を考慮した隔時観測における測位方法を考える。推定（仮定）位置あるいは推測（DR）位置を初期位置として，通常の DR（dead reckoning）計算を行い，この変緯と変経を用いて隔時観測における推測位置を求め，その推測位置および天体の地位（GP）の 3 次元座標により観測方程式を立てる。

ここでは，地球上の位置を天球に投影するに地球および天球の半径を単位 1 の真球とし，自転軸の北極方向へ Z 軸，グリニッジ（Greenwich）の方向に X 軸を，そしてそれと 90° の角度方向へ Y 軸をとる。ただし，天体のグリニッジ時角（GHA）については符号を反転し，経度と整合性をとり，東方時角をプラスとする。

X，Y，Z を真位置の 3 次元座標，X_n，Y_n，Z_n を位置を求める時刻における推測位置の 3 次元座標とし，X_o，Y_o，Z_o を初期値，dX_{dri}，dY_{dri}，dZ_{dri} を隔時観測の間に移動した量で DR 計算により求めるものとする。まず，推測位置のデカルト座標は，緯度を l，経度を L とすれば

$$
\begin{aligned}
X_n &= \cos l \cos L \\
Y_n &= \cos l \sin L \\
Z_n &= \sin l
\end{aligned}
$$

である。そして，天体の地位については，グリニッジから東に計る東方時角（GHA），赤緯（dec）から 3 次元座標に変換して

$$X_i = \cos \mathrm{dec}_i \cos \mathrm{GHA}_i$$

$$Y_i = \cos \mathrm{dec}_i \sin \mathrm{GHA}_i$$
$$Z_i = \sin \mathrm{dec}_i$$

と表記することができる。また，ΔX，ΔY，ΔZ を真位置を求めるための修正値，$A_{\mathrm{n}i}$ を GP と推測位置間の計算距離，A_i を天体観測高度から求めた GP と観測位置との観測距離とするが，計算法は次のとおりである。観測天体高度（h）から天体の地位（GP）と推測位置の距離を求めると，a を天体高度の余角（complement）とすれば

$$A_i^2 = 2 - 2\cos a$$
$$a = \mathrm{Co} - h$$

である。

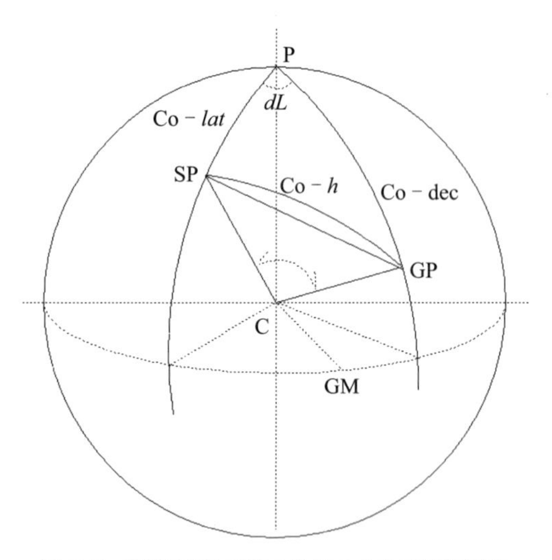

図 7.11　推測位置と天体の地位の 3 次元位置関係

ΔA_i を計算高度と観測高度との差に相当する 2 地点間の距離差とし，真位置（観測位置である）について，その座標を

$$X_{\mathrm{n}i}^{\mathrm{t}} = X_{\mathrm{o}} + dX_{\mathrm{dri}} + \Delta dX_{\mathrm{dri}} + \Delta X_{\mathrm{n}i}$$
$$Y_{\mathrm{n}i}^{\mathrm{t}} = Y_{\mathrm{o}} + dY_{\mathrm{dri}} + \Delta dY_{\mathrm{dri}} + \Delta Y_{\mathrm{n}i}$$

$$Z^{\rm t}_{{\rm n}i} = Z_{\rm o} + dZ_{\rm dri} + \Delta dZ_{\rm dri} + \Delta Z_{{\rm n}i}$$

と表記し，推測位置（DR）については

$$\begin{aligned} X^{\rm c}_{{\rm n}i} &= X_{\rm o} + dX_{\rm dri} + \Delta dX_{\rm dri} \\ Y^{\rm c}_{{\rm n}i} &= Y_{\rm o} + dY_{\rm dri} + \Delta dY_{\rm dri} \\ Z^{\rm c}_{{\rm n}i} &= Z_{\rm o} + dZ_{\rm dri} + \Delta dZ_{\rm dri} \end{aligned}$$

のように表記する。記号 t で真位置，c で計算位置，n で仮定（推測）位置，そして i で観測回数（天体数）を示すことにし，X_i などを観測した位置の初期値（DR 計算のための出発地），$dX_{\rm dri}$ などは DR 計算における航走距離，$\Delta dX_{\rm dri}$ などは DR 計算における誤差とし，位置誤差 $\Delta X_{{\rm n}i}$，$\Delta Y_{{\rm n}i}$，$\Delta Z_{{\rm n}i}$ は本来観測時ごとに異なるが一定とし $\Delta X_{{\rm n}i} = \Delta X$，$\Delta Y_{{\rm n}i} = \Delta Y$，$\Delta Z_{{\rm n}i} = \Delta Z$ と考える。これから，DR 計算における誤差を無視すれば

$$\begin{aligned} X^{\rm t}_{{\rm n}i} &\approx X_{\rm o} + dX_{\rm dri} + \Delta X \\ Y^{\rm t}_{{\rm n}i} &\approx Y_{\rm o} + dY_{\rm dri} + \Delta Y \\ Z^{\rm t}_{{\rm n}i} &\approx Z_{\rm o} + dZ_{\rm dri} + \Delta Z \end{aligned}$$

とすることができる。

ここで，観測地点（$X^{\rm t}_{{\rm n}i}$ などと表記）での観測距離 A_i および計算推測位置（$X^{\rm c}_{{\rm n}i}$ などと表記）での観測距離 $A_{{\rm n}i}$ の関係式はそれぞれ

$$\sqrt{(X^{\rm t}_{{\rm n}i} - X_i)^2 + (Y^{\rm t}_{{\rm n}i} - Y_i)^2 + (Z^{\rm t}_{{\rm n}i} - Z_i)^2} = A_i \tag{7.47}$$

$$\sqrt{(X^{\rm c}_{{\rm n}i} - X_i)^2 + (Y^{\rm c}_{{\rm n}i} - Y_i)^2 + (Z^{\rm c}_{{\rm n}i} - Z_i)^2} = A_{{\rm n}i}$$

$$A_i = A_{{\rm n}i} + \Delta A_i$$

と表すことができ，したがって，2 地点間の距離関係については，計算距離と観測距離の関係式として

$$\sqrt{(X^{\rm c}_{{\rm n}i} + \Delta X - X_i)^2 + (Y^{\rm c}_{{\rm n}i} + \Delta Y - Y_i)^2 + (Z^{\rm c}_{{\rm n}i} + \Delta Z - Z_i)^2} = A_i$$

展開するために項の順序を入れ替えて

$$\sqrt{(X^{\rm c}_{{\rm n}i} - X_i + \Delta X)^2 + (Y^{\rm c}_{{\rm n}i} - Y_i + \Delta Y)^2 + (Z^{\rm c}_{{\rm n}i} - Z_i + \Delta Z)^2} = A_i \tag{7.48}$$

と表現できる。GPSのときと同様に，式(7.47)に前出の各関係式を代入して測位方程式を求めるために，左辺を次式のように変形するが，DR計算に誤差はないものと仮定していることを考慮し，ΔX，ΔY，ΔZ の2次項以上を無視し，計算位置を示す上付き文字 ^{c} を省略して展開すると

$$\begin{aligned}
&\left((X_{\mathrm{n}i}-X_i)^2\left(1+\frac{\Delta X}{X_{\mathrm{n}i}-X_i}\right)^2+(Y_{\mathrm{n}i}-Y_i)^2\left(1+\frac{\Delta Y}{Y_{\mathrm{n}i}-Y_i}\right)^2\right.\\
&\qquad\left.+(Z_{\mathrm{n}i}-Z_i)^2\left(1+\frac{\Delta Z}{Z_{\mathrm{n}i}-Z_i}\right)^2\right)^{1/2}\\
&=\left((X_{\mathrm{n}i}-X_i)^2\left(1+\frac{2\Delta X}{X_{\mathrm{n}i}-X_i}\right)+(Y_{\mathrm{n}i}-Y_i)^2\left(1+\frac{2\Delta Y}{Y_{\mathrm{n}i}-Y_i}\right)\right.\\
&\qquad\left.+(Z_{\mathrm{n}i}-Z_i)^2\left(1+\frac{2\Delta Z}{Z_{\mathrm{n}i}-Z_i}\right)\right)^{1/2}\\
&=\sqrt{(X_{\mathrm{n}i}-X_i)^2+(Y_{\mathrm{n}i}-Y_i)^2+(Z_{\mathrm{n}i}-Z_i)^2}\\
&\qquad\left(1+\frac{(X_{\mathrm{n}i}-X_i)\Delta X+(Y_{\mathrm{n}i}-Y_i)\Delta Y+(Z_{\mathrm{n}i}-Z_i)\Delta Z}{(X_{\mathrm{n}i}-X_i)^2+(Y_{\mathrm{n}i}-Y_i)^2+(Z_{\mathrm{n}i}-Z_i)^2}\right)
\end{aligned}$$

したがって

$$\frac{X_{\mathrm{n}i}-X_i}{A_{\mathrm{n}i}}\Delta X+\frac{Y_{\mathrm{n}i}-Y_i}{A_{\mathrm{n}i}}\Delta Y+\frac{Z_{\mathrm{n}i}-Z_i}{A_{\mathrm{n}i}}\Delta Z=\Delta A_i$$

と測位方程式が求められる。この測位方程式は，ΔX，ΔY，ΔZ のパラメータより観測天体（あるいは観測回数）が多い3元連立方程式であるので，計算の便宜上，以下のようにマトリックス形式で表現すると

$$\begin{aligned}
A&=[\Delta A_i]\\
B&=\begin{bmatrix}\dfrac{X_{\mathrm{n}i}-X_i}{A_{\mathrm{n}i}} & \dfrac{Y_{\mathrm{n}i}-Y_i}{A_{\mathrm{n}i}} & \dfrac{Z_{\mathrm{n}i}-Z_i}{A_{\mathrm{n}i}}\end{bmatrix}\\
X&=\begin{bmatrix}\Delta X & \Delta Y & \Delta Z\end{bmatrix}^{\mathrm{t}}
\end{aligned}$$

観測方程式は

$$A=BX$$

と表現でき，最小自乗法により解は

$$X=(B^{\mathrm{t}}B)^{-1}B^{\mathrm{t}}A$$

で求められる。

再度確認するが，観測方程式で隔時観測ごとの位置誤差を一定としたことから発生する問題を解決しなければ精確な位置は求められない。また隔時観測の間に航走した距離は微小で観測方程式における各誤差も小さいと仮定したが，実際には誤差が大きいときもある。したがって，上の観測方程式の近似展開自体が成立しない場合で誤差も無視できないときもあることを考慮する必要がある。

＜計算の効率化＞

以上の最小自乗法による式は観測回数（天体数）が 4 以上の場合に適用できるが，実用的にはパラメータを減らして計算の効率化を計ることにする。そこで Z について X，Y で表し

$$Z = \pm\left(1 - \left(X^2 + Y^2\right)\right)^{1/2}$$

$$\Delta Z = \frac{-(X\Delta X + Y\Delta Y)}{Z}$$

と置けば，観測方程式は次式のとおり 2 つのパラメータとすることができ，2 天体の観測にも対応することができる。Z の正負については赤道に非常に近接した位置でない限り判別に困難な場合は生じないが，その場合，上で述べた計算方法に変えることで解決できる。しかし，天測の精度を考慮すれば微小角の緯度の数字の正負にこだわる必要はないので，緯度 0 度としても問題はないだろう。

$$\frac{\left(\dfrac{X_{\mathrm{n}i}Z_i}{Z_{\mathrm{n}i}} - X_i\right)}{A_{\mathrm{n}i}}\Delta X + \frac{\left(\dfrac{Y_{\mathrm{n}i}Z_i}{Z_{\mathrm{n}i}} - Y_i\right)}{A_{\mathrm{n}i}}\Delta Y = \Delta A_i$$

7.8.2　例解

＜例解 1 ＞

某月某日 10:18:00 UTC の推測位置を，緯度 36°.4N，経度 138°.25E として，針路 315°，速力 16 ノットで航行中，次表のとおり 4 つの天体を観測したときの，10:18:00 UTC における船位を求める。

body	Kochab	Procyon	Capella	Spica
UTC	10:15:38	10:16:30	10:17:25	10:18:00
D.R. *Lat*	36.3925	36.3952	36.3981	36.4
D.R. *Long*	138.2592	138.2558	138.2522	138.25
GHA	159°.6033	267°.505	303°.31833	181°.39833
Dec	74°.10166	5°.1866	46°.001	−11°.2333
Observed Alt.	42°.36	37°.79	30°.575	29°.09

X_i	−0.256756424	−0.043353964	0.381562125	−0.980550008
Y_i	−0.095470025	0.994961474	0.580468047	0.023935529
Z_i	0.961749246	0.090399666	0.719351924	−0.194804444

観測高度から A_i は，単位 radian で次の表のとおりである。

A_i	0.807729306	0.880035072	0.991296325	1.013722969

観測方程式の各係数を求めると

$$
\begin{bmatrix} (X_{ni} - X_i)/A_{ni} \\ (Y_{ni} - Y_i)/A_{ni} \\ (Z_{ni} - Z_i)/A_{ni} \\ A_{ni} \end{bmatrix}
= \begin{bmatrix} -0.425668612 & -0.633311938 & -0.990874482 & 0.374857999 \\ 0.781548197 & -0.521696004 & -0.04491322 & 0.505029428 \\ -0.456057724 & 0.571619864 & -0.127084864 & 0.777448878 \\ 0.807868896 & 0.879873194 & 0.991139208 & 1.013858729 \end{bmatrix}
$$

また，ΔA_i は radian 単位で

ΔA_i	−6.63134E-05	0.000196844	0.000196041	−0.00013576

であるので

$$
\begin{aligned}
\Delta X_o &= -0.000118629 \\
\Delta Y_o &= -0.000210791 \\
\Delta Z_o &= 5.40917\text{E-}06
\end{aligned}
$$

から X_o，Y_o，Z_o を求めると

$X_o = -0.600615583$
$Y_o = 0.535753231$
$Z_o = 0.593424296$

である。したがって，緯度 36°24′.023N，経度 138°16′.009E の船位が求められる。これを NavPac で求めると，緯度 36°24′.1252N，経度 138°15′.985W である。緯度・経度ともに差異が出ているが，観測高度の誤差程度である。

パラメータを 2 つにして計算してみる。上の計算とは次の観測方程式の部分が異なるだけなので

$$\frac{\left(\dfrac{X_{ni}Z_i}{Z_{ni}} - X_i\right)}{A_{ni}}\Delta X + \frac{\left(\dfrac{Y_{ni}Z_i}{Z_{ni}} - Y_i\right)}{A_{ni}}\Delta Y = \Delta A_i$$

これの係数の分子部分 $X_i - \dfrac{Z_i X_{ni}}{Z_{ni}}$ などを示すと

−0.716868848	0.964181744
−0.04814806	−0.913309597
−1.109568789	0.069250752
1.177678003	−0.199878991

これをマトリックス B として計算すれば，真位置への修正項は

$$\begin{aligned}\Delta X_o &= (B^t B)^{-1} B^t \Delta A_i \\ &= \begin{bmatrix} 0.367738353 & 0.18916589 \\ 0.18916589 & 0.490140917 \end{bmatrix} \begin{bmatrix} -0.000218579 \\ -0.000296886 \end{bmatrix} \\ &= \begin{bmatrix} -0.000136541 \\ -0.000186864 \end{bmatrix}\end{aligned}$$

である。これから，真位置は 36°24′.1305N，138°15′.983E が求められた。NavPac によれば，36°24′.1252N，138°15′.9857E である。

＜例解 2＞

例解 1 と同じ問題で観測天体数を 3 にしたものである。10:18:00 UTC の推測位置を緯度 36°.4N，経度 138°.25E として，針路 315°，速力 16 ノットで航行中，次表のとおり 3 つの天体を観測したときの，10:18:00 UTC における船

位を求める。ここでは最小自乗法を適用するには 2 つのパラメータの形式を利用するしかないので，2 パラメータにより計算する。

body	Kochab	Procyon	Capella
UTC	10:15:38	10:16:30	10:17:25
D.R. *Lat*	36.3925	36.3952	36.3981
D.R. *Long*	138.2592	138.2558	138.2522
GHA	159°.6033	267°.505	303°.31833
Dec	74°.10166	5°.1866	46°.001
Observed Alt.	42°.36	37°.79	30°.575

X_i	−0.256756424	−0.043353964	0.381562125
Y_i	−0.095470025	0.994961474	0.580468047
Z_i	0.961749246	0.090399666	0.719351924

観測高度から A_i は，単位 radian で次の表のとおりである。

A_i	0.807729306	0.880035072	0.991296325

パラメータを 2 つにして計算しているので，観測方程式の係数の分子部分 $X_i - \dfrac{Z_i X_{ni}}{Z_{ni}}$ などを示すと

−0.716868848	0.964181744
−0.04814806	−0.913309597
−1.109568789	0.069250752

これをマトリックス B として計算すれば，真位置への修正項は

$$\Delta X_o = (B^t B)^{-1} B^t \Delta A_i$$
$$= \begin{bmatrix} 0.633736105 & 0.273156062 \\ 0.273156062 & 0.51666125 \end{bmatrix} \begin{bmatrix} -6.08832\text{E-}05 \\ -0.000323651 \end{bmatrix}$$
$$= \begin{bmatrix} -0.000126991 \\ -0.000183849 \end{bmatrix}$$

である。これから，真位置は 36°24′.1601N，138°15′.947E が求められた。NavPac で求めた経緯度とも分の単位で小数第 2 位まで一致する。

参考文献

[1] R. W. Severance, Overdetermined Celestial Fix by Iteration, Navigation, Vol.36, Number 4, 1989–90, ION.

[2] NavPac and Compact Data 2006–2010, Her Majesty's Nautical Almanac Office.

[3] G. H. Kaplan, Determining the Position and Motion of a Vessel from Celestial Observations, Navigation, Vol.42, Number 4, 1995, ION.

[4] G. H. Kaplan, New Technology for Celestial Navigation, Proceedings, Nautical Almanac Office Sesquicentennial Symposium, U. S. Naval Observatory, 1999.

[5] 塚本裕四郎,「夾角天測法」, 水路部書誌, 685 号, 昭和 19 年.

[6] W. G. Stanley, The Direct Fix of Latitude and Longitude from Two Observed Altitude, Navigation, Vol.44, Number 1, 1997, ION.

[7] 石田正一,「デカルト座標による天測位置決定法」, 日本航海学会, Navigation, No.185, 2013.

第8章

月距法

8.1　概要

月の天球における運行は恒星に対して約 $27\frac{1}{3}$ 日（少し詳しく表現して約 27.321662 日，2000 年 1 月 1.5 日の時点）で 1 公転している。すなわち，対恒星平均運動としては 1 日約 13.176361 度で運行しており，1 時間で角度で約 $33'$，1 分では $0'.55$ の速度で天球を移動していることになる。月の天球上の運行は，恒星と同様，我々に時を知らせている。それも比較的速い移動速度であるため，時計としての利用が可能である。

天体暦があれば，天体の天球上の位置はあらかじめ計算することができる。月の他の天体，昼ならば太陽，夜ならば恒星および惑星に対する位置，具体的には月との角距離を観測し，天体暦を用いて計算してあるものと比較すれば，世界時が補間により算出できる。このようにして過去行われていた天測法に「月距法（Lunar Distance）」と呼ばれる方法があるが，クロノメーターの出現，普及に伴って，航海学の教科書からは姿を消した。理論的には比較的簡単なのだが，計算の煩雑さは船上での手計算には不向きであり，日本では過去の歴史をみても船上で実施されることはあまりなかったようである。PC など計算手段が容易に入手できる現在，もっと実施されてもよいと思うが，得られる精度が，安価な腕時計にも及ばない現実を考えると趣味の域に止まらざるをえない。月距法の誕生から発展の歴史における「完成すると間もなく終末を迎えた」運命の皮肉を思わずにはいられない。

8.2　手法

8.2.1　観測

月距法が実行されていた時代には，3 人の観測者が次の観測を同時に行っていた。すなわち

① 月と他天体（太陽や恒星など）との角距離
② 月の高度
③ 他天体の高度

を観測していた。PC など計算手段が進歩し計算することに煩雑さを感じない現代ならば，1 人で月距を観測するだけでもよい。観測高度については，視高度，真高度とも天体暦と推測位置により推算することができるからである。

8.2.2　計算法

(1) 視半径および視半径増加の加減

まず，真月距を求めるための計算に入る。図 8.1「月距法概念図」において M は月の真位置，M′ は視位置である。月の場合，気差による上昇分より視差による視高度の減少が大きいため，M のほうが M′ より高度が大きい。恒星などの場合には S(真位置）より S′（視位置）のほうが高度が大きい。観測月距から天体の視半径分と高度により月の視半径が増加する（augmentation

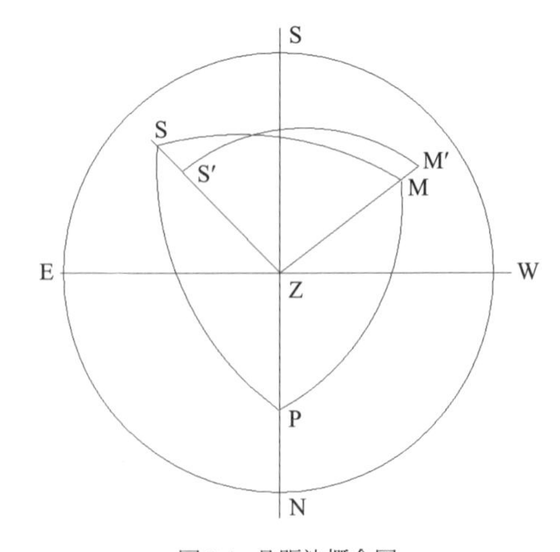

図 8.1　月距法概念図

of semi-diameter）視半径増加分を加減して，天体の視中心からの角距離に改正する。精確にするには，ほかに地球楕円体の形状による月視半径の大きさや観測高度への影響も計算しなければならないが，観測月距の精度と比較して，ここでは考慮しないこととする。

（2）真月距への改正（clearing the distance）

煩雑な計算を行う必要があったため，この計算を簡易に行うための数表など計算法が多数提案され，その数 40 以上といわれている。ここでは 2 例を示す。

＜例 1＞

改正真月距は次の式で求める。図 8.2 において視天体と真天体と月距に下ろした垂線からできる直角球面三角形を解くと，次式となる。ただし，真位置を S, M で，視位置を s，m で表し，θ_M，θ_s については図の θ，Φ を表し，球面三角形の公式を用いて求める。真月距を求めるための修正項は次式の第 2 項および第 3 項になる。また，添え字 $_M$ と $_s$ によりそれぞれ月と月以外の天体を示す。

$$\mathrm{LD_{corr}} = \mathrm{LD_{ob}} + \frac{\sin(dH_M)\cos\theta_M}{\sqrt{1-\sin^2 dH_M \sin^2\theta_M}} + \frac{\sin(dH_s)\cos\theta_s}{\sqrt{1-\sin^2 dH_s \sin^2\theta_s}} \tag{8.1}$$

あるいは，近似解として

$$\mathrm{LD_{corr}} = \mathrm{LD_{ob}} + dH_M * A + dH_s * B + Q \tag{8.2}$$

を使用することもできる。ここに，$\mathrm{LD_{corr}}$，$\mathrm{LD_{ob}}$ はそれぞれ改正観測月距，観測月距であり，dH_M，dH_s は月および天体の視差と気差の合成値であり，A，B は次式で表される。

$$A = (\sin H'_s - \cos \mathrm{LD_{ob}} \sin H'_M)/(\cos H'_M \sin \mathrm{LD_{ob}}) \tag{8.3}$$

$$B = (\sin H'_M - \cos \mathrm{LD_{ob}} \sin H'_s)/(\cos H'_s \sin \mathrm{LD_{ob}}) \tag{8.4}$$

ここに，H'_M，H'_s は月と天体の観測視高度である。A，B は θ_M，θ_s の余弦であり，上述のとおり球面三角 Zms について球面三角公式を使い求めたものである。第 4 項の Q は平面三角形を用いて近似した修正項に対する球面三角形による解への改正項であり，ほとんどの場合，微小値で無視できる。Q を式 (8.1) について月に関する修正項をマクローリン展開した式との差で近似すれば

$$Q = 0.5 * dH_{\mathrm{M}}^3 \sin^2 \theta_{\mathrm{M}} \cos \theta_{\mathrm{M}} = 0.5 * dH_{\mathrm{M}}^3 * A(1 - A^2) \tag{8.5}$$

とできる。

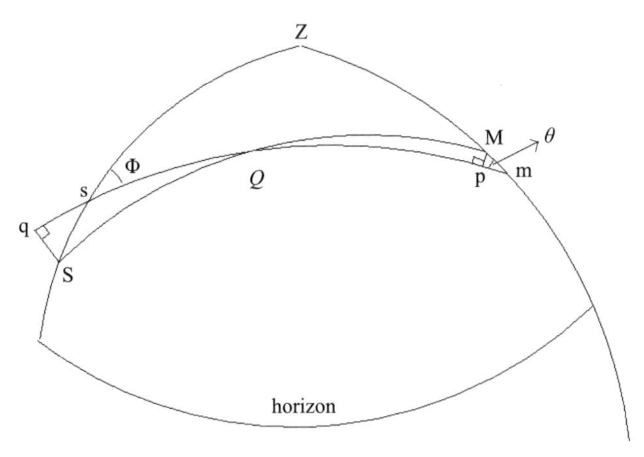

図 8.2　clearing the distance

＜例 2＞

天文球面三角形を解くことにより天頂において交わる天体と月の方位角の差（Z）を求めると

$$\cos Z = \frac{\cos \mathrm{LD_{ob}} - \sin H'_{\mathrm{M}} \sin H'_{\mathrm{s}}}{\cos H'_{\mathrm{M}} \cos H'_{\mathrm{s}}} \tag{8.6}$$

この Z を用い真月距を次の式より求める。

$$\cos \mathrm{LD_{corr}} = \sin H_{\mathrm{M}} \sin H_{\mathrm{s}} + \cos H_{\mathrm{M}} \cos H_{\mathrm{s}} \cos Z \tag{8.7}$$

H_{M}，H_{s} は気差および視差を加減した真高度である。

（3）求めた真月距と天体暦より求めた月距との比較・補間により相当する世界時を求める

推定世界時の前後 2 正時における赤緯と時角を天体暦から得て，真月距は次

の式より求める。

$$\cos \mathrm{LD_t} = \sin d_M \sin d_s + \cos d_M \cos d_s \cos \mathrm{HA} \tag{8.8}$$

ここに d_M，d_s，HA は，それぞれ月と天体の赤緯と両天体の時角差（赤経の差）である。19 世紀末までの天体暦には，毎 3 時間ごとの月距が記載されており，この真月距については計算の手間が省けた。

（4）補間

観測真月距と真月距とを比較して，観測時の世界時を求めることができるが，月距観測誤差を 0′.5 以下にすること，したがって時間精度 30 秒以下にすることは，動揺する船上では困難だったであろう。

8.3　月距法例題

＜例題 1 ＞

2006 年 4 月 10 日 UTC が 11 時から 12 時の間の推定時刻に，Rigel の月距（near side との）ならびに月と Rigel の視水平線からの高度を観測した。眼高は 0 メートル，推測位置は 33°.5N，130°.0E とする。

obs'd Dist. by sext.	Mn's alt. by sext.	Rgl's alt. by sext.
89.25 deg	54.172 deg	17.6586 deg

まず，天測暦から UTC 11:00:00 と 12:00:00 における真月距を計算しておくと

data from Almanac

Moon's data	UTC = 11	UTC = 12
	deg, min, in degree	deg, min, in degree
GHA	196, 52.4, 196.87333	211, 28.4, 211.4733
Dec	7, 38.2, 7.636667	7, 24.3, 7.405
semi-diameter	0.246067	0.246067
horizontal parallax	0.90333	0.90333

Moon's calculated data

refraction	0.01397	0.010074
augmentation	0.003795	0.004255
true altitude	49.95178	58.78305
apparent altitude	49.38451	58.32495

data from Almanac

Rigel's data	UTC = 11	UTC = 12
	deg, min, in degree	deg, min, in degree
GHA	284, 49.8, 285.83	299, 52.3, 299.8717
Dec	−8, −11.7, −8.195	−8, −11.7, −8.195

Rigel's calculated data

	UTC = 11	UTC = 12
refraction	0.038154	0.0765
true altitude	23.3747	11.85031
apparent altitude	23.41286	11.92688

calculated true Lunar Distance

UTC = 11	UTC = 12
89.08119	89.48069

① 六分儀による観測天体高度を眼高差と視半径について改正し観測視高度を求めると，月の視高度は 54.3526，Rigel の視高度は 17.5932 である。

② 真月距を求めるに，まず次の式を用いると

$$\mathrm{LD_{corr}} = \mathrm{LD_{ob}} + dH_{\mathrm{M}} * A + dH_{\mathrm{s}} * B + Q$$

dH_{M}	dH_{s}	−0.50822	0.051778
A	B	0.506488	0.849759

であるから，cleared distance は 89.28672 deg と求められる。先に求めた時刻における月距との比較から（単純な比例計算による），UTC = 11:30:52 を求めることができる。

あるいは，次式を用いて Z を求める。

$$\cos Z = \frac{\cos \mathrm{LD_{ob}} - \sin H'_{\mathrm{M}} \sin H'_{\mathrm{s}}}{\cos H'_{\mathrm{M}} \cos H'_{\mathrm{s}}}$$

この Z を用いて真月距を次の式より求める。

$$\cos \mathrm{LD_{corr}} = \sin H_{\mathrm{M}} \sin H_{\mathrm{s}} + \cos H_{\mathrm{M}} \cos H_{\mathrm{s}} \cos Z$$

Z	H_{M}	H_{s}
115°.241	54°.86086	17°.54143

であるから，cleared distance は 89.28694 deg と求められる。同様に UTC = 11:30:54 を求めることができる。月距の変化は単純な線形変化をしていない。しかし，観測月距の精度からすればこれで十分な値である。

＜例題 2＞

2009 年 9 月 26 日推定 UTC 10 時から 11 時の間に木星の月距（far side）のみを観測した。観測時刻を求めるに以下のとおりの計算が必要である。5 回の繰り返し計算が必要であるが，観測月距の精度を考慮すると秒の単位まで確定することは容易でない。

assumed position	obs'd Lunar Distance by sextant
Lat 33°.5N	42.0 deg
Long 130°E	

天測暦から月および天体の GHA，Dec，semi-diameter，horizontal parallax を得てから，視高度および真高度などを計算する。

data from Almanac

Moon's data	UTC = 10	UTC = 11
	deg, min, in degree	deg, min, in degree
GHA	238, 55.1, 238.9183	253, 24.9, 253.415
Dec	−25, −13.9, −25.2316	−25, −10.1, −25.1683
semi-diameter	0.246976	0.246976
horizontal parallax	0.906667	0.906667

Moon's calculated data

refraction	0.027939	0.032108
augmentation	0.002493	0.002229
true altitude	30.65898	27.24786
apparent altitude	29.90699	26.47391

data from Almanac

Jupiter's data	UTC = 10	UTC = 11
	deg, min, in degree	deg, min, in degree
GHA	194, 55.5, 194.925	209, 58.1, 209.9683
Dec	−16, −35.1, −16.585	−16, −35.2, −16.5867

Jupiter's calculated data

refraction	0.028943	0.022511
true altitude	29.76985	36.39012
apparent altitude	29.79879	36.41263
Az used in calc A, B	77.49522	77.2183

天測暦から UTC 10:00:00 および UTC 11:00:00 における真月距を計算すると

	UTC = 10	UTC = 11
Lunar Distance from Almanac	41.80794	41.30999
$dM * A$	−0.16307	−0.33889
$dS * B$	0.006413	−0.00000377

六分儀による観測月距から clearing distance を求めるに，UTC 10:00:00 における要素で近似計算すると

	UTC = 10
observed Lunar Distance	42.00
corrected Lunar Distance	41.750531

$dM * A$	−0.162822
$dS * B$	0.006403
cleared Lunar Distance	41.59411

観測時を概算すると，以下のとおりとなる。

estimated UTC at observation：10.41768571 = 10:25:3.7

この UTC を用いて第 1 近似計算を行う。

1st iterated approximation

Moon's data	at 10:25:04
GHA	244, 58.5, 244.975 (in deg)
Dec	−25, −12.3, −25.205 (in deg)
semi-diameter	0.246976
horizontal parallax	0.906667
refraction	0.02915
augmentation	0.002411
true altitude	29.59204
apparent altitude	28.83463
Star's (Jupiter) data	
GHA	201, 12.6, 201.21 (in deg)
Dec	−16, −35.2, −16.586667 (in deg)
refraction	0.02564
true altitude	32.87726
apparent altitude	32.90291
Az used in calc A, B	71.67, 82.0819

六分儀による観測月距から clearing distance を求めるに，UTC 10:25:04 における要素で近似計算すると

	UTC = 10:25:04
observed Lunar Distance	42.0
corrected Lunar Distance	41.75061
$dM * A$	−0.559076
$dS * B$	0.003532
cleared Lunar Distance	41.52157

これにより近似解として UTC 10:34:30 を求めることができる。解を求めるに，解である UTC における観測高度が必要であるにもかかわらず，推測位置が不確かであるため近似の観測高度を代入していること，また月距の変化は線

形でないことから，必要な精度を求めるには 4〜5 回程度の繰り返し計算をしたが，繰り返し計算することに精度の向上を期待してはならない。

5 回まで繰り返し計算すると

Moon's data	at UTC 10:39:47
GHA	248, 31.8, 248.53 (in deg)
Dec	−26, −11.4, −25.19 (in deg)
semi-diameter	0.24697
horizontal parallax	0.90667
refraction	0.030199
augmentation	0.002344
true altitude	28.72124
apparent altitude	27.95631

Star's (Jupiter) data from Almanac	
GHA	204, 54.0, 204.9 (in deg)
Dec	−16, −35.2, −16.58666 (in deg)
refraction	0.024143
true altitude	34.48288
apparent altitude	34.50702

cleared Lunar Distance は 41.47625 と求められ，上記天測暦の要素により真月距は 41.476868 であることから，UTC = 10:39:52 に収束する。手元の時計による観測時は UTC = 10:40:00 であったが，推測位置と観測月距の精度を考えると 2 回の繰り返しで求められる UTC = 10:39:12 程度でも十分な精度で計算された数値と考えてよい。天頂角（Z) を求める計算法でも同様の解が得られるのは当然であるが，計算機のない時代においては，どちらの計算法を実行しようと，まことに手数がかかる方法であり，海上において実行するとなると相当なエネルギーを要したことではある。

参考文献

[1]「理科年表」，丸善.

[2] C. H. Cotter, A History of Nautical Astronomy: Hollis & Carter, 1968.

[3] Easy Lunars, http://www.clockwk.com/lunars/easylun.html

第９章

天測暦の翌年における使用法

年末になり，新年を迎える時期になっても新年版天測暦が入手できなかった場合，昨年版の天測暦を用いることにより，翌年においても実用レベルでの天測が行えることは，日本では意外にも知られていない。太陽と恒星については，簡単な加減算で，その精度 0′.4 を超えない範囲で GHA および DEC を求めることができる。その計算法が英米の Nautical Almanac に記述されている。

1 太陽年は約 365.24219 · · · 日である。したがって，翌年の同月同日同時刻の太陽および恒星の視位置は次のように考えられる。地球の公転軌道上の位置と自転による回転角度の関係から，翌年には前年の同時刻に比較して黄道上約 0.24219 日，すなわち約 5 時間 48 分 45 秒遅れた位置にある。これを角度にすれば約 87°11′.25 であり，時角にすれば 87°11′.25 進めることに相当する。次に自転による影響について，適当な子午線上で考えることとすれば，図 9.1「地球自転と公転の回転角度関係」より，翌年の太陽の方向と一致するのは前年の同日同時刻より 18 時間 11 分 15 秒遅れた時刻であり，すなわち角度で 272°48′.75 に相当する時角を加減するとよい。また，恒星については，黄道上 0.24219 日（5 時間 48 分 45 秒）に相当する角度は $360/365.24219 * 5.8125/24 = 14'.32$ であるから，これに歳差（precession）の 0′.83 を加減し，15′.1 の修正を行い，うるう（閏）年が前後にある場合には，15′.1 の修正か 18 時間 11 分 15 秒に相当する角度 44′.0 の修正を行う方法もある。うるう年の場合には 2 月 29 日を 3 月 1 日とし，うるう年の前後の年における計算では 1 日分を増減する操作を行

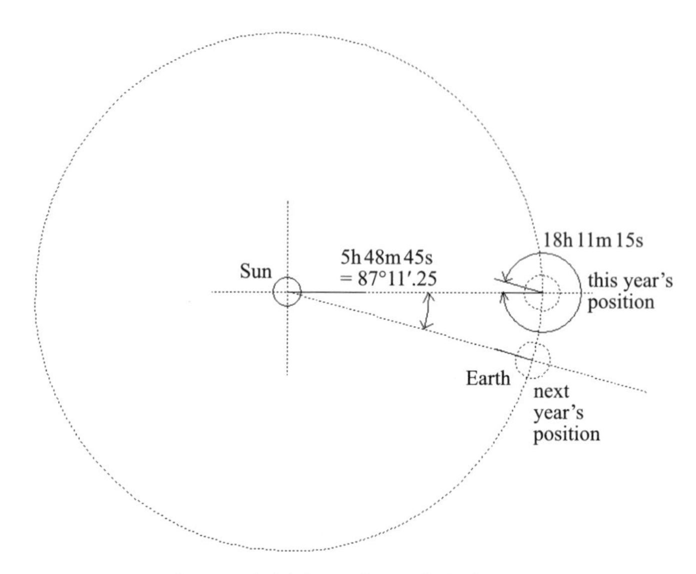

図 9.1　地球自転と公転の回転角度関係

う。なお，Nautical Almanac では時間の秒，角度の分の部分の数字が相殺されることから，当該単位の数字を省略して計算しやすくしている。

具体的には，Nautical Almanac より

① 前後年が平年である場合

For the Sun, take out the GHA and DEC for the same date for a time $5^h48^m00^s$ earlier than the UT of observation; add 87°00′ to the GHA so obtained. The error, mainly due to planetary perturbation of the Earth, is unlikely to exceed 0′.4.

For the stars, calculate the GHA, and DEC for the same date and the same time, but subtract 15′.1 from the GHA so found. If preferred, the same result can be obtained by using a time $5^h48^m00^s$ earlier than the UT of observation and adding 86°59′.2 to the GHA. (or adding 87° as for the Sun and subtracting 0′.8 for precession, from the SHA of the star.)

② 前年が平年で翌年がうるう年（leap year）である場合

For the Sun, take out the GHA and DEC for the same date but for January and February (for Feb. 29 use March 1), for a time $5^h48^m00^s$ earlier and, for March to December, for a time $18^h12^m00^s$ later than the UT of observation; in both cases add 87°00′ to the GHA so obtained. The error, mainly due to planetary perturbation of the Earth, is unlikely to exceed 0′.4.

For the stars, calculate the GHA, and DEC for the same date and the same time, but for January and February, subtract 15′.1 and for March to December, add 44′.0 from the GHA so found. If preferred, the same result can be obtained by using a time $5^h48^m00^s$ earlier for January and February, and $18^h12^m00^s$ later for March to December, than the UT of observation and adding 86°59′.2 to the GHA. (or adding 87° as for the Sun and subtracting 0′.8 for precession, from the SHA of the star.)

③ 前年がうるう年で翌年が平年である場合

For the Sun, take out the GHA and DEC for the same date but for January and February, for a time $18^h12^m00^s$ later and, for March to December, for a time $5^h48^m00^s$ earlier than the UT of observation; in both cases add 87°00′ to the GHA so obtained. The error, mainly due to planetary perturbation of the Earth, is unlikely to exceed 0′.4.

For the stars, calculate the GHA, and DEC for the same date and the same time, but for January and February, add 44′.0 and for March to December, subtract 15′.1 from the GHA so found. If preferred, the same result can be obtained by using a time $18^h12^m00^s$ later for January and February, and $5^h48^m00^s$ earlier for March to December, than the UT of observation and adding 86°59′.2 to the GHA. (or adding 87° as for the Sun and subtracting 0′.8 for precession, from the SHA of the star.)

参考文献

[1] The Nautical Almanac, United States Naval Observatory & Her Majesty's Stationary Office.

第 10 章

極圏における航法および極点での位置決定

極圏（polar region，高緯度地域）における航法上，考慮すべき事項は，以下の諸点である。

① 子午線が収斂し極点で一致することにより生ずる事項

- 通常の航法における方位および針路が航法上の意味を持たなくなり，極点における方位はすべての方向が南または北になり，方向は子午線で代理したほうがよくなる。
- わずかの経度方向への移動でも大幅な Time Zone の変化となり，地方時の意味が通常のような意味をなさない。
- 近距離でも航程線は曲線であることが目立ち，大圏とは顕著に離れていく。したがって，目視の方位線すら航程線では表現できない。

② 極点では天頂と天の極が一致することから生ずる現象

- 極地方では天体はほとんどその高度を変えることなく周極運動をし，極点においては天体の高度（視差など改正後の）は天体赤緯と等しくなる。

③ 適切な航法図を利用する必要性

Mercator's Chart は使用できないために，高緯度地域での航法に適した航法図を用意する。航法用地図には，以下の投影法によるものがある。

- Transverse Mercator's Projection
- Oblique Mercator's Projection
- Modified Lambert Conformal Projection
- Polar Stereo Graphic Projection
- Azimuthal Equidistant Projection

それぞれ，プロッティングが図上で容易なように角度表現が正しく（conformal，等角であること），大圏および子午線が直線として描け，図上で距離表示に変化の少ないことが特徴である。南，北極地方の航法図（航空図）には Transverse Mercator's Projection によるもの，また極点近くでのプロッティング用には Polar Stereo Graphic Projection によるものが市販されている。

10.1 極圏（高緯度地域）での位置決定

現代は GPS および慣性航法装置の時代である。古典的な手法ではあるが，航法の基本「天測」による高緯度地域における航法を論ずることはその基本に立ち帰ることになり，意味あることである。高緯度地域においても六分儀による天測は通常の天測方法が行えるが，極地域は氷で覆われた海や陸である。条件が許せば水平線の代わりに氷上線も使えるが，水平を求めるに水銀水平儀や気泡水準儀を利用する。ただし，昼間に天測をする場合，使用天体は太陽か月あるいは金星か木星に限られる。そのため，観測する天体高度が低いことから，天体高度改正については天文気差などの大気の状態が異常な場合もあり，これによる位置の誤差についてつねに考慮する必要がある。推定位置が極点から緯度で 5 度以内（緯度 85 度以上）の地域ならば，極点を仮定位置（assumed position）として計算すると，赤緯が計算高度と等しくなり，グリニッジ時角（Greenwich hour angle，GHA）を方位に代えて（子午線の方向になる）扱うことができて，天測暦から赤緯（declination）と GHA を求めることと，気差および眼高差の修正計算だけで位置の線が求まる。太陽方位は 1 時間に約 15 度の変化をするので，位置の線の交角の適切なものを選び観測すれば，位置決定は比較的容易である。とくに極点の決定には，赤緯変化を無視すれば天体の高度変化が完全になくなる現象（完全に高度変化をしない周極運動）が使える。

10.2　極圏（高緯度地域）における方位および針路

高緯度地域では，子午線の収斂により，方位を決定することは非常に困難な作業になるが，天測により正確に経度が決定でき，正確な時刻がわかれば，方位（子午線の方向，また天体の方向）の決定は可能である。とはいえ，緯度 85 度で経度差 1 度の距離はわずか 9.735 km，89 度では経度差 1 度が距離で 1.949 km，経度差 1 分では 32 m になっている。天測により決定した経度の精度には相当の注意が必要である。天体の LHA が 0 時（24 時）の瞬間の方向が南または北になるが，いうまでもなく低緯度地域と同様に地方視時で正中する瞬間の方位である。しかし，極地方では天体の高度変化が顕著でなく，正中方位の決定は困難なものになる。経度決定が正確であれば，LHA = GHA + *Long* であることを利用して，求める GHA に相当する UT を逆算してその瞬間の方位を南または北と決定できる。ジャイロコンパスは緯度約 70 度程度まで使用可能であるが，それ以上の地域では directional gyro か慣性航法装置による方位検出が必要である。一方，マグネティックコンパスは高緯度地域では有効ではないように思われがちだが，航法図には偏差曲線が描かれており，擾乱がなければ概略方位を決定できる。

10.3　極圏における位置決定（plotting）

＜例 1＞

2006 年 7 月 1，2 日，北緯 85 度，東経 135 度の assumed position で次のとおり太陽の高度観測を行ったとして位置を求める。

UTC		GHA	DEC	calculated alt.	observed alt.
7/1	21:00	134.0216	23.0733N	22.895	22.919
7/2	00:00	179.015	23.0633N	26.4858	26.472
7/2	03:00	224.0	23.055N	28.054	28.049
7/2	06:00	269.03	23.045N	26.591	26.58

通常の天測計算を行い，自家製 Stereographic Chart 上に位置の線を引いた決定位置は北緯 85.0 度，東経 135.0 度であるが，最小自乗法による決定位置は北緯 85.0119 度，東経 135.12 度である（図 10.1「Polar position fix. 1」参照）。

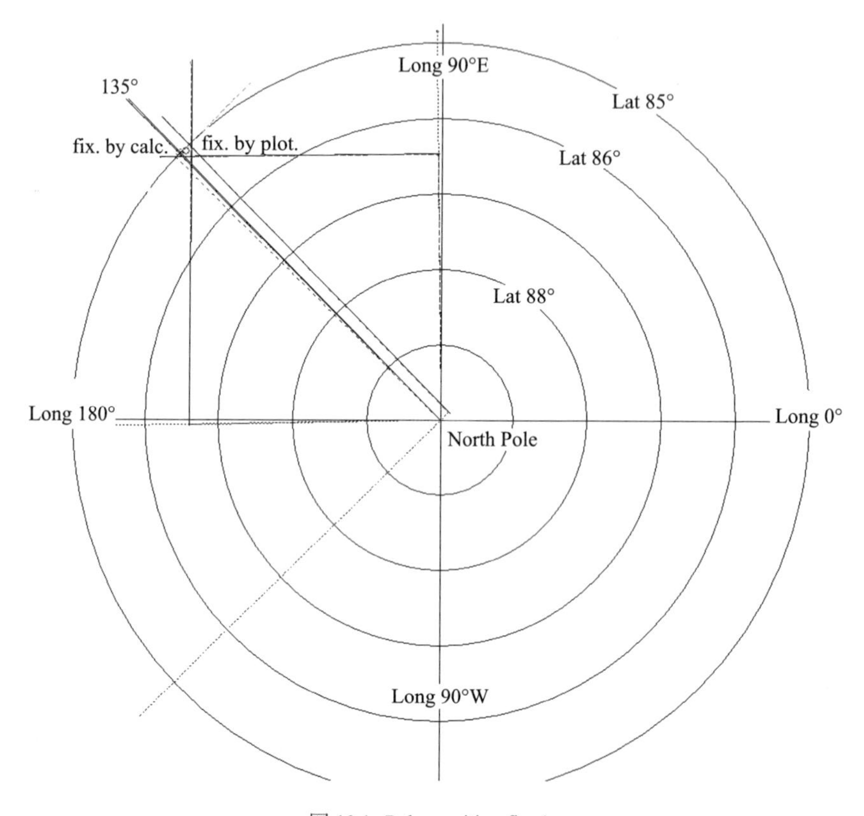

図 10.1　Polar position fix. 1

<例 2>

2006 年 1 月 1，2 日，南緯 89 度 30 分，東経 135 度の assumed position で次のとおり太陽の高度観測を行ったとして位置を求める。

UTC		GHA	DEC	calculated alt.	observed alt.
1/1	21:00	134.0666	22.9583S	22.949	22.919
1/2	00:00	179.0533	22.9483S	23.2954	23.285
1/2	03:00	224.0383	22.9366S	23.4365	23.4
1/2	06:00	269.0233	22.9266S	23.28567	23.255

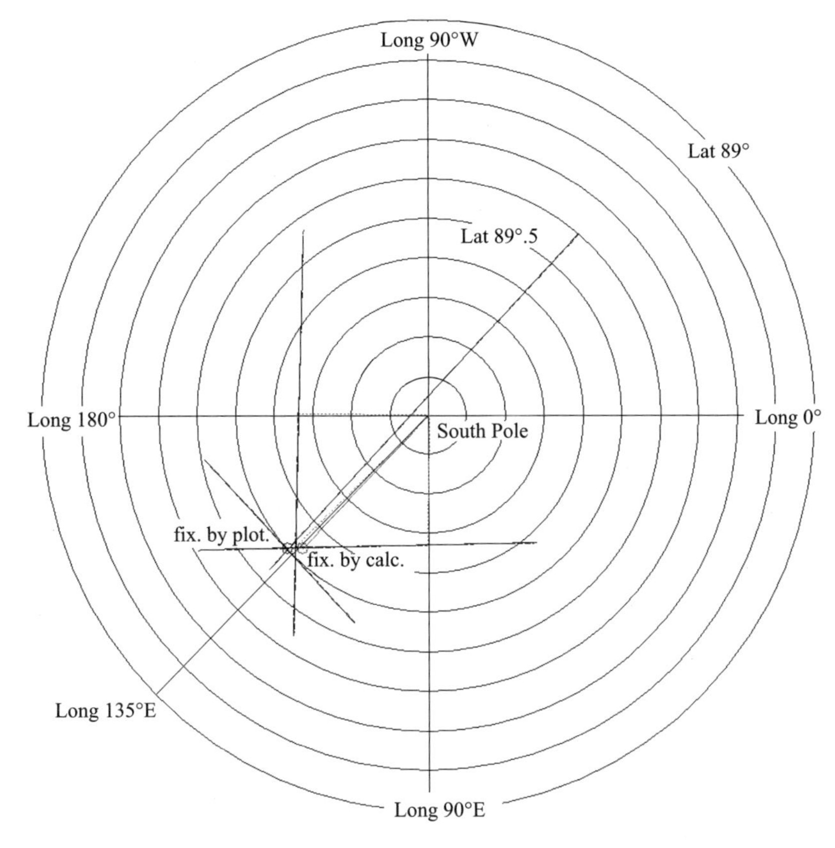

図 10.2　Polar position fix. 2

南極点を位置決定計算のための assumed position にして赤緯を計算高度とし，また GHA から太陽方位である子午線が決まるので，その子午線上の修正差に相当する地点において垂線を立てればそれが位置の線になる。自家製

Stereographic Chart 上での位置の線をプロットした位置決定では北緯 89.54 度，東経 138.0 度であるが，最小自乗法による決定位置は南緯 89.5324 度，東経 133.979 度である。当然，経度方向の距離誤差は小さい（図 10.2「Polar position fix. 2」参照）。

10.4　極圏航法の実例

ここでは，主に web で検索して得られた高緯度圏あるいは極圏での航法の実例を記述する。ただし，すべてが学術書における専門的な記述から得た情報であればよいのだが，情報入手力が貧弱であることから，一部不正確なところもあるかもしれないことを念頭に置いていただきたい。

まずは，米国海軍の原子力潜水艦 USS Nautilus 号による大西洋から北極点に到達した後，北極海を横断し太平洋へ抜け出た航海（1958 年）についての記事から。

Nautilus 号に搭載された慣性航法装置は “Autonetics type N6A inertial automatic navigator” であり，これは “N6A autonavigator” の略称で知られる。Anschütz-Kämpfe の夢を叶えた慣性航法装置に光が当てられることが多く，それを陰で支えた特別製ジャイロコンパス（gyrocompass）について記述している論文などはあまり見かけないが，Sperry Rand 社製の特製ジャイロコンパスが搭載されていた。“A special gyrocompass built by Sperry Rand was installed shortly before the journey” これは高緯度において “directional gyro” モードに切り替えることができるジャイロコンパスのことで，おそらく Sperry Mk19 のことであろう。“directional gyro” については別途，後述することにする。

次に 1960 年の USS Sargo の航海についての記事には，慣性航法装置（INS）が故障したときの対処法など，興味深いことが記述されている。USS Sargo にも N6A Inertial Navigation System が設備されており，ジャイロコンパスには Mk19 および Mk23 が搭載されている。このジャイロコンパスは directional gyro mode にすることができる。この Sargo の航海においては，偶然にも緯度 85°N を越えた後に慣性航法装置のジャイロのうちの 1 台が故障してしまった。そのためスペアのジャイロに交換して，INS のジャイロが north-finding（これを gyrocompassing と呼んでいる）が可能となる地球自転角速度ベクトルの水平成分（地盤の傾斜のこと）が得られる地点まで戻ったであろう。あるいはジャイロコンパスが働くに必要な，すなわちプレセッションをさせることができる地盤の傾斜が十分得られる地点まで戻っている。

INS の gyrocompassing についての解説を目にすることは少ないので説明すると，INS の場合，地球自転によりジャイロが出力する角速度（大きさを入力角速度に等しいとし ω で表記）は，ϕ，Ω_E，α をそれぞれ緯度，自転角速度，そして北からの方位角とすれば，$\omega = \Omega_E \cos\phi \cos\alpha$ で表現できるので，$\alpha = 0°$ のときに最大値を示し，このときに指北していることになる。あるいは $\alpha = 90°$ のときに出力はゼロとなるので，これを検出しても方位は決定できる。もっと直接的には 2 つの直交するジャイロ（x，y とする）の出力から，$\alpha = \arctan\left(\dfrac{\omega_y}{\omega_x}\right)$ と得られる。言うまでもなく，航行速力ゼロ（対地速力 0 ノット）とする必要がある。

話を戻して，このときに戻った緯度は 85°N 以下の地点と記述されている（具体的に緯度で何度なのかは不明)。ここで測位をし，gyrocompassing により慣性航法装置のジャイロを必要な精度の方向に静定（realign）している。と同時に指北したジャイロコンパスを directional gyro mode に設定し，極点に向けて再出発した。この時代の INS は stabilized platform で，メカニカルジャイロである。

続いて，2000 年の USS L. Mendel River の事例である。退役前の最終航海のことであるから，装備されている慣性航法装置は最新式のものではないが，Dual Miniature Inertial Navigation System というから，ring laser gyro で strap down か，あるいは電子回路の凝縮された（miniature）ものか，INS が 2 台ということになる。Nautilus の時代には 1 台であったので，進化しているといえるだろう。ジャイロコンパスは Mk19 であり，GPS，EM-log を装備していた。さて，この事例では北極点に浮上後，すべての針路を示す航法装置が故障してしまった。つまり，慣性航法装置と directional gyro（ジャイロコンパス）の故障である。この場合，GPS での測位は浮上しているので可能であったが，帰還すべき針路がわからない状況であったので，Nautical Almanac から月の方位（GHA）を求め（このとき必要なクロノメーターは基本的航海計器である），針路を決め，潜水を始めた。潜水中の針路は後方にできる水流をソナーで検出し，コースを維持した。この間 dead reckoning により位置を計算しながら航行した。当然この状態では推測位置の誤差は大きいが，ジャイロコンパスが正常に作動する緯度まで航行し，あるいは精確な位置を得て INS の gyrocompassing を行える海域まで戻り再起動できれば通常の航海が可能になる。いうまでもなく GPS か天測などにより位置を決定して INS に入力する必要がある。

なお，現在の民間航空機においては 3 台の INS が搭載されているが，極圏（緯度 84°N，S 以上）では 1 台の INS による（single inertial reference unit）モードに切り替えて，極圏での子午線収束による特異点の問題からくる 3 台競合を避けているそうである。航空機では GPS と地球磁場（variation）を組み込んで位置を決定できるようなシステムになっていたり，潜水艦と比較すれば至れり尽くせりの感がある。

10.5　directional gyro

directional gyro（以下 D.G. と略す）について商船系の学校で学ぶことは期待できないので，ここで最低限の説明をするのも無益ではないだろう。D.G. の役目について軽飛行機での使用を例にとって説明する。飛行機の針路測定にはマグネットコンパスが用いられるが，機体の傾斜や加速・減速時にエラーを発生する。このような誤差発生時に D.G. の安定性を利用して変針や保針を行う。原初的な軽飛行機の D.G. の模式図（図 10.3「軽飛行機用 directional gyro」参照）のように，D.G. のローターは気流により回転させているものが多く，ノブを回して（プレセッションを利用）マグネットコンパスの指度に D.G. の指度を合わせる。ジャイロはドリフトするので 15 分に 1 回程度この修正を行う必要がある。

他方，潜水艦においてはマグネットコンパスは使えないので，ジャイロコンパスとログを利用し，海上を航行する船舶と同様に船位を計算する。極圏でジャイロコンパスが利用できないとき，航行による移動を考慮した位置情報を

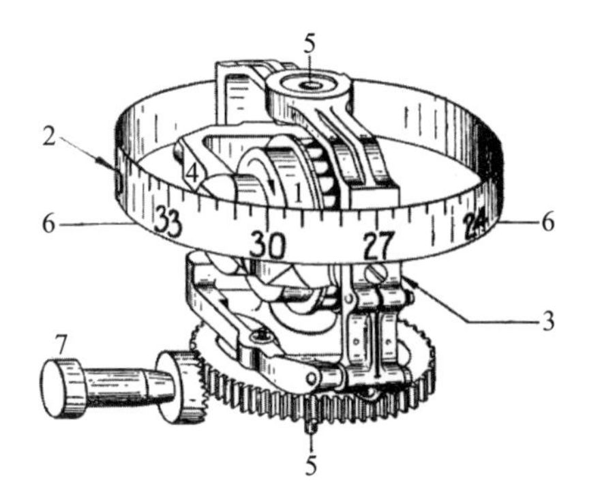

Diagram of the “Sperry” Directional Gyro

1. Gyro wheel
2. Compass card
3. Vertical supporting ring
4. Gimbal ring
5. Bearings
6. Gyro axle
7. Setting knob

図 10.3　軽飛行機用 directional gyro（出典：http://traktoria.org）

利用することにより，初歩的ではあるが手動でコンパス指度を変更することを考えることもできる。これはジャイロコンパスの D.G. としての利用ということになる。

ジャイロコンパスは地球自転による地盤の傾斜によるトルクを利用しプレセッションさせるため，指北作用が弱い極圏では使用不可能になる。しかし D.G. においては変更させる角度が理論的に計算できれば，手動でトルクを与えて必要な角度をプレセッションさせることも可能である。しかし手動制御は相当な難しさが伴うことから，コンピュータ制御で自動化されるのは必然であろう。もちろん，これの自動化を進めれば装置は複雑になるが原理的に慣性航法装置に行き着くことになる。

慣性航法装置が搭載されても，ジャイロコンパスに D.G. モードを付加することの意味は，できるだけシンプルな装置で方位情報を得たいということがあるのであろう。慣性航法装置が故障しても D.G. により極圏を安心して航行したいわけである。

10.5.1　directional gyro の機能

ここで，D.G. の作動原理を記述する。ジャイロコンパスの指北原理で学ぶとおり，ジャイロコンパスでは地球自転による地盤の運動を利用して指北させている（図 10.4「地球自転の影響」参照）。船舶が存在する地点の地盤の運動

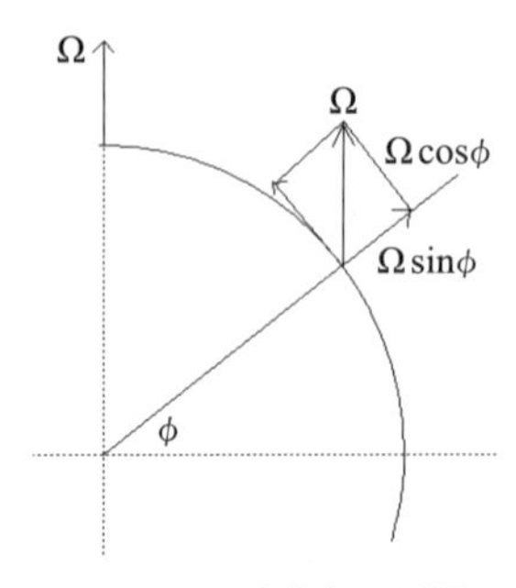

図 10.4 地球自転の影響

は計算できるので，地球自転という物理現象である地盤の傾斜によりトルクを与える代わりに，地盤の運動に相当し緯度により異なるプレセッションを発生させるトルクを加えることができれば，ジャイロコンパスの代わりになる装置ができる。これがD.G. ということになる。ただし，D.G. では航行による地盤の運動についてもトルクを加えてプレセッションさせて追従させている。D.G. は地球自転と航行による地盤の運動に追従させるに，位置情報を必要とし，その位置を求めるにはD.G. による航行針路情報が不可欠である。これは，あたかも堂々巡りのような仕組みで成り立っているともいえる。そのためジャイロコンパスにおける指北機能とは根本的に異なることに注意が必要である。

さて，地盤の運動については，自転による角速度ベクトルを航行体の存在する地点において各成分に分解して考えると，地盤の傾きと地盤の旋回に分けられる。地球の自転角速度を Ω，その地の緯度を ϕ，経度を L とすれば，傾きは $\Omega\cos\phi$，旋回は $\Omega\sin\phi$ で表すことができる。D.G. が地盤の方位変化に追従してくれればよいので，地盤の旋回と同じ動きをさせるためのプレセッションを起こさせるトルクを加えることになる。

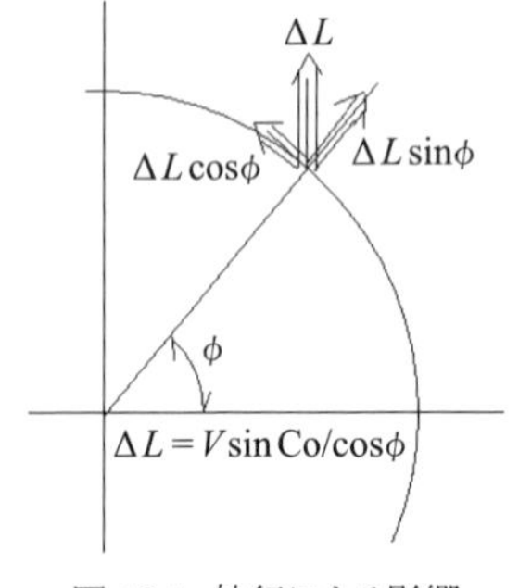

図 10.5 航行による影響

また，航行することにより位置が変化すると，速度を V ノット，針路を Co とすれば，南北方向へ $V\cos\mathrm{Co}$，東西方向へ $V\sin\mathrm{Co}$ 移動する。ここでは東西方向への移動のみを考えてみると，この動きは地球中心から見ると南北極を軸として回転運動をしていることになる。この回転運動の角速度は $\Delta L = V\sin\mathrm{Co}/\cos\phi$ である。これを航行地点での鉛直方向と水平方向の回転ベクトルとしての成分に分解すると，$\Delta L\sin\phi = V\sin\mathrm{Co}\tan\phi$ とできる。地球自転角速度同様，地球表面における方位を知るためにはこれに追従させればよいことになる。すなわち，$\Omega \sin\phi$（これは earth-rate correction と呼ばれる）と $\Delta L \sin\phi = V \sin \mathrm{Co} \tan\phi$（これについては transport-rate corretion とも呼ばれている）の 2 項は子午線の旋回に相当する地盤の動きとして扱う必要がある（図 10.5「航行による影響」参照）。

ここで，問題を単純化して見通しをよくするために，架空の平面航法を行う場合を考える。ある地点から Co で表す針路で，dist で表現する距離を航行したものとし，これを球面でなく極 P，出発地 A，そして到着地 B からなる平面三角形において直感的にみると，「三角形の外角は，その外角のとなり以外の 2 つの内角の和に等しい」ことから，図 10.6「平面三角形による変経と針路の変化」を参照して

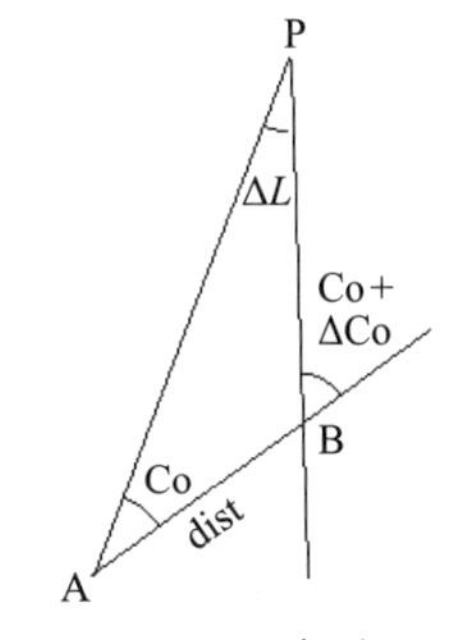

図 10.6　平面三角形による変経と針路の変化

$$\mathrm{Co} + \Delta\mathrm{Co} = \mathrm{Co} + \Delta L$$

とできる。ここに，経度を L と表記し，Δ で差分を示した。この式から，$\Delta\mathrm{Co} = \Delta L$ でなければならず，直感的には，ある距離を航行したのち経度差 ΔL の地において，針路が経度差に等しい値である針路差すなわち $\Delta\mathrm{Co}$ 変化すると考えられる。これは地盤の旋回に相当し，平面における子午線の方向変化と考えることができる。

ここまで，架空の平面航法と名付けて話を進めたが，高緯度における航法を Polar Stereo Graphic 図で考えると実用的なものになる。子午線の方向変化としたものは子午線収束角（meridian convergence）であり，ΔL は子午線収束角に相当し，正確には $\Delta L \sin l$ である。高緯度で極に近ければ $\sin l = 1$ と近似して実用航行に応用しているわけである。

次に，これが球面では如何なる表現になるのか。これを求めることにする。ここでは経度変化による影響を考察するので，航行による東西方向についての移動成分の影響を扱う。すなわち，航行による変経は中分緯度航法公式によれば

$$\Delta L = Vt \sin \mathrm{Co} / \cos l_{\mathrm{midlat}}$$

で表され，この変経（角度変化）の，その地における地盤旋回に対する影響，

すなわち transport-rate correction に相当する角度（$\Delta\mathrm{Angle}_{\mathrm{TRC}}$ と表記する）は

$$\begin{aligned}\Delta\mathrm{Angle}_{\mathrm{TRC}} &= \Delta L \sin l \\ &= Vt \sin \mathrm{Co} \frac{\sin l}{\cos l_{\mathrm{midlat}}} \\ &\approx Vt \sin \mathrm{Co} \tan l_{\mathrm{midlat}}\end{aligned}$$

で表される。ここに，l，L，V，t，Co をそれぞれ緯度（ここでは l_{midlat} を中分緯度とする），経度，速度，時間，そして針路とする。ここでは航行距離は短距離であることを想定し，微分形式で地盤の旋回角を表現し，式中，緯度については中分緯度を用いて近似させたが，ここには問題がある。この式では，緯度の異なる 2 地点を結ぶ移動における地盤の旋回角を精確に表すことはできないので，別に考える必要がある。とりあえず，暫定的に以上の式をもって考察を進めることとする。

一方，変経の計算に用いた式は航程線航法の公式であるので，短時間の航行を除き，極圏（高緯度地域）での航法計算について単純には適用できない。したがって適用範囲を広げるために，大圏航法の公式を用いることとする。また，transport-rate correction の数式，そして制御サイクルは本質的に微分的であり，微小距離での計算を行っており，以下の長距離航行を想定した扱いは通常不要と思われるが，大圏航路の変針角との比較のため，あえて記述しておくことにし，ここでは航行によりつくられる極 P，出発地 A（l_1，L_1）と到達地 B（$l = l$，L）からなる球面三角形で考え，航行距離を $D = \mathrm{dist} = Vt$，経度差を $\Delta L = L - L_1$ と表記し transport-rate correction 角を求めると

$$\sin l = \cos D \sin l_1 + \sin D \cos l_1 \cos \mathrm{Co}$$

あるいは

$$\begin{aligned}\sin \Delta L &= \frac{\sin D \sin \mathrm{Co}}{\cos l} \\ \Delta L &= \sin^{-1}\left(\frac{\sin D \sin \mathrm{Co}}{\cos l}\right)\end{aligned}$$

であるから，上式で象限に注意すれば transport-rate correction 角は次で表現で

きる。

$$\Delta \mathrm{Angle}_{\mathrm{TRC}} = \Delta L \sin l_{\mathrm{midlat}} = \sin^{-1}\left(\frac{\sin D \sin \mathrm{Co}}{\cos l}\right) \sin l_{\mathrm{midlat}} \tag{10.1}$$

ここに $\Delta L \sin l_{\mathrm{midlat}}$ としたが，すでに説明したとおり航行距離が長いときには，この扱いは適切ではない。精度の高い計算を行うには，異なる緯度の 2 地点についての meridian convergence とすべきであり，meridian convergence についての精密な計算式を使用する必要がある。航行距離が短ければ

$$\Delta \mathrm{Angle}_{\mathrm{TRC}} = \Delta L \sin l_{\mathrm{midlat}} = \sin^{-1}\left(\frac{\Delta D \sin \mathrm{Co}}{\cos l}\right) \sin l_{\mathrm{midlat}}$$

とできる。

なお，meridian convergence（dt とする）についての近似解として，楕円体における公式を利用した次の式を用いると，航法に必要な精度が得られる。

$$\Delta \mathrm{Angle}_{\mathrm{TRC}} = dt = \Delta L \sin \frac{l + l_1}{2} \sec \frac{l - l_1}{2} + 1/12(\Delta L)^3 \sin \frac{l + l_1}{2} \cos^2 \frac{l + l_1}{2} \tag{10.2}$$

ここで微小距離の航行距離をもって計算するならば次の近似式を用いることもできる。微小時間の航行によりつくられる極 P，出発地 A（l_1，L_1）と到達地 B（$l = l_1 + \Delta l$，$L = L_1 + \Delta L$）からなる球面三角形で考える（図 10.7「変緯・変経と針路の変化」参照）。移動距離（マイルすなわち角度単位）を dist = Δd，針路 Co，変経を ΔL，変緯については Δl で表記し，球面三角公式により，B からの新針路（$\mathrm{Co}_{\mathrm{new}} = \mathrm{Co} + \Delta\mathrm{Co}$ と表記する）と ΔL および Δd の関係を求めると

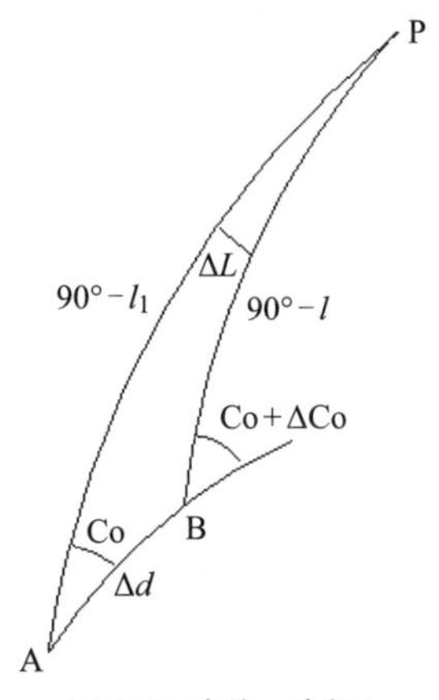

図 10.7　変緯・変経と針路の変化

$$\sin \Delta L = \frac{\sin \Delta d \sin(\mathrm{Co} + \Delta\mathrm{Co})}{\cos l_1}$$

$$
\begin{aligned}
&= \frac{\Delta d(\sin \mathrm{Co} \cos \Delta\mathrm{Co} + \cos \mathrm{Co} \sin \Delta\mathrm{Co})}{\cos l_1} \\
&= \frac{\Delta d(\sin \mathrm{Co} + \cos \mathrm{Co}\Delta\mathrm{Co})}{\cos l_1} \\
&= \Delta d \frac{\sin \mathrm{Co}}{\cos l_1} + \Delta d \Delta \mathrm{Co} \frac{\cos \mathrm{Co}}{\cos l_1}
\end{aligned}
$$

となる。Δ で表現した項が微小項であることを考慮して 2 次以上の項を省略すれば

$$
\Delta L = \frac{\Delta d \sin \mathrm{Co}}{\cos l_1}
$$

である。したがって変経による transport-rate correction に相当する角度は

$$
\begin{aligned}
\Delta \mathrm{Angle}_{\mathrm{TRC}} &= \Delta L \sin l_1 \\
&= \frac{\Delta d \sin \mathrm{Co} \sin l_1}{\cos l_1} = Vt \sin \mathrm{Co} \tan l_1
\end{aligned}
$$

で表現できる。緯度が l_1 であるか l_{midlat} であるかを除けば，この微分形式での近似解は航程線航法の式によるものと同じである。航行距離を微小であると仮定して 2 次以上の微小項を省略すれば，大圏航法による計算結果も航程線航法による計算結果も変わらないものであることを示したことになる。

10.5.2　大圏航路の変針角

次に，大圏航路についての waypoint における変針角を求めることにする。大圏航法についての球面三角公式から，2 地点 A（緯度，経度を l_1，L_1 と表記），B（l_2，L_2）間を結ぶ大圏に関する出発地（l_1，L_1）における針路（Co），2 地点間の距離（dist）および頂点 V（l_{v}，L_{v}）を求めると

$$
\begin{aligned}
&\cos \mathrm{dist} = \sin l_1 \sin l_2 + \cos l_1 \cos l_2 \cos L \\
&\tan \mathrm{Co} = \frac{\cos l_2 \sin L}{\cos l_1 \sin l_2 - \sin l_1 \cos l_2 \cos L} \\
&\cot L_{\mathrm{v}1} = \sin l_1 \tan \mathrm{Co} \\
&\sin l_{\mathrm{v}} = \frac{\cos \mathrm{Co}}{\sin L_{\mathrm{v}1}}
\end{aligned}
$$

の公式で求められる。ここに，$L = L_2 - L_1$，$L_{\mathrm{v}1} = L_{\mathrm{v}} - L_1$ とする。

次に，この大圏航路に沿ってある距離（dist と表記）航行したときの針路変化を求めると，A（l_1，L_1）と V (l_v, L_v) および極 (P) からなる球面直角三角形，また C（$l_1+\Delta l$，$L_1+\Delta L$），V，P からなる球面直角三角形において

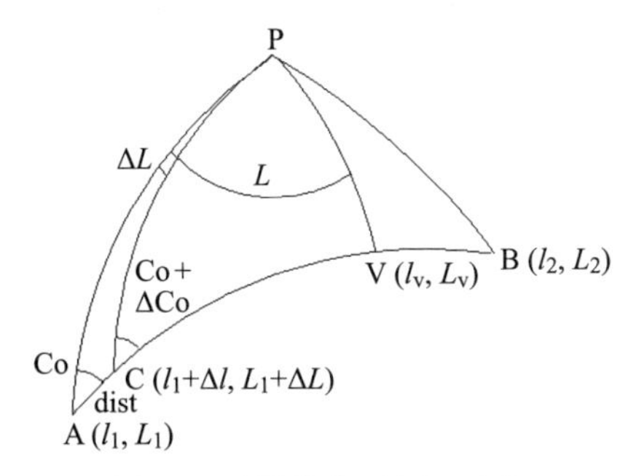

図 10.8　大圏航路の針路の変化

$$\sin l_v = \frac{\cos \mathrm{Co}}{\sin L}$$

$$\sin l_v = \frac{\cos(\mathrm{Co} + \Delta\mathrm{Co})}{\sin(L - \Delta L)}$$

であるから，2 式の右辺を等しいと置けば

$$\begin{aligned}\cos(\mathrm{Co}_{\mathrm{new}}) &= \cos(\mathrm{Co} + \Delta\mathrm{Co}) \\ &= \frac{\cos \mathrm{Co} \sin(L - \Delta L)}{\sin L}\end{aligned} \tag{10.3}$$

ただし，ここでは $L = L_v - L_1$ と書き換えて一般化した。改めて具体的な数値を示さないが，上の meridian convergence についての近似式 (10.2) を用いて計算した transport-rate correction 角と，式 (10.3) について計算し，これと旧針路との差から求めた変針角度は航法で必要とする精度で等しい。あるいは，式 (10.2) に替えて meridian convergence の精密解が得られるならば，これを大圏の経路に沿って積分すれば，得られた値である transport-rate correction 角度の合計と大圏航路の waypoint における変針角は等しい。すなわち，大圏航路の変針角を $\Delta\mathrm{Angle}_{\mathrm{GCC}} = \mathrm{Co}_{\mathrm{new}} - \mathrm{Co}$ と表記すれば

$$\Delta\mathrm{Angle}_{\mathrm{GCC}} = \Delta\mathrm{Angle}_{\mathrm{TRC}}$$

である。

また，上式 (10.3) を展開するに，$\Delta\mathrm{Co}$，ΔL が微小であると仮定すれば

$$\begin{aligned}\cos(\mathrm{Co} + \Delta\mathrm{Co}) &= \cos \mathrm{Co} - \sin \mathrm{Co}\Delta\mathrm{Co} \\ &= \frac{\cos \mathrm{Co} \sin(L - \Delta L)}{\sin L} \\ &= \frac{\cos \mathrm{Co}(\sin L - \cos L\Delta L)}{\sin L}\end{aligned}$$

したがって

$$\sin \mathrm{Co} \Delta \mathrm{Co} = \cos \mathrm{Co} \cot L \Delta L$$

球面三角公式から

$$\sin l_1 = \cot L \cot \mathrm{Co}$$

であるので

$$\begin{aligned} \Delta \mathrm{Angle}_{\mathrm{GCC}} &= \Delta \mathrm{Co} \\ &= \Delta L \sin l_1 \end{aligned}$$

と表現できる。したがって，大圏航法の変針角度について球面三角公式から導いた式は中分緯度が現れないことを除けば，transport-rate correction で表現された式と同一である。

あるいは，球面三角公式から

$$\tan \frac{A+B}{2} = \frac{\cos \dfrac{a-b}{2}}{\cos \dfrac{a+b}{2}} \cot \frac{C}{2}$$

を用いて，$A = \mathrm{Co}$，$B = 180° - \mathrm{Co}_{\mathrm{new}}$ などであるから

$$\tan \frac{\mathrm{Co}_{\mathrm{new}} - \mathrm{Co}}{2} = \frac{\sin \dfrac{l_1 + l_2}{2}}{\cos \dfrac{l_1 - l_2}{2}} \tan \frac{L}{2}$$

針路差および緯度差，経度差は微小と扱えば

$$\Delta \mathrm{Co} = \Delta L \sin l_{\mathrm{midlat}}$$

となる。すなわち，微分形式での表現においても

$$\Delta \mathrm{Angle}_{\mathrm{GCC}} = \Delta \mathrm{Angle}_{\mathrm{TRC}}$$

ということが証明されたことになる。

大圏航路の各地点における変針角と transport-rate correction における角度が等しいということは，transport-rate correction を行わない D.G. の指度に従って航行すれば大圏航路を進むことになることを示す。

数式で示すと複雑な近似解が現れて厄介なものになるが，transport-rate correction を行わないジャイロは物理法則に従って単純に機能し，精密解ともいうべき目的の大圏を示すということは驚きでもある。

ここまでは，地盤の旋回にかかわる項のみを扱ってきたが，慣性航法ではここで扱わなかった項目についても航法計算には必要である。

航空機とは異なり，潜水艦や砕氷艦は極圏での航行時間が長く，なおかつ潜水艦においては外部からの位置情報が入らないことから，航行条件には厳しいものがある。慣性航法装置も D.G. も，いわゆる地球自転から生ずる物理的力や物理的変化そのものを利用して指北しているのではない。理論的計算により仮想空間において指北作用をさせているといってもよいかもしれない。したがって時間経過により現実空間との誤差が大きくなる可能性がある。上の例では，緯度で 80° あるいは 85° 以下まで下がりジャイロコンパスが使用可能になる海域まで戻っているが，距離で極から 300 マイルから 600 マイルある。航空機ならば外部からの位置情報もあり，わずかの時間で戻れるが，潜水艦では障害物がないとしても，およそ 1 日以上を要する。その間のジャイロのドリフトも考慮しなければならず，挑戦的な航海を強いられることが想像される。

なお，Teledyne Group の SG Brown 社製 Meridian Gyrocompass には，日本の航海士養成航法教育では学ぶことのない D.G. 機能がある。web でも取扱説明書が入手可能であるので参考にするとよい。そして，このジャイロコンパスは緯度で南北 80° までジャイロコンパスとして使用可能であり，それ以上の緯度では自動的に D.G. にモード変更する。指北静定に約 24 分を要し，GPS の位置情報，ログからの速力を自動入力して D.G. を機能させている。なおかつ手動でもこれらの情報を入力できるようになっている。以上調べた範囲では，海外のジャイロコンパスの使用範囲は南北 80° あるいは南北 85°（こちらは情報が不確かである）となる。

10.5.3　directional gyro による航法

D.G. での航法について，全面的に自動化された航法ではなく，手動での入力や変針について考えながら，具体的なイメージを得たい。まず，慣性航法でも D.G. でも方位についての制御は，earth-rate correction および transport-rate correction を行うことに集約される。前項ですでに述べてあるが，その制御のためには位置（緯度・経度）の情報と針路・速力の情報が必要であった。しかし，その情報を得ることが高緯度地域である極圏では困難な作業である。また，航程線航法計算はここでは不可能であったり不適切であるので大圏航法計算を行うことになる。では，D.G. のジャイロはどこに向ければよいのだろうか。80° までは北を向けていたジャイロは，どのように働かせればよいのであろうか。

（1）極点を目指す場合

極点に到達することが目的であれば，北を向いていたジャイロをそのまま維持させておくことを選択するだろう。そして，実際にはありえないが，経度の変化をしない航行であるならば earth-rate correction のみを行い，航行速力に応じて緯度計算を行い（dead reckoning）緯度を求め，その緯度を earth-rate correction のためのプレセッション計算に入力し，これを繰り返していけばよいだろう。船位計算のバックアップには極圏用の航法図に直接記入することもできる。極点では，地球自転角速度 Ω で補正させることになる。しかし，現実には海流による経度の変化は避けられないので transport-rate correction を行うことになる。そのため対地速力が得られるドップラーソナーからの信号は不可欠であろう。極点からの帰還のための航海は，浮上して天体観測による方位から針路を決定し，ジャイロドリフトの影響を一度精算するほうがよいが，ジャイロ軸を反転させて南に向けるとエラーの増大を招くので，そのままの軸方向を維持して緯度 80° まで下がり，ジャイロコンパスとして使用できるまで D.G. モードで航海することも選択できるであろう。

（2）wander azimuth 方式による場合

慣性航法における wander azimuth 方式は，航行による経度変化があるにもかかわらず transport-rate correction を行わず，earth-rate correction のみを行う方式である。この方式は極における問題を解決するために開発されたものである（図 10.9「wander-azimuth system」参照）。ここでは最初，任意の針路をと

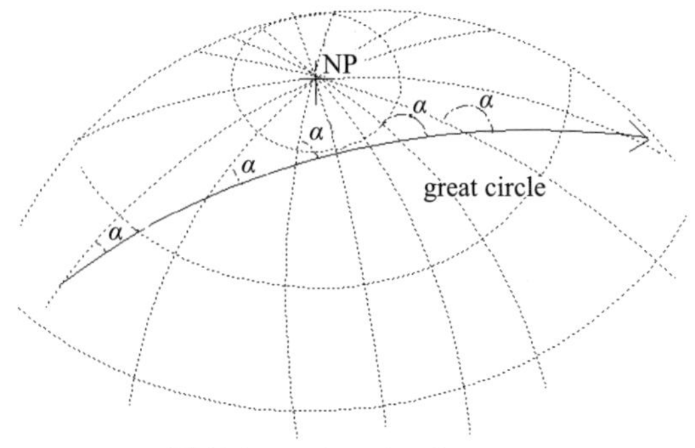

図 10.9　wander-azimuth system

り，その後の経緯度についての dead reckoning 計算は大圏航法計算を行うことにすれば，計算式は次の式を用いるのが現実的である。

$$\sin l_2 = \sin l_1 \cos \mathrm{dist} + \cos l_1 \sin \mathrm{dist} \cos \mathrm{Co}$$
$$\sin \Delta L = \frac{\sin \mathrm{dist} \sin \mathrm{Co}}{\cos l_2}$$

ここに，l_1，l_2，ΔL は，出発地の緯度，到達地の緯度，変経であり，$\mathrm{Co} = \alpha_i$，dist は針路および航走距離である。1 時間に 1 回計算をしたいが，極に近ければ航走距離は小さくとも変経は大きくなるので，適宜変更すべきである。極圏での大圏航法においては変経と航走距離の関係について注意が必要である。当然，航法図に直線を引けばそれが近似的な大圏航路になるので，航法図から概略の針路を求めることも可能である。

ここで求めた緯度により earth-rate correction を行う。transport-rate corretion は行わないので，いままでの針路は地表に対して transport-rate correction に相当する角度で変針した方向を示すことになる。すなわち，子午線の北からの針路は変化しているので（したがって wander azimuth と呼ばれる），これは純粋な大圏航法そのものであり，大圏から離れることなく大圏に沿って航行することになる。各地点（way point）で変針をする通常の大圏航法とは異なり，つねに変針を継続したものになるわけである。わかりやすくするため，ジャイロ軸を最初，目的地の大圏方位である針路方向に向けてあるとすれば，ある距離航行した後もジャイロ軸の方向に従っていれば，これは大圏コースを進むことになる。この意味は transport-rate correction による角度変化と大圏航法における変針角度が等しいことからも理解される。

これを証明するに，大圏コースについての球面三角形を考えると，以下のとおりの式が導かれる。

大圏の頂点の緯度を l_{v}，出発地の緯度，経度を l_1，L_1，頂点との経度差を L，出発針路を Co とすれば，球面三角公式より

$$\cos l_{\mathrm{v}} = \frac{\cos \mathrm{Co}}{\sin L} \tag{10.4}$$

$$\cos \mathrm{Co} = \cos l_{\mathrm{v}} \sin L \tag{10.5}$$

これを微分して

$$\Delta \mathrm{Co} = -\frac{\cos l_{\mathrm{v}} \cos L}{\sin \mathrm{Co}} \Delta L \tag{10.6}$$

を得る。この l_{v} に式 (10.4) を代入すれば

$$\Delta \mathrm{Co} = -\cot L \cot \mathrm{Co} \Delta L \tag{10.7}$$

公式 $\sin l_1 = \cot L \cot \mathrm{Co}$ から

$$\Delta \mathrm{Co} = -\sin l_1 \Delta L \tag{10.8}$$

が得られ，これは transport rate である。すなわち，大圏針路の変針点における変針角は transport-rate に等しいことが示された。マイナス符号は ΔL の取り方によるので，気になるなら変更すればよいだろう。

しかし，実際の極圏航法においては，transport-rate correction について別途考慮すべき事情もある。すなわち上層の風や海流によるドリフトについては，レーダーやログ（ソナー）による精確な速力情報は必須であり，とくに D.G. のみではその影響を解消することは難しく，長時間航海をつねとする潜水艦の航法においてはとくに困難が予想される。

参考文献

[1] Bowditch, American Practical Navigator, Defense Mapping Agency.

[2] Inertial Navigation in Submarine Polar Operations of 1958, T. E. Curtis and J. M. Slater, Navigation, Vol.6, No.5, spring 1959, ION.

[3] USS Nautilus, http://www.bluebird-electric.net/submarines

[4] Submarine Navigation under the North Pole, Robert Stewart, AIAA, 2001.

[5] Arctic Challenge under the Polar Ice Cap, Paul Beach, http://www.navy.mil/navydata

[6] Meridian Gyrocompass User Manual, TSS GS Brown.

[7] LTN-72 Inertial Navigation System, Orion Service Digest Issue 45, Sept. 1987, Lockheed Aeronautical System Company.

[8] http://en.wikipedia.org/wiki/Heading-indicator

[9] T. Soler and R. J. Fury, GPS Alignment surveys and Meridian Convergence, Journal of Surveying Engineering, Aug. 2000.

[10] AERO, No.16, Polar Route Navigation by Model, BOEING, Oct. 2001.

第 11 章

双曲線航法における位置決定法

11.1　観測方程式

双曲線航法（ここでは Loran-C を例にとる）では，主局（S_M）からの信号受信に対する従局からの信号受信の相対時間差を測定する。受信位置においては，主局からの信号を時刻 τ_0，局 1（S_1）と局 2（S_2）からの信号をそれぞれ τ_1，τ_2 の時刻に受信したとすれば，次式で観測時間差（ΔT_1，ΔT_2）を表せる。

$$\Delta T_1 = (\mathrm{ED} + \mathrm{CD})_1 + \tau_1 - \tau_0$$
$$\Delta T_2 = (\mathrm{ED} + \mathrm{CD})_2 + \tau_2 - \tau_0$$

ここに，ED と CD はエミッションディレイ（emission delay）とコーディングディレイ（coding delay）を表す。

推測位置においては，同様に

$$\Delta T_1' = (\mathrm{ED} + \mathrm{CD})_1 + \tau_1' - \tau_0'$$
$$\Delta T_2' = (\mathrm{ED} + \mathrm{CD})_2 + \tau_2' - \tau_0'$$

となり，電波の伝搬速度と測地線長公式を用いて計算した距離から τ_1' などを計算すれば推測位置における時間差を決定できる。

推測位置と観測位置における観測時間差の差異は次式で表される。

$$\Delta T_1 - \Delta T_1' = \tau_1 - \tau_0 + \tau_1' - \tau_0' = \Delta\tau_1 - \Delta\tau_0$$
$$\Delta T_2 - \Delta T_2' = \tau_2 - \tau_0 + \tau_2' - \tau_0' = \Delta\tau_2 - \Delta\tau_0$$

推測位置付近において，推測位置における受信時刻と観測位置での受信時刻との時間差と局の方位から，次の関係式が導かれる（図 11.1「Loran position fix.」参照)。

$$\Delta\phi \cos Z_0 + \Delta\lambda \sin Z_0 = \Delta\tau_0$$
$$\Delta\phi \cos Z_1 + \Delta\lambda \sin Z_1 = \Delta\tau_1$$
$$\Delta\phi \cos Z_2 + \Delta\lambda \sin Z_2 = \Delta\tau_2$$

ここに，Z_i は i 局の方位とし，$\Delta\phi$，$\Delta\lambda$ は推測位置と観測位置との緯度差および経度差であるが，linear unit で表現してあるので，angular unit である緯度・経度で求める際には変換を要する。

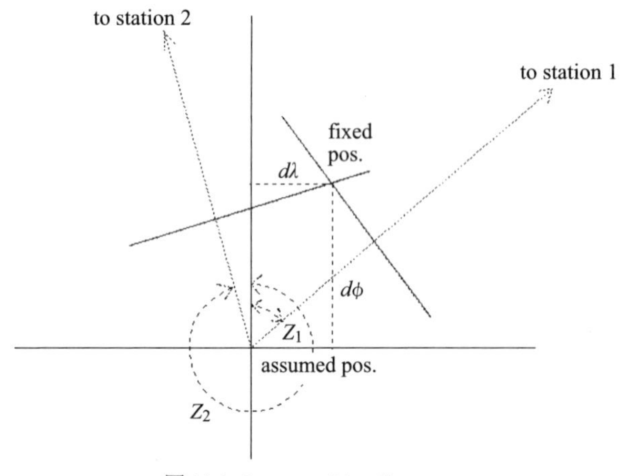

図 11.1　Loran position fix.

したがって，主局を含め 4 局からの信号を受信した場合を例とすれば，次の Loran 位置決定にかかる方程式が導かれる。

$$\Delta\phi(\cos Z_1 - \cos Z_0) + \Delta\lambda(\sin Z_1 - \sin Z_0) = \Delta T_1' - \Delta T_1$$
$$\Delta\phi(\cos Z_2 - \cos Z_0) + \Delta\lambda(\sin Z_2 - \sin Z_0) = \Delta T_2' - \Delta T_2$$
$$\Delta\phi(\cos Z_3 - \cos Z_0) + \Delta\lambda(\sin Z_3 - \sin Z_0) = \Delta T_3' - \Delta T_3$$

最小自乗法によりこの方程式を解き，緯度・経度にかかる修正値を求めて観測位置を決定する。方程式の解に必要な計算式は以下の測地線長を求める式と，電波の伝搬時間および局の方位を求める式である。

11.1.1　測地線長の公式

Loran-C においては 2 地点の緯度・経度から測地線長（d）を求めるに次の公式を使う。

$$\begin{aligned}
&\beta = \tan^{-1}(b/a \tan\phi)\\
&\chi = \cos^{-1}(\sin\beta_1 \sin\beta_2 + \cos\beta_1 \cos\beta_2 \cos(\lambda_1 - \lambda_2))\\
&A_0 = (\sin\beta_1 + \sin\beta_2)^2\\
&B_0 = (\sin\beta_1 - \sin\beta_2)^2\\
&P = (a-b)(\chi - \sin\chi)/(4(1+\cos\chi))\\
&Q = (a-b)(\chi + \sin\chi)/(4(1-\cos\chi))\\
&d = a\chi - A_0 P - B_0 Q
\end{aligned} \tag{11.1}$$

ここに，ϕ : 測地緯度，λ : 測地経度，a，b : 地球の赤道および極半径であり，測地線長 d を km 単位で求めることができる。

11.1.2　電波伝搬時間を求める実験式

電波の大気中を伝搬する時間については次式で表現する。

$$\tau = d/V + \alpha d + \xi + \gamma/d \qquad (\mu\mathrm{s})$$

ただし，V : 電波伝搬速度（= 0.2996912 km/μs）とし

$$\begin{aligned}
&\alpha = 0.002155 \qquad (\mu\mathrm{s/km})\\
&\xi = -0.4076 \qquad (\mu\mathrm{s})\\
&\gamma = 38.67 \qquad (\mu\mathrm{s{\cdot}km})
\end{aligned}$$

とする。

11.1.3 方位を求める式

位置 1（ϕ_1，λ_1）から見た位置 2（ϕ_2，λ_2）の真方位（θ）は次式で表現できる。

$$\theta = \cos^{-1}((\sin\phi_2 - \sin\phi_1\cos\chi)/(\sin\chi\cos\phi_1)) \tag{11.2}$$

ただし，$\sin(\lambda_2 - \lambda_1) \geq 0$ のとき $Z = \theta$，$\sin(\lambda_2 - \lambda_1) < 0$ のとき $Z = 360° - \theta$ とする。

11.1.4 測位計算例

（注意：以下の例は最新の Loran 局の廃止による配置を反映していない。しかし，添付の Loran 海図により読者は測位計算の検算ができる。）

北西太平洋チェーン GRI:8930 の各局の位置と ED，CD は以下のとおりである。推測位置を 30°N，131°E として，各局の時間差を次のとおり観測した。

W : 14,000,　X : 40,740,　Z : 72,500

なお，計算では地球楕円体を WGS84 とし，各半径を $a = 6,378.137$，$b = 6,356.752$ とし，上述の計算を進めると

station	position	ED CD
M	*Lat* = 34°24′11″.943N, *Long* = 139°16′19″.473E	
W	*Lat* = 26°36′25″.038N, *Long* = 128°08′56″.92E	15,580.86 11,000
X	*Lat* = 24°17′08″.007N, *Long* = 153°58′53″.779E	36,051.53 30,000
Z	*Lat* = 36°11′05″.45N, *Long* = 129°20′27″.44E	73,085.64 70,000

val. comp'd for station	M	W Y	X Z
β_1	34.313667	26.529978 42.647769	24.213499 29.916747

β_2	29.916747	29.916747	29.916747
		29.916747	36.093200
$\cos\chi$	0.989608	0.997293	0.932308
		0.959770	0.993901
χ	8.2670594	4.216186	21.202445
		16.307074	6.330879
A_0	1.128830	0.893794	0.826061
		1.383518	1.183399
B_0	0.004222	0.0027118	0.007850
		0.0319509	0.0081648
P	0.00134387	0.0001777	0.0232076
		0.0104396	0.0006024
Q	148.2090451	290.6067567	57.789766
		75.136926	193.5359079
d	919.6574906	469	2,360
		1,813	703
τ	3070.299977	1,564	7,879
		6,053	2,347
diff		−1, 506.154	4,808.408
		2,982.381	−722.824
emission delay		15,580.860	36,051.530
		53,349.530	73085.64
coding delay		11,000	30,000
		50,000	70000
diff + ED		14,074.706	40,859.938
		56,331.911	72,362.816
obs'd time diff		14,000	40,740
			72500
$T_c - T_o$		74.7056988	119.9377035
			−137.1841967
in km		22.388640	35.944274
			−41.112896
in NM		12.088898	19.408355
			−22.199188

方位角についての計算は

	M	W	X
		Y	Z
$\cos\theta$	0.563833	−0.797536	−0.175184
		0.817685	0.978478
θ	0.971776	2.493996	1.746889
		0.6134169	0.207841
$\sin(l_1 - l_2)$	0.1438739	−0.049736	0.390435
		0.220176	−0.028951
Z	55.678682	217.104519	100.089384
		35.146201	348.0915847

方程式の各項を計算すると

$$\Delta\phi(-1.36137) + \Delta\lambda(-1.42916) = 74.7057$$
$$\Delta\phi(-0.73902) + \Delta\lambda(0.158647) = 119.9377$$
$$\Delta\phi(0.414645) + \Delta\lambda(-1.03224) = -137.184$$

となる。ここでは，距離は linear な μs 単位であるので，まず観測時間差を nautical mile に変換し，位置情報としての経緯度は角度に変換する必要がある。すなわち経度の扱いに注意して角度単位に変換する必要がある。最小自乗法により修正値を求めたら，推測位置に修正値を加減して新推測位置とし，再度計算を繰り返す。3，4 回程度繰り返し近似計算を行って観測位置を求めることができる。ここでは，マトリックス形式で計算してみると，上の方程式はマトリックス形式で表せば

$$AX = P$$

とできる。数値を入れて

$$\begin{bmatrix} -1.361369714 & -1.429159473 \\ -0.739017695 & 0.158647084 \\ 0.414645317 & -1.032236471 \end{bmatrix} X = \begin{bmatrix} 12.08889877 \\ 19.40835544 \\ -22.19918819 \end{bmatrix}$$

となり，修正緯度・経度は次式で求められ，計算値を示すと

$$X = (A^{\mathrm{t}}A)^{-1}A^{\mathrm{t}}P$$

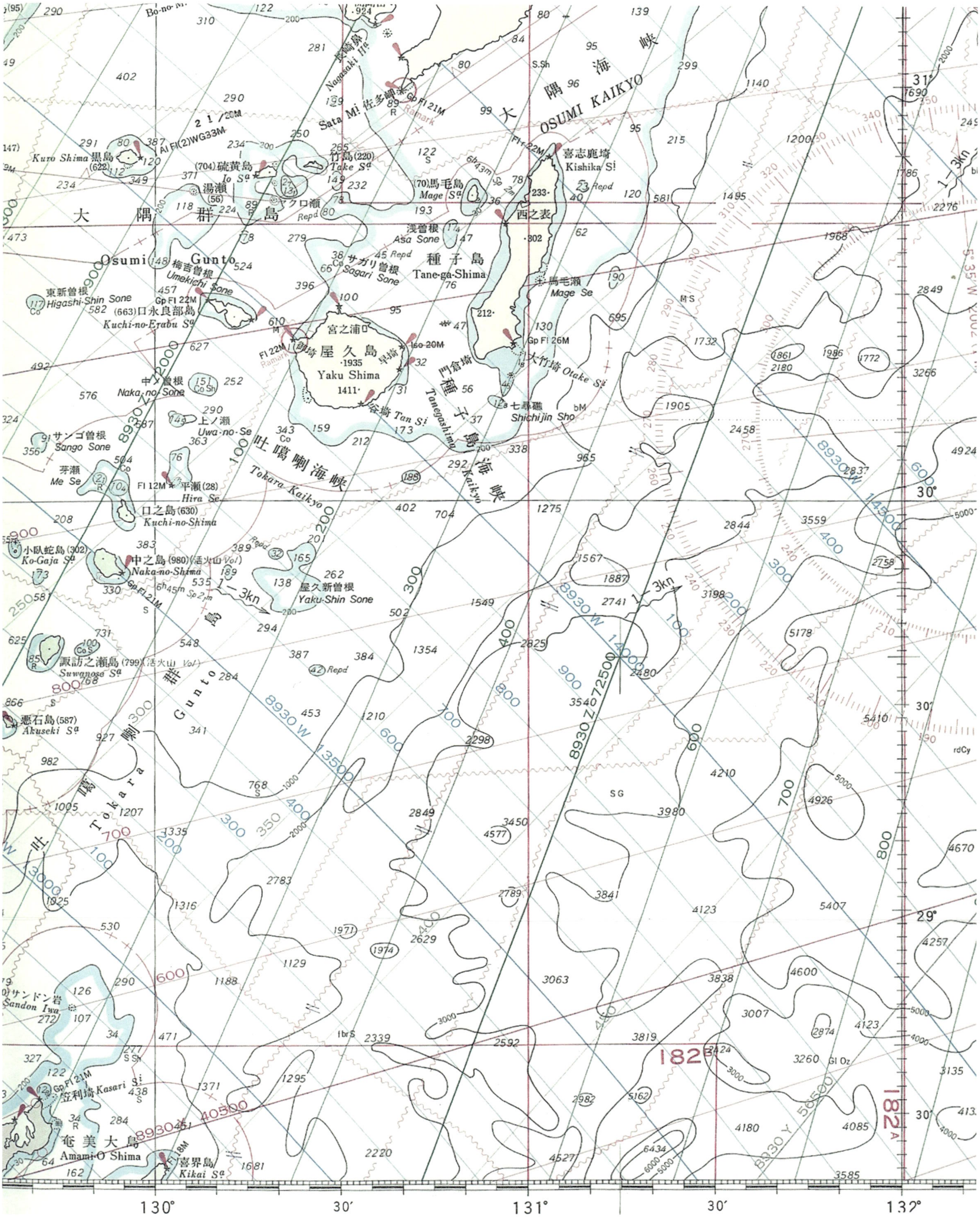

図 11.2 Loran chart（海上保安庁図誌利用第 270014 号）

$$(A^{\mathrm{t}}A)^{-1} = \begin{bmatrix} 0.51400108 & -0.229730416 \\ -0.229730416 & 0.421841727 \end{bmatrix}$$

$$A^{\mathrm{t}}P = \begin{bmatrix} -40.00536818 \\ 8.716926469 \end{bmatrix}$$

であるから

$$X = \begin{bmatrix} -22.51330147 \\ 12.83793565 \end{bmatrix}$$

角度に変換して

$$X = \begin{bmatrix} -0.376089093 \\ 0.246707699 \end{bmatrix}$$

と修正値が得られた。この値を推測位置に加減して新位置を求め，これを新推測位置として再計算すると，3 回程度の繰り返し計算で緯度 29°37′.09N，経度 131°14′.72E が得られる。図 11.2「Loran chart」により，他の数値を用いた測位計算の検算も可能である。

参考文献

[1] 小野房吉，「電波航法の新しい測位原理（一般解）」，水路部研究報告，第 18 号，1983.

[2] 小野房吉，「双曲線航法受信機による距離航法」，水路部研究報告，第 16 号，1981.

[3] 小山薫，「中距離測地線の算式について」，時小季資料，58，1982.

第 12 章

GPS による測位

12.1　GPS による測位計算法

GPS においては，測者と 3 または 4 基の GPS 衛星からの擬似距離を計測し，3 次元位置と時計の誤差を計算する。ここでは，幾何学的位置関係のみを問題にするため，電離層による遅延などを無視した測位方程式は次のとおりである。

$$\sqrt{(x - x_i)^2 + (y - y_i)^2 + (z - z_i)^2} + T = R_i \tag{12.1}$$

ここに，(x, y, z) は測者のデカルト座標による位置で，(x_i, y_i, z_i) は i 番目の衛星の位置とし，T は時計の誤差，R_i は観測した距離である。測者の位置として想定される位置（assumed position）を (x_n, y_n, z_n) とし，T_n を時計の想定誤差，ΔR_i を観測した衛星までの距離と想定した位置で計算した衛星までの距離との差とし，Δx，Δy，Δz，ΔT を最も確からしい値を得るための修正値とすれば

$$x = x_n + \Delta x \tag{12.2}$$

$$y = y_n + \Delta y \tag{12.3}$$

$$z = z_n + \Delta z \tag{12.4}$$

$$T = T_n + \Delta T \tag{12.5}$$

$$R_i = R_{ni} + \Delta R_i \tag{12.6}$$

ここに，$R_{ni} = \sqrt{(x_n - x_i)^2 + (y_n - y_i)^2 + (z_n - z_i)^2} + T_n$ である。式 (12.1) にこれらを代入すれば

$$\sqrt{(x_n + \Delta x - x_i)^2 + (y_n + \Delta y - y_i)^2 + (z_n + \Delta z - z_i)^2} = R_{ni} + \Delta R_i - T_n - \Delta T \quad (12.7)$$

となる。左辺を次式のように変形して，Δx，Δy，Δz の 2 次項以上を無視すれば

$$\begin{aligned}
&\sqrt{(x_n + \Delta x - x_i)^2 + (y_n + \Delta y - y_i)^2 + (z_n + \Delta z - z_i)^2} \\
&= \left((x_n - x_i)^2\left(1 + \frac{\Delta x}{x_n - x_i}\right)^2 + (y_n - y_i)^2\left(1 + \frac{\Delta y}{y_n - y_i}\right)^2 + (z_n - z_i)^2\left(1 + \frac{\Delta z}{z_n - z_i}\right)^2\right)^{1/2} \\
&= \left((x_n - x_i)^2\left(1 + \frac{2\Delta x}{x_n - x_i}\right) + (y_n - y_i)^2\left(1 + 2\frac{\Delta y}{y_n - y_i}\right) + (z_n - z_i)^2\left(1 + 2\frac{\Delta z}{z_n - z_i}\right)\right)^{1/2} \\
&= \sqrt{(x_n - x_i)^2 + (y_n - y_i)^2 + (z_n - z_i)^2}\left(1 + \frac{(x_n - x_i)\Delta x + (y_n - y_i)\Delta y + (z_n - z_i)\Delta z}{(x_n - x_i)^2 + (y_n - y_i)^2 + (z_n - z_i)^2}\right)
\end{aligned}$$

したがって，式 (12.7) は次式にて近似できる。

$$\begin{aligned}
&\sqrt{(x_n - x_i)^2 + (y_n - y_i)^2 + (z_n - z_i)^2} + \frac{(x_n - x_i)\Delta x + (y_n - y_i)\Delta y + (z_n - z_i)\Delta z}{\sqrt{(x_n - x_i)^2 + (y_n - y_i)^2 + (z_n - z_i)^2}} \\
&= R_{ni} + \Delta R_i - T_n - \Delta T
\end{aligned} \quad (12.8)$$

すなわち，以下の GPS 測位方程式が導かれる。

$$\frac{x_n - x_i}{R_{ni} - T_n}\Delta x + \frac{y_n - y_i}{R_{ni} - T_n}\Delta y + \frac{z_n - z_i}{R_{ni} - T_n}\Delta z + \Delta T = \Delta R_i \quad (12.9)$$

式 (12.9) の左辺の

$$\frac{x_n - x_i}{R_{ni} - T_n} = \alpha_{ni}$$

などは測者と衛星を結ぶ方向余弦（GPS direction cosine）である。行列形式で表現し

$$A = \begin{bmatrix} \alpha_{11} & \alpha_{12} & \alpha_{13} & 1 \\ \alpha_{21} & \alpha_{22} & \alpha_{23} & 1 \\ \alpha_{31} & \alpha_{32} & \alpha_{33} & 1 \\ \alpha_{41} & \alpha_{42} & \alpha_{43} & 1 \end{bmatrix} \quad (12.10)$$

$$\Delta X = \begin{bmatrix} \Delta x \\ \Delta y \\ \Delta z \\ \Delta T \end{bmatrix} \quad (12.11)$$

$$\Delta R = \begin{bmatrix} \Delta R_1 \\ \Delta R_2 \\ \Delta R_3 \\ \Delta R_4 \end{bmatrix} \tag{12.12}$$

とすれば

$$A\Delta X = \Delta R \tag{12.13}$$

または

$$\Delta X = A^{-1}\Delta R \tag{12.14}$$

となり，これは測者位置の修正差を求める行列形式による式である。これに最小自乗法を適用すると

$$\Delta X = -\left(A^{\mathrm{T}}WA\right)^{-1} A^{\mathrm{T}}W\Delta R \tag{12.15}$$

となる。ここに，W はウェイトマトリックスである。

12.2　衛星位置計算

衛星からの信号のうち ephemeris data と呼ばれる衛星軌道情報には次の表に示したデータが含まれ，衛星位置の計算には地球の重力定数と地球自転角速度が必要であり，以下の数値を用いる。

$$\mu = 3.986005e^{14}, \qquad \dot{\Omega}_{\mathrm{e}} = 7.292115e^{-5}$$

また，mean motion（n_0）は $n_0 = \sqrt{\mu/A^3}$ から求める。

parameter	explanation
M_0	mean anomaly at reference time
Δn	mean motion difference from computed value
e	eccentricity
$\sqrt{A}$	square root of the semi-major axis
Ω_0	right ascention at reference time
i_0	inclination angle at reference time
i	rate of inclination angle

ω	argument of perigee
$\dot{\Omega}$	rate of node's right ascention
C_{uc}	amplitude of the cosine harmonic correction term to the argument of latitude
C_{us}	amplitude of the sine harmonic correction term to the argument of latitude
C_{rc}	amplitude of the cosine harmonic correction term to the orbit radius
C_{rs}	amplitude of the sine harmonic correction term to the orbit radius
C_{ic}	amplitude of the cosine harmonic correction term to the angle of inclination
C_{is}	amplitude of the sine harmonic correction term to the angle of inclination
t_{oe}	ephemeris reference time

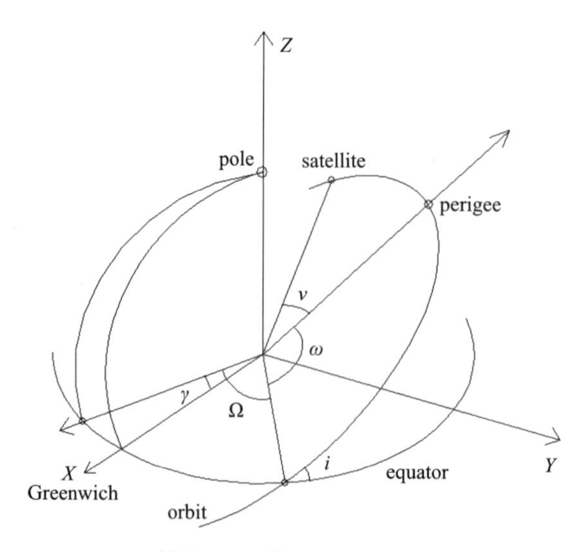

図 12.1 satellite orbit parameter

12.2.1　衛星の地心座標位置計算法

以下の計算手順で衛星の地心座標位置を求める。

① 求める時刻（t）の元期（t_{oe}）からの経過時間

$$t_k = t - t_{oe}$$

元期は GPS WEEK の最初の 0 時から計った経過時間を秒数で送信される。

② 平均運動の補正

$$n = n_0 + \Delta n$$

③ 時刻（t）における平均近点角

$$M_k = M_0 + nt$$

④ ケプラー方程式に M_k を代入して離心近点角 E_k を求める。

$$M_k = E_k - e \sin E_k$$

⑤ 真近点角（v_k）を求める。

$$\cos v_k = (\cos E_k - e)/(1 - e \cos E_k)$$
$$\sin v_k = \sqrt{1 - e^2}\ \sin E_k/(1 - e \cos E_k)$$
$$v_k = \arctan(\sin v_k / \cos v_k)$$

⑥ 補正項を加えて緯度引数，軌道半径，傾角を求める。

$$\phi_k = v_k + \omega$$
$$\delta u_k = C_{us} \sin 2\phi_k + C_{uc} \cos 2\phi_k$$
$$\delta r_k = C_{rs} \sin 2\phi_k + C_{rc} \cos 2\phi_k$$
$$\delta i_k = C_{rs} \sin 2\phi_k + C_{rc} \cos 2\phi_k$$
$$u_k = \phi_k + \delta u_k$$
$$r_k = A(1 - e \cos E_k) + \delta r_k$$
$$i_k = i_0 + \delta i_k + i * t_k$$

⑦ 軌道面内での位置を求める。

$$x'_k = r_k \cos u_k$$
$$y'_k = r_k \sin u_k$$

⑧ 昇交点に対する補正をして地心座標による衛星位置を求める。

$$\Omega_k = \Omega_0 + (\dot{\Omega} - \dot{\Omega}_e)t_k - \dot{\Omega}_e t_{oe}$$
$$x_k = x'_k \cos \Omega_k - y'_k \cos i_k \sin \Omega_k$$
$$y_k = x'_k \sin \Omega_k + y'_k \cos i_k \cos \Omega_k$$
$$z_k = y'_k \sin i_k$$

12.3 GPS 測位計算例

GPS による測位計算例（Peter H. Dana によるもの）を以下に示す。

Dana's example
satellites' position (x_i, y_i, z_i)

x	y	z
15,524,471.175	−16, 649, 826.222	13,512,272.387
−2, 304, 058.534	−23, 287, 906.465	11,917,038.105
16,680,243.358	−3, 069, 625.561	20,378,551.047
−14, 799, 931.395	−21, 425, 358.240	6,069,947.224

receiver's estimated position (x, y, z)

−730, 000	−5, 440, 000	3,230,000

pseudo range (in milliseconds)

P_1	P_2	P_3	P_4
89491.971	133930.5	283098.754	205961.742

$A =$

R_i	L_i	Dx	Dy	Dz	Dt
22,261,922	−12, 212	0.73014680	−0.50354261	0.46187712	−1
19,912,058	−8, 175	−0.07905051	−0.89633660	0.43627022	−1
24,552,150	−14, 138	0.70911279	0.09654447	0.69845416	−1
21,483,946	−7, 280	−0.65490442	−0.74406061	0.13218927	−1

ここに，$R_i = \sqrt{(x_i - x)^2 + (y_i - y)^2 + (z_i - z)^2}$，$L_i = \mathrm{mod}[R_i, 299792.458] - P_i$ である。

$A^{\mathrm{T}} =$

0.730146809	−0.079050519	0.709112791	−0.654904421
−0.503542611	−0.896336602	0.096544477	−0.744060613
0.461877123	0.436270228	0.69845416	0.132189272
−1	−1	−1	−1

$A^{\mathrm{T}} * A =$

1.471104099	0.258945352	0.711462159	−0.70530466
0.258945352	1.619921496	−0.654544725	2.047395349
0.711462159	−0.654544725	0.908974405	−1.728790782
−0.70530466	2.047395349	−1.728790782	4

$\mathrm{Inv}(A^{\mathrm{T}} * A) =$

0	3.14598646	−0.52936065	−7.15303738	−2.26585391
1	−0.52936065	4.1865101	−4.62958997	−4.23709857
2	−7.15303738	−4.62958997	30.7488052	14.3979453
3	−2.26585391	−4.23709857	14.3979453	8.2419834

$dR =$

$\mathrm{Inv}(A^T * A) * A^T * L$	$A^T * L$
−3186.496	−13528.2807
−3791.931	17528.31764
1193.288	−20044.0608
12345.99687	41804.91176

position =

$x + dR_1$	$y + dR_2$	$z + dR_3$	time $= dR_4$
−733186.496	−5443791.931	3231193.288	12345.997

12.4 GPS 衛星位置計算例

GPS 測位に利用した衛星位置を求めるに Peter H. Dana による以下の ephemeris data を用いる。

GPS time = 150, 000 seconds
衛星番号（SV）: 15

ephemeris data parameter	
M_0	−0.8856059028
Δn	$4.023024718e^{-9}$
e	0.006778693292
$\sqrt{A}$	5153.618444
Ω_0	−2.8654714
i_0	0.9721164968
i	$1.817932867e^{-10}$
ω	1.738558535
$\dot{\Omega}$	$-7.7835385e^{-9}$
C_{ic}	$-9.313225746e^{-8}$
C_{is}	$-3.725290298e^{-9}$
C_{rc}	146.09375
C_{rs}	−69.9375
C_{uc}	$-3.630295396e^{-6}$
C_{us}	$1.228414476e^{-5}$
t_{oe}	151,200

GPS time 150,000 = 1996.4.22

UT time = $17.6666666667^{\mathrm{h}}$UT

$M = -1.060641089$ (rad), -60.770258 (deg)

Kepler equation solution:
Newton's method:

iteration	E	$E - e * \sin E - M$	$1 - e * \cos E$
0	−1.06064108945	0.005915554	9.96689878E-01
1	−1.06657628924	−1.04307E-07	9.96725046E-01
2	−1.06657618459	0.00000000E+00	0.996725045
3	−1.06657618459	0	0.996725045

$\cos v = 4.77911226\text{E-01}$

$\sin v = -8.78408140\text{E-01}$

$v = -1.072521065$

$\phi = 6.66037470\text{E-01}$

$du = 1.10773587\text{E-05}$

$dr = -3.34087538\text{E+01}$

$di = -2.56417423\text{E-08}$

$u = 6.66048547\text{E-01}$

$r = 2.64727676\text{E+07}$

$i = 9.72116253\text{E-01}$

position on the orbit :

$x = 2.08147254\text{E+07}$

$y = 1.63570972\text{E+07}$

$\Omega = -1.38036346\text{E+01}$

geocentric position :

$x = 15,524,471.68$

$y = -16,649,824.55$

$z = 13,512,273.84$

Dana の例題と異なる数値になる。Dana によれば地球自転角速度について

$7.2921151467e^{-5}$（ICD-GPS-200）を使用しているとのことであるが，当該値を用いて計算したが計算値は完全には一致しない。

参考文献

[1] A. J. Van Dierendonck, The GPS Navigation Message, GPS, Vol.I, ION.
[2] P. H. Dana, GPS Pseudorange Navigation Example, http://www.colorado.edu/geography

第 13 章

地文航法

レーダによる物標からの方位とその距離測定から位置を求める方法を考察するが，計算を自動化することを想定している。たとえば，レーコン信号に局の位置情報信号を載せて送信し，受信側でその局の位置情報を用いて測位計算をするといった形式である。ここで問題になるのは測定距離の扱いである。レーダで距離を測定するが，その距離は linear nautical mile あるいは kilo meter であって angular mile ではないことである。一般的な航法計算では angular unit で計算した結果について何ら疑問を感ずることなく測位計算を行っているし，実際に航法上の問題は生じない。しかし，メートル精度での距離による位置を求める計算プログラムを作成するときには扱いを精確にしないと問題を生ずることが理解されよう。

とはいえ，レーダによる距離測定精度は，一般的に使用レンジの 1％ または 10 m 程度とされており，ここで行っている計算精度に必要な数値は得られない。したがって，レーダによる距離測定精度が 1 m，あるいは 10 m 以下の精度が得られるシステムを想定して計算したが，送受信方式に別形式のものを用いて測距精度を上げるか，測量に用いるような周波数測定形式としない限り，現在使用されているレーダにおいてこの計算が即適用できるものではない。地球は言うまでもなく回転楕円体である。航海者はこれを球面で近似計算したり，時には平面で近似計算を行っている。測定方位は精確には測地線の方位であり，近似的には大圏方位である。近距離であれば平面三角形から求めた角度で誤差は小さいので問題を生じない。測定距離も精確には測地線の距離である。これも航程線の距離で問題の生じない範囲ならば計算可能である。当然，近距離ならば平面幾何で求めた距離でも計算可能である。しかし球面を単純に平面に置き換えるわけにはいかない。以下に具体例を示すが，各局からのレーダ信号を同時に受信可能と仮定しているので，同時受信ができない通常の場合であれば，船舶の速力が遅いとはいえ running fix で求める必要がある。当然，受信機アンテナ間の距離補正も必要である。

なお，クロスベアリングのような方位角のみ観測した場合の位置決定法も最後の節で考察してみた。

13.1　1 物標の方位と距離からの位置決定

物標 A の緯度を北緯 33 度 33.64487 分，経度を東経 129 度 45.9107 分とし，その方位を 28.3 度，距離 13,342 m に観測した場合の位置を求めよう。測地学では直接測地線の公式を解いて距離と方位を求めているが，簡単な公式を用いることが好ましい。「海洋測量ハンドブック」には次の公式を用いた計算例がある。

$$
\begin{aligned}
lat_2 &= lat_1 + \frac{D\cos Z}{M} - D^2\sin^2 Z\frac{\tan(lat_1)}{2MN} - \frac{3}{4}\frac{D^2e^2\sin(2lat_1)\cos^2 Z}{M^2(1-e^2\sin^2(lat_1))^{1.5}} \\
&\quad - \frac{1+3\tan^2(lat_1)}{6MN^2}D^3\cos Z\sin^2 Z \qquad (13.1) \\
long_2 &= long_1 + D\sin Z/(N_2\cos(lat_2))
\end{aligned}
$$

ここに，lat : 緯度，$long$: 経度，D : 測定距離（m），Z : 測定方位，M : 子午線曲率半径，N : 子午線に垂直な断面の曲率半径である。そして下付文字 $_1$ で物標を，同 $_2$ で測者を示し，地球回転楕円体要素として，Bessel 楕円体を用いて

e	0.08169683
e^2	0.00667437
$1/f$	299.152813
f	0.00334277
a	6,377,397.155

とする。

＜例解＞

物標（位置 lat_1，$long_1$）を方位 Co，距離 Dist に観測した。測者の位置（lat_2，$long_2$）を求める。

計算に必要な諸要素は以下のとおりとする。M，N については lat_1 に対する数値である。

lat_1（deg）	33.56074783
Co（deg）	208.3（反方位 28.3）
Dist（meter）	13,342 m
Dist（mile）	7.204103672 NM
$long_1$（deg）	129.7651783
M	6,354,263.87971626
N	6,383,911.30356982

上記緯度 lat_1 についての計算式の右辺第 1 項から第 4 項については

1st	381.328279″（in second）
2nd	−0.067481719
3rd	−0.003261299
4th	−0.000144773

これにより，$lat_2 = 33.666652664$（33°39′59″.94959）が求められ，この緯度 lat_2 に対する N_2 を計算し，$N_2 = 6,383,947.68704712$ を用いて経度の修正値 $dlong$ を計算し，$long_2$ を求めると，$dlong = 0°.068209608$, $long_2 = 129.8333879$（129°50′0″.19659）が得られた。

13.2　複数局の距離と方位からの位置決定

局と推測位置との関係から次の観測方程式を求めることができる（図 13.1「position fix. by radar（distance）」参照）。

$$\Delta x \sin Z_i + \Delta y \cos Z_i = \Delta l_i \tag{13.2}$$

ここに，Δx は推測位置から位置の圏上の最も近い地点を求めるための修正東西距離，Δy は同様に修正南北距離である。Δl_i は推測位置を用いて計算した局までの距離と観測距離との差，Z_i は推測位置から局の計算方位（あるいは観測方位とすることもある）であり，i で局を示す。複数局の観測であるから最小 2 乗法を用いて最も確からしい位置を求めることにする。

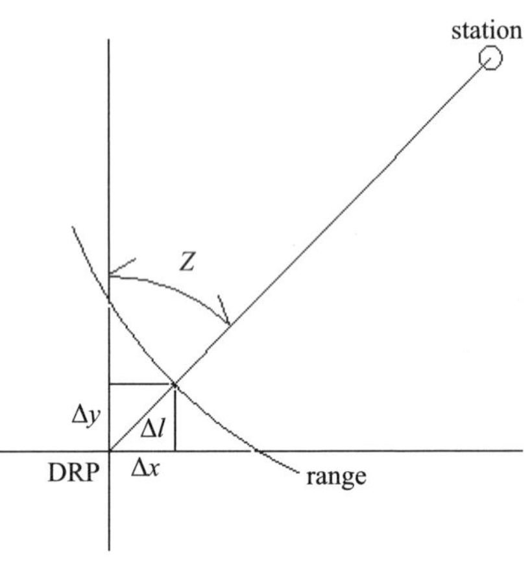

図 13.1 position fix. by radar (distance)

n 個の局について測定したときの正規方程式は

$$\Delta x \sum_{i=1}^{n} \sin^2 Z_i + \Delta y \sum_{i=1}^{n} \sin Z_i \cos Z_i = \sum_{i=1}^{n} \Delta l_i \sin Z_i \tag{13.3}$$

$$\Delta x \sum_{i=1}^{n} \sin Z_i \cos Z_i + \Delta y \sum_{i=1}^{n} \cos^2 Z_i = \sum_{i=1}^{n} \Delta l_i \cos Z_i \tag{13.4}$$

となる。

したがって

$$\Delta x = \frac{\begin{vmatrix} [\Delta l_i \sin Z_i] & [\sin Z_i \cos Z_i] \\ [\Delta l_i \cos Z_i] & [\cos^2 Z_i] \end{vmatrix}}{\begin{vmatrix} [\sin^2 Z_i] & [\sin Z_i \cos Z_i] \\ [\sin Z_i \cos Z_i] & [\cos^2 Z_i] \end{vmatrix}} \tag{13.5}$$

$$\Delta y = \frac{\begin{vmatrix} [\sin^2 Z_i] & [\Delta l_i \sin Z_i] \\ [\sin Z_i \cos Z_i] & [\Delta l_i \cos Z_i] \end{vmatrix}}{\begin{vmatrix} [\sin^2 Z_i] & [\sin Z_i \cos Z_i] \\ [\sin Z_i \cos Z_i] & [\cos^2 Z_i] \end{vmatrix}} \tag{13.6}$$

により修正距離を求め，新測位地点を求める。この新位置を用いて繰り返し計算を行い，求める精度で位置が得られたら計算を終える。通常 3 回程度の繰り返し計算で求める精度での位置決定ができる。

以下の例解 1 では測地線長と測地線方位を用いて計算するが，例解 2 では地球楕円体を平面に置き換えて計算するために，局および推測位置を平面座標に変換しておく必要がある。そのためには，南北方向距離は子午線弧長を，東西方向の距離は東西圏弧長を用いて計算して平面座標変換することになる。

＜例解 1＞

楕円体は WGS84 とし，局と推測位置，緯度・経度および観測距離・方位を図 13.2，表 13.2，表 13.3 のとおりとする。

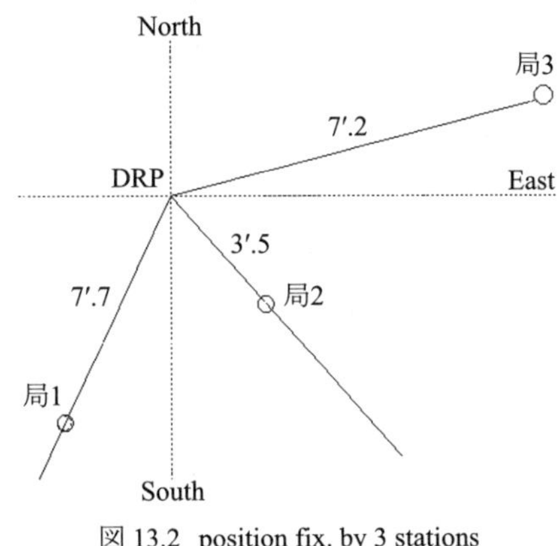

図 13.2　position fix. by 3 stations

表 13.1　WGS84 要素

要素	値
e	0.081819
e^2	0.006694
$1/f$	298.257224
f	0.003353
a	6,378,137.0
b	6,356,752.314

表 13.2　局の位置および DRP

	緯度	経度
局 1	33°.56074783N	129°.7651783E
	33°33′38″.69N	129°45′54″.64E
局 2	33°.61384033N	129°.8641033E
	33°36′49″.84N	129°51′50″.77E
局 3	33°.68677917N	129°.985185E
	33°41′12″.4N	129°59′6″.66E
DRP	33°.65N	129°.8166667E
	33°39′N	129°49′E

表 13.3　観測距離，方位

	dist.（m）	bearing（deg）
局 1	13,342	208.3
局 2	6,517	154
局 3	14,257	81

以上の数値を用いてDRPからの各局について，Jordanによる測地線計算式を用いて測地線距離・方位を計算すると

	局1	局2	局3
dist.	10,992.447	5,954.529	16,152.394
bearing	205.8	132.3	75.3

観測方程式は上述のとおり

$$\Delta x \sin Z_i + \Delta y \cos Z_i = \Delta l_i$$

であるが，これをマトリックス形式で表すと，すでに各章で記述したように

$$A = \begin{bmatrix} \sin Z_i & \cos Z_i \end{bmatrix}$$
$$X = \begin{bmatrix} \Delta x \\ \Delta y \end{bmatrix}$$
$$L = \begin{bmatrix} \Delta l_i \end{bmatrix}$$

とすれば

$$AX = L$$

とできる。Aは方位角の正弦・余弦，Xは東西・南北修正距離，またLは計算測地距離と測定した距離の差をそれぞれ要素とするマトリックスであり，以下のとおりの数値が入る。

$$A = \begin{bmatrix} -0.474088209 & -0.880477354 \\ 0.438371147 & -0.898794046 \\ 0.987688341 & 0.156434465 \end{bmatrix}$$
$$L = \begin{bmatrix} -2349.55215 \\ -562.470546 \\ 1895.394655 \end{bmatrix}$$

修正距離は次のマトリックス計算をして得られる。

$$X = (A^{t}A)^{-1}A^{t}L = \begin{bmatrix} 1764.060406 \\ 1590.566385 \end{bmatrix}$$

この距離を経緯度の角度に変換して新仮定位置を求め計算を繰り返すと，3回程度でメートル精度での位置を求めることができ，緯度33度39分59.980344

秒（33°.6666612065），経度 129 度 50 分 0.014193 秒（129°.8333372759）となる。そして，求めた位置と各局との距離を Jordan の測地線公式で検算すると，メートル精度で観測距離に等しい値が得られる。

<例解 2>

同じ要素を用いて漸長緯度航法の応用を試みることとし，平面座標に変換して計算してみる。

	緯度	経度
座標原点	33.5	129.6666667
局 1	33.56074783	129.7651783
局 2	33.61384033	129.8641033
局 3	33.68677917	129.985185
DRP	33.65	129.8166667

子午線弧長，平行圏弧長などについては次の数値を得た。

	弧長	原点からの弧長	N
		r	経度差（rad）
座標原点	3,708,202.50		
局 1	3,714,940.28	6,737.78	6,384,671.4640
		5,320,347.7682	0.001719353
局 2	3,720,829.03	12,626.53	6,384,689.7537
		5,317,090.0704	0.00344592
局 3	3,728,919.12	20,716.62	6,384,714.9037
		5,312,607.1682	0.005559194
DRP	3,724,839.71	16,637.21	6,384,702.2185
		5,314,868.7351	0.002617994

平面座標（X-Y）に変換して

	x	y
局 1	9,147.56	6,737.78
局 2	18,322.27	12,626.53
局 3	29,533.81	20,716.62
DRP	13,914.29	16,637.21

推測位置から局との距離と方位を計算して

	推測位置	局 1	局 2	局 3
lat（deg）	33.65	33.5607	33.6138	33.68677
$\ln\tan(\pi/4+\phi/2)$	0.624304	0.622434	0.623546	0.625076
$e^2\sin\phi$	0.003709	0.0037	0.003705	0.003713
$1/3e^4\sin^3\phi$	2.5416E-06	2.5238E-06	2.5348E-06	2.5489E-06
$1/5e^6\sin^5\phi$	3.1345E-09	3.098E-09	3.1197E-09	3.1496E-09
$1/7e^8\sin^7\phi$	4.602E-12	4.527E-12	4.571E-12	4.633E-12
sum	0.62059	0.61873	0.61983	0.62136
diff. of sum		−0.00186	−0.00075	0.000767711
$1/\nu$		0.0000	0.0000	0.0000
ν		5,317,608.851	5,315,979.501	5,313,738.053
tan (bearing)		−2.691866	2.309798	1.31547
b'ring by Mercr's		−154.2326	132.3416	75.371
$\text{distance}_{\text{drp-stn}}$		10,992.447	5,954.529	16,152.396

推測位置における計算距離，実測距離および実測方位は次のとおりとするが，実測距離・方位とも前もって計算により精確な数値を求めたものを使用しているため，レーダによる距離誤差や方位誤差の影響を発生させないようにしている。あくまでも測位計算方法の精度を確認していることになる。測定距離精度が 10 m 程度であれば，誤差楕円半径数 m の測位誤差が発生することになる。

fixed point	comp'd dist（$P_{s_i c}$） $\text{diff}_{\text{dist}} = L_s$	obs'd dist（$P_{s_i o}$） bearing（deg）
1	10,992.44796	13,342
	−2, 349.552037	208.3
2	5,954.529506826	6,517
	−562.470493174	154
3	16,152.39644	14,257
	1,895.396445	81

最小 2 乗法により第 1 回目の計算の修正値を求めて位置を決定する。東西方向距離の修正値として x = 1285.726202N，南北距離の修正値として y = 2104.689345E が求められ，緯度で 0.01897 度，経度で 0.011538 度を修正

し，修正近似位置を緯度 33.66898N，経度 129.8305E とし，この値を用いて再度近似計算を行う。3 回の繰り返し計算で精度十分な位置を求めることができ，決定位置は緯度 33.6666612N（33 度 39 分 59.980334 秒），経度 129.8333373E（129 度 50 分 0.0141943 秒）であり，誤差楕円半径 1 m 以下が確保できている。

13.3　複数局の方位測定による位置決定

クロスベアリングによる測位，すなわち目視あるいはレーダによる物標の方位観測による測位について考察する。一般的に方位測定精度は距離測定精度に比較して低いため，距離測定を優先すべきことはいうまでもないが，方位測定精度で 0.5 度程度が確保されていると考え，方位観測による測位計算について検討してみたい。いわばクロスベアリングによる測位計算自動化のためのアルゴリズム（algorithm for position fix by cross bearings）についての考察である。

測位のための方位角計算式には測地線公式を使用したいところだが，扱いが難しい上に現状での方位角測定精度と比較すれば計算精度を上げる意味は認められない。したがって，ここでは以下の球面三角公式を使用する。a，A_z，l，d，h をそれぞれ，推測船位（DRP）と各局との間の大圏距離，方位角，推測船位の緯度，局の緯度，そして経差とする。推測船位の経度と i で示す各局の経度をそれぞれ L，L_i と表記し，経差を $h = L_i - L$ で表現すると

$$\cos a \cos A_z = \cos l \sin d - \sin l \cos d \cos h$$
$$\cos a \sin A_z = \cos d \sin h$$

この 2 つの公式の下式を上式で除算すれば

$$\tan A_z = \frac{\cos d \sin h}{\cos l \sin d - \sin l \cos d \cos h} \tag{13.7}$$

により方位角が表される。そこで式 (13.7) について緯度，経度による偏微分を行うと

$$\Delta A_z = K_{\Delta l}\Delta l + K_{\Delta L}\Delta L \tag{13.8}$$

が観測方程式として得られる。ここに

$$\text{denom} = (\cos l \sin d - \sin l \cos d \cos h)^2$$

とすれば

$$K_{\Delta l} = \frac{\cos d \sin h(\sin l \sin d - \cos l \cos d \cos h)}{\text{denom}} \cos^2 A_{\mathrm{z}}$$
$$K_{\Delta L} = \left(-\frac{\cos d \cos h(\cos l \sin d - \sin l \cos d \cos h)}{\text{denom}} + \frac{\cos^2 d \sin^2 h \sin l}{\text{denom}}\right) \cos^2 A_{\mathrm{z}}$$

である。そしてこれを i で示す各局の観測についてのマトリックス形式の観測方程式として表現すれば，以下の式となる。X を船位の経緯度にかかる Δl, ΔL からなるマトリックス，A を上式で示した係数 $K_{\Delta l}$，$K_{\Delta L}$ からなるマトリックス，そして各観測と計算から得られる A_{z} の差についてマトリックス Z で表記し，添え字 c で計算，o で観測を示すと

$$X = \begin{bmatrix} \Delta l \\ \Delta L \end{bmatrix}$$
$$A = \begin{bmatrix} K_{\Delta li} & K_{\Delta Li} \end{bmatrix}$$
$$\Delta A_{\mathrm{z}i} = A_{\mathrm{zo}i} - A_{\mathrm{zc}i}$$
$$Z = \begin{bmatrix} \Delta A_{\mathrm{z}i} \end{bmatrix}$$

である。したがって，マトリックス形式の観測方程式は

$$Z = AX$$

と表記できるので，修正値としての解は

$$X = (A^{\mathrm{t}}A)^{-1}(A^{\mathrm{t}}\mathrm{Z})$$

で求められる。得られた修正値を DRP の緯度・経度に加減して測位の新位置を求め，これを用いて計算を繰り返す。位置の値が収束したところでそれを真位置とする。実際には DRP と実船位に大きな差はないので，2 回程度の計算を繰り返せば測位計算は完了する。

<例解>

前節「複数局の距離と方位からの位置決定」で用いたデータにより，方位観測だけによる位置決定の計算例を示すこととする。データを再掲し，計算過程

を示す。なお，観測は同時観測したものとしているが，隔時観測であるならば running fix のための修正が必要である。

① 局の位置および DRP

	緯度	経度
局 1	33°.56074783N	129°.7651783E
	33°33′.6449N	129°45′.9107E
局 2	33°.61384033N	129°.8641033E
	33°36′.8304N	129°51′.8462E
局 3	33°.68677917N	129°.985185E
	33°41′.2068N	129°59′.1111E
DRP	33°.6666N	129°.8333E
	33°40′N	129°50′E

② 観測方位と計算方位

前もって真位置を緯度 33°39′，経度 129°49′ として方位角を計算しておき，それを真方位（true bearing）とする。そして観測方位に真方位に対して約 ±0.5° の誤差を含ませたとすると

	obs'd bearing（deg）	true bearing
局 1	206.2	205.68
局 2	132.0	132.46
局 3	75.8	75.26

③ 観測方程式

DRP により方位角を計算し，観測方位角との差を求めると，角度（degree）単位で

$$A_{\mathrm{zc}} = \begin{bmatrix} -151.7956 & 154.12138 & 80.91465 \end{bmatrix}$$
$$\Delta A_{\mathrm{z}}(\mathrm{Z} = \mathrm{Z_o} - \mathrm{Z_c}) = \begin{bmatrix} -2.0044 & -22.1213 & -5.1146 \end{bmatrix}$$

計算は radian 単位で行うので，radian では

$$\begin{bmatrix} -0.03498 & -0.38609 & -0.08926 \end{bmatrix}$$

である。そして上の偏微分計算を行い Δl，ΔL の係数からなる A マト

リックスは

$$A = \begin{bmatrix} -225.3428037 & 350.2647525 \\ 425.9528164 & 731.334309 \\ 442.1506195 & -58.2918505 \end{bmatrix}$$

であるので

$$X(\Delta l, \Delta L) = \begin{bmatrix} -0.00029059 \quad (-0'.99897) \\ -0.000346955\ (-1'.19274) \end{bmatrix}$$

が得られる。これを DRP に加減して新位置を求め，数値が収束したらその値を求める位置とする。2 回の繰り返し計算で，緯度が 33°.64963，経度が 129°.81672 と求められた。すなわち，緯度 33°38′58″.674N，経度 129°49′0″.1793E である。観測誤差がない場合の位置は，緯度 33°.64999992N（33°38′59″.9997），経度 129°.8166667E（129°49′0″）である。

参考文献

[1] 佐藤一彦，内野孝男，「海洋測量ハンドブック」，東海大学出版会.

[2] NavPac and Compact Data 2006–2010, Her Majesty's Nautical Almanac Office.

[3] Horizontal Accuracy Estimating Algorithms, EM 1110-2-1003, http://agrolink.moa.my/did/trainingmaterial/hydrographic/

第 14 章

誤差三角形

クロスベアリングや天測などで船位を決定する場合に必ずといってよいほど海図上にできる誤差三角形（cocked hat）について考察する。ここでは他の章と同様に，観測誤差が偶然誤差，すなわちランダムな場合についてのみ考察し，定誤差（系統誤差）についてはほとんど修正できるものとする。一般的な誤差論の教科書にしたがい，「定誤差は原因が特定でき，何らかの方法で除去できる。ただし，完全に取り除くことはできない。重要なことは最後に残る定誤差をできるだけ小さくしたうえで，その上限値を正確に把握していること。」とするのである。したがって，観測誤差は再現性のないランダムな誤差の扱いをし，定誤差の上限をつねに考慮した位置決めをすることとする。

14.1 偶然誤差による誤差三角形

観測誤差が偶然誤差からなるときには，一般的には誤差三角形のなかに最も確からしい位置が存在すると教科書に書かれている。また，理論的裏付けに無関心な者でも感覚的に誤差三角形のなかに最確位置を置くが，これは数学的誤差論を応用した測位論から正しいといえる。その理由は，誤差の理論的扱いを考慮すると理解できるだろう。

しかし，この理論が適用できない場合には最確位置を誤差三角形のなかだけに閉じ込めておくわけにはいかない。まずは数学的誤差論にしたがって考察をするが，偶然誤差からなる観測誤差を扱うに当たり，次の前提条件を設定する。

- 観測条件はすべて同等とし，特別に観測精度に信頼をおく観測値を持たない
- 観測誤差は確率論的偶然誤差（ランダムエラー）からなり，位置の存在確率は位置の線からの距離の関数で表現できる
- したがって，その関数は，観測位置の線の通る地点において存在確率が最も高い正規分布関数とする

具体的に一例をあげれば，天測における一方向の不明瞭な水平線により，一観測だけに特別な誤差を生ずるような場合には，この条件は適用できないということである。さて，まず観測した 2 本の位置の線が交わる場合，当然位置の線には誤差があり，真の位置の線からは「ずれ」がある。そのため，通常は，真の位置の線は不明であるので，それぞれ観測した 2 本の位置の線の左右に経験から想定できる誤差に見合った誤差界を設定するだろう。そのとき，最も確からしい位置は 2 本の位置の線が挟む内側の領域に置くであろう。なぜ外側に最確位置を置かないのだろうか。上の条件に従えば，単純計算からもわかるとおり，2 本の位置の線からの距離の和をできるだけ小さくするのが理に適うので，その場所は内側であることがわかっているからである。3 本の位置の線の場合には，3 本の組み合わせをそれぞれ考えると誤差三角形の内側に最確位置を置くのが合理的である。

他方，上記の前提条件を除外すると，誤差三角形の内外に最確位置の存在領域が想定されるが，確率的・数学的に位置を特定できるものではない。書物によっては，誤差三角形の内外に 4 つの最確地点が存在すると記述しているものもあるが，これらについては内外とも，各観測者が想定する誤差界から見積もった領域としてしか示すことのできない，数学的に点として示すことができないものになってしまうのである。

14.2 symmedian point について

symmedian point（あるいは Lemoine point）については，通常の英語辞書には出ていないが，類似重心などと訳される。重心のようなものとは，どんなも

のなのかまったく意味がつかめず，困惑する訳である。数学的には興味深い内容からか，web ではこれに関する論文や説明文が容易に見つけ出せる。これの定義について，図 14.1「symmedian」を使って説明することにしよう。三角形 △ABC の各頂角から対辺の中点を線分で結び，この線分を AM_a，BM_b，CM_c（中線，median）とする。3 本の中線の交点は三角形の重心（G）である。次に，各頂角の二等分線を各対辺まで引き，この線分を AL_a，BL_b，CL_c（二等分線，bisector）とする。そして先に引いた中線（median）を二等分線（bisector）に対する対称位置に反転複写する。この反転複写した線分（AK_a，BK_b，CK_c）は symmedian と呼ばれる。まさに sym-median（symmetry median）というわけで，中線の対称物ということになる。この各頂角から発する 3 本の symmedian が一点で交わる交点 K を symmedian point という。本当に一点で交わるのか，これについても証明が必要だが数学書で確認されたい。

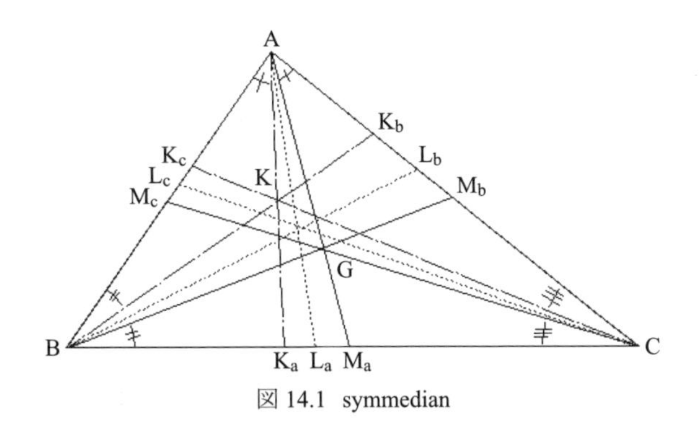

図 14.1　symmedian

14.3　誤差三角形から最確位置を求める

前節で symmedian point について説明した。この symmedian point と誤差三角形における最確位置との関係を説明しなければならないが，数学書に扱われているので，そちらを参照されたい。ここでは天下り的に cocked hat に関係する定義で示すと，「三角形の 3 辺からある点までの各距離を 2 乗し，これの合計を最小にする点」は symmedian point である。測位における誤差三角形（cocked hat）に関して確率的に最も確からしいと数学的に考えられる位置は，この symmedian point そのものということになる。

図 14.2「誤差三角形」を参照して考えよう。図の ξ，η，ζ は最確位置（K）から誤差三角形 △ABC の各辺に下ろした垂線の長さとすると，K の位置を求めることは，次式の S についての最小値を求めることに相当し，微分すれば求められることになる。

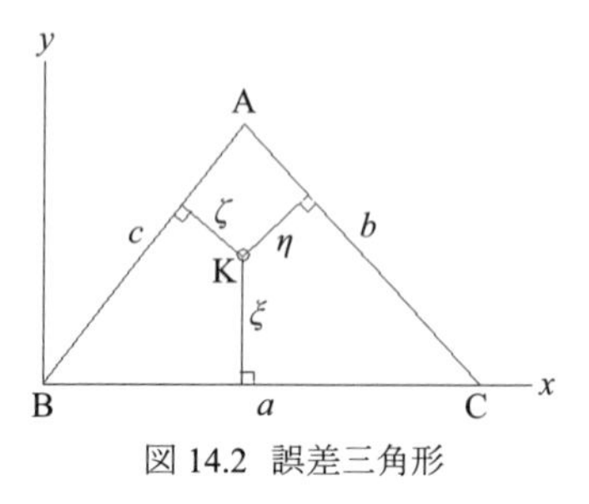

図 14.2　誤差三角形

$$S = \xi^2 + \eta^2 + \zeta^2 \tag{14.1}$$

具体的には B を座標原点に置き，K の座標値を (x, y) とし，各辺との間の距離を求めることにすると

$$\xi = y, \quad \zeta = x\sin B - y\cos B, \quad \eta = (a - x)\sin C - y\cos C$$

位置の線の誤差は偶然誤差のみからなっており，正規分布に従うとして，各辺との間の距離による K の存在確率は，次式で表現される。

$$P_\xi = ke^{-h^2\xi^2}, \quad P_\zeta = ke^{-h^2\zeta^2}, \quad P_\eta = ke^{-h^2\eta^2}$$

ここに，k，h は標準正規分布にするための係数とする。3 本の位置の線の確率はそれぞれ独立事象であるので，K の位置の確率を P とすれば

$$P = P_\xi * P_\zeta * P_\eta$$

とできる。この P を極値とするのは，x と y で微分して

$$\frac{\partial P}{\partial x} = 0, \quad \frac{\partial P}{\partial y} = 0 \tag{14.2}$$

である値を求めればよく，$\sin A = \sin(\pi - (B + C))$ であることを考慮すれば

$$y\ (= \xi) = \frac{a\sin A\sin B\sin C}{\sin^2 A + \sin^2 B + \sin^2 C}, \quad x = \frac{a(\sin^2 C + \sin C\sin A\cos B)}{\sin^2 A + \sin^2 B + \sin^2 C}$$
$$\zeta = \frac{c\sin A\sin B\sin C}{\sin^2 A + \sin^2 B + \sin^2 C}, \quad \eta = \frac{b\sin A\sin B\sin C}{\sin^2 A + \sin^2 B + \sin^2 C}$$

が得られる。したがって，最確位置については，次式

$$\frac{\xi}{a} = \frac{\zeta}{c} = \frac{\eta}{b} \tag{14.3}$$

を満たす点として求められる。しかし，この数式は微分により極値を求めたものであり，最小値が得られる場合だけの計算式ではない。参考図 14.2「誤差三角形」において誤差三角形に K 点を示したからといって，誤差三角形のなかだけに S を極値にする点が存在すると考える必然性はない。つまり式 (14.3) は，誤差三角形のなかのみに最確位置があるといっているわけではない。しかし，すでに前の節で確認したように，最確位置は，偶然誤差から条件を設定した誤差論によれば誤差三角形のなかだけに存在する。

これまで，観測誤差が偶然誤差のみからなるケースを考察してきており，S が最小値になる地点を求めている。したがって誤差三角形の外にできる S を極小にする点を最確位置から除外するのは適切である。

ただし，前述のとおり，これは偶然誤差を前提にした結論であって，誤差の性質を別の観点から考える場合には，最確位置が誤差三角形の外にあることを否定しているわけではない。とはいえ誤差三角形の外にある最確位置である点を示すことは実は非常に難しい。後節で誤差論的数学を応用した作図から最確位置を求める方法を示してあるので，そちらを参考にしてほしい。

14.4　最小自乗法による解との関係

式 (14.2) をみると，天測位置を求めるときの観測方程式の解法との関連に気づく。7.2 節の天測位置決定においては，観測方程式を次のように立てた。

$$x \sin Z_i + y \cos Z_i = P_i$$

これをベクトル形式で表現して

$$AX = P$$

であり，これを用いて次の残差方程式 (7.23) を考え，残差の 2 乗和 $S = V^{\mathrm{t}}V$ が最小となるように正規方程式をつくった。

$$V = P - AX, \quad \frac{\partial V^{\mathrm{t}}V}{\partial X} = 0$$

ここに，P，A，X はそれぞれ修正差，天体方位角の正弦・余弦からなるマトリックス，そして位置の修正項であり，ベクトル形式で表記した。

図 14.3 で考えよう。図において，p，a は修正差と天体高度であることを表し，下付き文字 $_{\mathrm{mp}}$，$_{\mathrm{c}}$，$_{\mathrm{o}}$ でそれぞれ最確位置，計算位置，そして観測位置にかかわることを表し，Lop で位置の線を示すと

$$P = a_{\mathrm{o}} - a_{\mathrm{c}}, \quad a_{\mathrm{o}} = a_{\mathrm{mp}} \pm b$$

であるから

$$a_{\mathrm{mp}} = P + a_{\mathrm{c}} \mp b, \quad P_{\mathrm{mp}} = P \mp b$$

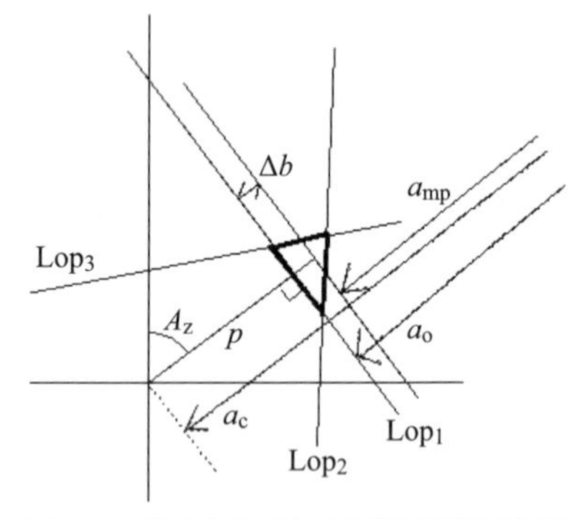

図 14.3　最小自乗法による解と誤差三角形の最確位置の関係

とできるが，ここに b は最確位置と誤差を含む観測位置との差であるが不明である。そこで残差方程式を最小自乗法で解いたわけである。前節の誤差三角形の扱いにならえば，$V = [\xi, \eta, \zeta]^{\mathrm{t}}$ であり，V は各位置の線と最確位置との間の距離ということである。したがって，前節と同じ計算を行っていたことになる。異なるのは，本節での計算は最小自乗法による計算であり，前節のような存在確率関数については何ら考慮していないところである。また，誤差三角形のような限られた範囲における位置の線を考察するわけではないので，最確位置が誤差三角形のなかに存在するのか，外なのかという設問とも無縁である。ただし，3 つの観測に最小自乗法を適用していることの欠陥を埋めるには観測数を増やす以外にないことは言うまでもない。

14.5　定誤差を求めるための観測方程式

定誤差の扱いに納得できないこともあろうかと思うので，次に天測計算を例にとり，新たに位置と定誤差を求めるために，定誤差も含めた観測方程式を立てることにしよう。まず，定誤差を含めたインターセプト（修正差）を P とし，P_{t}，P_{r}，P_{c} をそれぞれ修正差の真値，偶然誤差および定誤差による修正差として $P_{\mathrm{r}i} = P_{\mathrm{t}} + P_{\mathrm{r}}$ と表記し，x，y を定誤差を修正した位置の線の座標とすれば，$P = P_{\mathrm{r}i} + P_{\mathrm{c}}$ と表現できるので，観測方程式は

$$x \sin Z_i + y \cos Z_i + P_{\mathrm{c}} = P_{\mathrm{r}i} + P_{\mathrm{c}} = P_i \tag{14.4}$$

$$P_{\mathrm{c}} = C = \mathrm{const.} \tag{14.5}$$

であるので

$$X = [x, y, C]^{\mathrm{t}} \tag{14.6}$$

$$B = \begin{bmatrix} \sin Z_i & \cos Z_i & 1 \end{bmatrix} \tag{14.7}$$

とすれば

$$BX = P \tag{14.8}$$

と表現できる。これから残差方程式を解くと

$$V = P - BX$$

$$X = (B^{\mathrm{t}}B)^{-1}B^{\mathrm{t}}P$$

であり，修正差と定誤差が求められる。4 以上の物標あるいは天体が観測可能なときに定誤差を確認しておけば，誤差三角形の周辺の誤差領域が予想できる。ただし，残念ながら観測方位や高度が 3 の場合には，最小自乗法が適用できないので期待する精度は得られない。誤差三角形から位置を求める難しさがここで表出している。また，太陽観測による視正午位置決定の場合のように，方位が偏っているときには使えないので，改善の必要がある。

＜例題＞

某日 8:00:00 UTC における位置（36°N，142°E）を departure point とし，針路 40 度，速力 12 ノットで航行中，以下のとおり観測した。20:00:00 における

位置とこの観測に伴う定誤差を求める。

body	1	2	3	4	5
time	19:40:12	19:42:30	19:43:25	19:44:06	19:45:48
lat	37.7879	37.7938	37.79616	37.7979	37.8022
long	143.8759	143.88215	143.8846	143.88649	143.8911
GHA	166.035	203.88	240.3133	153.155	268.37
dec	11.8933	5.185	−8.185	61.6683	49.91
obs. alt	38.514	55.541	38.743	45.236	51.2626
Azim.	106.46	158.09	−148.64	36.88	−54.528
p (′)	1.2	0.3	−1.5	0.3	−1.85

B 行列は

$$B = \begin{bmatrix} 0.958996208 & -0.283418901 & 1 \\ 0.373050936 & -0.927810864 & 1 \\ -0.520357236 & -0.853948679 & 1 \\ 0.600203981 & 0.799846973 & 1 \\ -0.814403738 & 0.580298675 & 1 \end{bmatrix}$$

であるから，$\Delta l = 1'.71$，$\Delta L = 0'.0937$ が得られ，位置は緯度 36°.91769N，経度 143°.9653E が得られた。また，定誤差 0′.527 と求められる。これは前もって入力しておいた定誤差 0′.5 に相当する。偶然誤差を ±0′.3 程度でランダムに入力してあるので，位置および定誤差の近似値として満足すべき数字が得られている。なお，定誤差について考慮しない通常の観測方程式による計算では，緯度 36°.9198N，経度 143°.9627E が得られ，その差は 0′.15 程度である。

14.6 誤差三角形から最確位置を作図により求める方法

さて，計算では誤差三角形から最確位置が求められたが，実務的にはこのような計算は煩雑すぎる。また，作図で求めようとしても，以下に示す比較的簡単な方法でも難しい。しかし，作図によるイメージは問題を理解するに

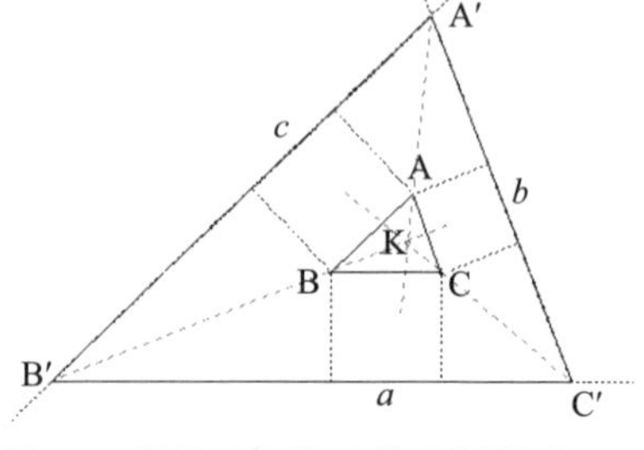

図 14.4 誤差三角形から最確位置を求める

は不可欠であるように思う。そこで，図 14.4「誤差三角形から最確位置を求める」を参照しながら説明しよう（ただし，図はイメージであり，角度などスケールは精確でないことに注意）。これは R. K. Smither 氏の論文によるもので，非常に明快で簡明である。

まず，誤差三角形 △ABC の各辺の長さの正方形を各辺の外側につくる。作図した正方形の外側の辺をそれぞれ延長して，各辺が交わる点からなる三角形 △A′B′C′ をつくる。そして，AA′，BB′，CC′ をそれぞれ線分で結び，適当な長さ延長する。するとその 3 つの線分が誤差三角形のなかで交わる点 K が最確位置となる。

一方，誤差三角形の外にできる極値を持つ点については，図 14.5「極値を有する点」のように △ABC の各頂点と G を結ぶ線分に直角に線分を引き，これらの線分の交点をつくれば，これが誤差三角形の外側にある式 (14.3) を満足している点（X，Y，Z）である。

ただし，数学的には三角形の内部にできる K 点を symmedian point というのであり，誤差三角形の外にある点は symmedian point とはしない。

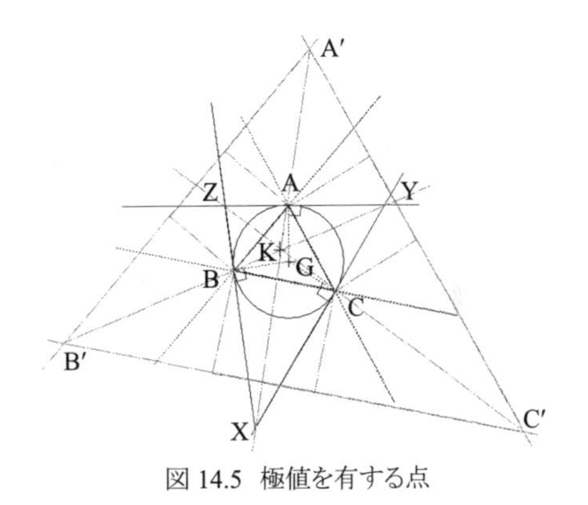

図 14.5　極値を有する点

14.7　誤差三角形の外に最確位置がある可能性

前節の作図から得られたように誤差三角形の外に点（X，Y，Z）が存在するということは，最確位置の候補と考えられる位置は 4 つあることにはならないのか。誤差三角形のなかに最確位置が存在する確率は，わずかに 4 分の 1 ということになってしまう。それは論理的に考えられないことではないのか。

ここで，偶然誤差からなる観測のみに限定せずに考察することにする。クロスベアリングにおける方位線であれ，天測の等高度位置の線であれ，真の位置の線の両側（左右）に観測誤差を持った位置の線が存在するはずである。残念ながら真の位置の線は不明であり，確率的・数学的近似解としての位置の線を決定できるだけである。

この誤差を持った位置の線から成り立つ誤差三角形について誤差の性質を整理して考えると，誤差三角形の外にも最確位置の領域候補が存在することは納得できるであろう。これは，実際に作図して誤差三角形の 1 辺を，想定する誤差分，真の位置の線として誤差三角形の外側まで移動すれば確認できる。これを 3 辺それぞれについて行えば，誤差三角形の外に 3 つの最確位置の存在を確認できる。ただし，おおよその領域を示すことはできても，数学的な根拠をもって点としての最確位置を示すことはできない。

これは，誤差についてかなり恣意的に考えて位置の線を移動することになり問題があるが，偶然誤差からなる観測に想定した条件を除外すれば可能である。ところで，実際に図 14.5「極値を有する点」のように，作図してみると，誤差三角形から離れた位置に，式 (14.3) を満たす点として描かれるものもある。これについては当然，位置の線から離れた位置であり，観測値に大きな誤りがあるか，最確位置にする合理性がない場合であり，これを最確位置とするわけにはいかないことも納得できるだろう。

一方，もう少し考慮すべき範囲を広げると，現実には，ここでの考察の仮定が成り立たない場合もある。その一つとして誤差三角形を構成する位置の線が引かれた地点が存在確率最大を示すわけではない（もっとも，得られた位置の線については，これ以上に良好な情報はないことは確かであるが）にもかかわらず，それを無視して観測には偶然誤差のみ存在する場合に限定し，3 本の位置の線についてはすべて確率的に同等であると扱い，位置の線上が存在確率最大となる関数を適用してきている。すなわち，これまでの仮定の持つ矛盾から発生する問題を考慮しておかなければならないのである。

また，これまでの説明においては偶然誤差のみ存在すると仮定して考察した前提条件が成り立たない場合の数学的手当てをしていないことを忘れてはならない。端的にいえば，定誤差のみが観測値に含まれている場合や，定誤差が偶然誤差に比して大きいときには，誤差三角形の外に最確位置があることになるが，定誤差のみからなる観測誤差のケースは一般的には考えられない。厄介なのはつねに存在する両者の混成である。

3 本の位置の線から位置を求めるがゆえにできる誤差三角形であるが，観測位置の線が 4 本，5 本と増加した場合には，観測方程式を最小自乗法により解くしか解決策はない。そして，このときには定誤差は修正可能で無視できるほど微小なものとして，数学的扱いを可能にしている。3 本の位置の線の場合だけ特別な扱いをする必要はない。

これまで論じた誤差論の応用から得られる確率関数を用いた解である誤差三角形のなかの最確位置については，信頼に値する。すなわち，定誤差は修正可能であり，観測誤差はほとんど偶然誤差からなるとの想定で計算して，3 本の位置の線の情報から確率の最も高い位置を求めたのであり，思いもよらぬヒューマンエラーが入り込まない限り，大きな位置誤差は生じないと考えられるからである。だが，慎重な航海士であれば，上述の理論的に合理的である最確位置を得てもなお，定誤差の大きさを見積もって，それに相当する領域に位置が存在する可能性を棄却することはないだろう。それは航海の教科書に記述されているとおりである。

参考文献

[1] 秋吉利雄,「航海天文学の研究」, 恒星社恒星閣, 1954.
[2] 長谷川健二,「天文航法」, 海文堂出版, 1971.
[3] Robert K. Smither, The Symmedian Point: Constructed and Applied, The College Mathematics Journal, Vol.42, No.2, March 2011.

第 15 章

Dilution of Precision

geometric dilution of precision（GDOP）は観測値における誤差が測位誤差に及ぼす影響を数値で示すにはどうすればよいのかという研究から生まれたものであり，その始まりは Loran-C の時代にさかのぼることができるそうである。すなわち測位（観測）方程式において観測誤差の大きさが測位誤差にどのように作用するのかということを次のように数式化（幾何学的に）したものと考えればよい。ここで誤差を Δ で表記することにすれば

$$\text{GDOP} = \frac{\Delta(\text{output location})}{\Delta(\text{measured data})}$$

と表現できる。なお，dilution of precision，DOP を直訳すれば，精度の劣化（希薄化）とでもいうことになるが，その意味するところを精確に捉えることは難しい。この数式から考えるならば，その意味を概念的に捉えることも可能になるのではないだろうか。

15.1 DOP

まず，GPS における DOP を考察する。第 12 章「GPS による測位」において，測位方程式は

$$\Delta X = A^{-1}\Delta R \tag{15.1}$$

で表された。ここに，A は測者と衛星を結ぶ方向余弦を要素とするマトリックス，ΔR は観測距離と仮定位置において計算した衛星までの計算距離との差で

あり，ΔX は測位位置を求めるための修正差である。したがって観測距離誤差を ϵ_r，それに対する位置誤差を ϵ_x とすれば

$$\epsilon_x = A^{-1}\epsilon_r \tag{15.2}$$

である。また，共分散（cov）については，$E[X]$ で X の期待値を表記すれば

$$\mathrm{cov}(X, Y) = E[(X - E[X])(Y - E[Y])]$$
$$\mathrm{cov}(X, X) = E[(X - E[X])(X - E[X])] = E[(X - \mu)^2] = \sigma_x^2$$

である。ここで $E[X] = \mu$ とし，σ は分散（variance）である。したがって

$$\mathrm{cov}(r) \equiv \mathrm{cov}(r, r) = E[\epsilon_r \epsilon_r^{\mathrm{T}}] \tag{15.3}$$

$$\mathrm{cov}(x) \equiv \mathrm{cov}(x, x) = E[\epsilon_x \epsilon_x^{\mathrm{T}}] \tag{15.4}$$

とすれば

$$\begin{aligned}\mathrm{cov}(x) &= A^{-1}\mathrm{cov}(r)A^{-\mathrm{T}} \\ &= [A^{\mathrm{T}}\mathrm{cov}(r)^{-1}A]^{-1}\end{aligned} \tag{15.5}$$

$\mathrm{cov}(r) = 1$ とすれば

$$\mathrm{cov}(x) = (A^{\mathrm{T}}A)^{-1}$$

であるから

$$\mathrm{GDOP} = \sqrt{\mathrm{Trace}[(A^{\mathrm{T}}A)^{-1}]}$$

である。$P = [A^{\mathrm{T}}A]^{-1}$ と置いて

$$P = \begin{bmatrix} P_{11} & P_{12} & P_{13} & P_{14} \\ P_{21} & P_{22} & P_{23} & P_{24} \\ P_{31} & P_{32} & P_{33} & P_{34} \\ P_{41} & P_{42} & P_{43} & P_{44} \end{bmatrix} \tag{15.6}$$

とすれば

$$\text{geometric DOP} = \sqrt{P_{11} + P_{22} + P_{33} + P_{44}} \tag{15.7}$$

$$\text{positional DOP} = \sqrt{P_{11} + P_{22} + P_{33}} \tag{15.8}$$

$$\text{horizontal DOP} = \sqrt{P_{11} + P_{22}} \tag{15.9}$$

$$\text{vertical DOP} = \sqrt{P_{33}} \tag{15.10}$$

$$\text{time DOP} = \sqrt{P_{44}} \tag{15.11}$$

である。

15.2　レーダ測位，双曲線航法および天測における DOP

15.2.1　レーダ測位における DOP

局の位置を (X^j, Y^j)，船位を (x_i, y_i) とすると，局と船位の距離は次式で表される。

$$r_i^j = f(x_i, y_i) = \sqrt{(X^j - x_i)^2 + (Y^j - y_i)^2}$$

推定位置を (x_{i0}, y_{i0}) とすれば

$$\begin{aligned} x_i &= x_{i0} + \delta x_i \\ y_i &= y_{i0} + \delta y_i \\ f(x_i, y_i) &= f(x_{i0} + \delta x_i, y_{i0} + \delta y_i) \\ &= f(x_{i0}, y_{i0}) + \frac{\partial f}{\partial x_{i0}} + \frac{\partial f}{\partial y_{i0}} \end{aligned}$$

ここに

$$\begin{aligned} \frac{\partial f}{\partial x_{i0}} &= -\frac{X^j - x_i}{r} \\ \frac{\partial f}{\partial y_{i0}} &= -\frac{Y^j - y_i}{r} \end{aligned}$$

である。

以上から

$$r_i^j - r_{i0}^j = +\frac{\partial f}{\partial x_{i0}}\delta x_i + \frac{\partial f}{\partial y_{i0}}\delta y_i \tag{15.12}$$

となり，観測方程式は行列形式で次のように表される。$r_i^j - r_{i0}^j$ を l，偏微分係数に関する部分を A，δx，δy を X と置き替えれば，$l = AX$ となる。

A は船位と局の位置関係における方向余弦であるので，GPS と同様に A についての諸計算から DOP が求まる。

15.2.2　双曲線航法（Loran-C）による測位の DOP

Loran の場合には，観測方程式は主局を含め 4 局からの信号を受信した場合を例とすれば次のものになるが，主局・従局からの信号の時間差を測定していることの意味を考慮すると直接これを利用するのは問題がある。

$$
\begin{aligned}
\Delta\phi(\cos Z_1 - \cos Z_0) + \Delta\lambda(\sin Z_1 - \sin Z_0) &= \Delta T_1' - \Delta T_1 \\
\Delta\phi(\cos Z_2 - \cos Z_0) + \Delta\lambda(\sin Z_2 - \sin Z_0) &= \Delta T_2' - \Delta T_2 \\
\Delta\phi(\cos Z_3 - \cos Z_0) + \Delta\lambda(\sin Z_3 - \sin Z_0) &= \Delta T_3' - \Delta T_3
\end{aligned}
$$

原理的には本来は局からの距離（局からの信号発射時刻から受信時刻までの時間差）を測定すべきところを，精確な時計を有しない装置のため主・従局間の信号の受信時間差を測定している。したがって，測位方程式の基本の次式を使用すべきである。推測位置付近において，推測位置における受信時刻と観測位置での受信時刻との時間差と局の方位から

$$\Delta\phi\cos Z_i + \Delta\lambda\sin Z_i = \Delta\tau_i \tag{15.13}$$

i は主局および従局で観測に利用した局を表す。ベクトル表現では $AX = T$ となる。X は観測位置と推測位置にかかる緯度差・経度差である。この A から DOP を計算することとする。

15.2.3　天測における DOP

天測の場合の観測方程式として NavPac による次の式を利用する。

$$\Delta x\sin Z_i + \Delta y\cos Z_i = \Delta H_i \tag{15.14}$$

ここに，H，x，y，Z はそれぞれ天体高度，東西，南北距離，天体方位角であり，Δ は観測位置と仮定位置における高度差およびそれに対応する位置座標の差を表す。

これを行列形式で表現すれば，$AX = D$ となる。位置 X に係る係数からなる A から $(A^{\mathrm{T}}A)^{-1}$ を求めれば，DOP が求まる。

また，Severance による解においては

$$P = \begin{bmatrix} \dfrac{\partial H_1}{\partial L} & \dfrac{\partial H_1}{\partial \lambda} \\ \dfrac{\partial H_2}{\partial L} & \dfrac{\partial H_2}{\partial \lambda} \\ \vdots & \vdots \\ \dfrac{\partial H_n}{\partial L} & \dfrac{\partial H_n}{\partial \lambda} \end{bmatrix} \tag{15.15}$$

$$D = \begin{bmatrix} \Delta L \\ \Delta \lambda \end{bmatrix} \tag{15.16}$$

とすれば

$$P^{\mathrm{T}} P D = P^{\mathrm{T}} [h - H_0] \tag{15.17}$$

$$D = [P^{\mathrm{T}} P]^{-1} P^{\mathrm{T}} [h - H_0] \tag{15.18}$$

が観測方程式である。したがって，$(P^{\mathrm{T}} P)^{-1}$ を解けば DOP は求まる。

15.3　DOP 計算例

15.3.1　GPS における DOP

DOP 計算例として，Peter H. Dana によるものを以下に示す。

sat. No.	x	y	z
0	15,524,471.175	−16,649,826.222	13,512,272.387
1	−2,304,058.534	−23,287,906.465	11,917,038.105
2	16,680,243.358	−3,069,625.561	20,378,551.047
3	−14,799,931.395	−21,425,358.240	6,069,947.224

測者の位置（receiver position）は $x = -730,000$，$y = -5,440,000$，$z = 3,230,000$

R	Dx	Dy	Dz	Dt
22261921.81	0.730146809	−0.503542611	0.461877123	−1
19912058.07	−0.079050519	−0.896336602	0.436270228	−1
24552149.64	0.709112791	0.096544477	0.69845416	−1
21483946.28	−0.654904421	−0.744060613	0.132189272	−1

ここでは，$Dx = (x_i - x_n)/R_{ni}$ などであり，Dana に従い前節とは符号が逆になる。

A^{T}

0.730146809	−0.079050519	0.709112791	−0.654904421
−0.503542611	−0.896336602	0.096544477	−0.744060613
0.461877123	0.436270228	0.69845416	0.132189272
−1	−1	−1	−1

$A^{\mathrm{T}} * A$

1.471104099	0.258945352	0.711462159	−0.70530466
0.258945352	1.619921496	−0.654544725	2.047395349
0.711462159	−0.654544725	0.908974405	−1.728790782
−0.70530466	2.047395349	−1.728790782	4

$\mathrm{Inv}(A^{\mathrm{T}} * A)$

0	3.145986462	−0.529360651	−7.153037383	−2.265853911
1	−0.529360651	4.1865101	−4.629589975	−4.237098579
2	−7.153037383	−4.629589975	30.74880526	14.39794537
3	−2.265853911	−4.237098579	14.39794537	8.24198346

$$\mathrm{GDOP} = 6.806121163, \quad \mathrm{PDOP} = 6.171004928, \quad \mathrm{TDOP} = 2.870885484$$

15.3.2 レーダによる距離測定における DOP

物標方位

bearing	20	65	120

計算過程

$$A = \begin{bmatrix} \sin Z & \cos Z \\ 0.342020143 & 0.939692621 \\ 0.906307787 & 0.422618262 \\ 0.866025404 & -0.5 \end{bmatrix}$$

$$A^{\mathrm{T}} = \begin{bmatrix} 0.342020143 & 0.906307787 & 0.866025404 \\ 0.939692621 & 0.422618262 & -0.5 \end{bmatrix}$$

$$A^{\mathrm{T}}A = \begin{bmatrix} 1.688371583 & 0.271403325 \\ 0.271403325 & 1.311628417 \end{bmatrix} (A^{\mathrm{T}}A)^{-1}$$
$$= \begin{bmatrix} 0.6126653 & -0.126773251 \\ -0.126773251 & 0.788643086 \end{bmatrix}$$
$$\mathrm{DOP} = 1.183768721$$

15.3.3　Loran-C における DOP

旧北西太平洋チェーン GRI:8930 の各局の位置と emission delay，coding delay は以下のとおりである。推測位置を 30°N，131°E として，各局の時間差を次のとおり観測した。W : 14,500，X : 40,500，Z : 73,040。

station	*Lat*	*Long*	ED	CD
M	34°24′11″.943N	139°16′19″.473E		
W	26°36′25″.038N	128°08′56″.92E	15,580.86	11,000
X	24°17′08″.007N	153°58′53″.779E	36,051.53	30,000
Z	36°11′05″.45N	129°20′27″.44E	73,085.64	70,000

$$a = 6,378.137, \quad b = 6,356.752$$

station	M	W	X	Z
Azimuth	55.6	217.1	100.1	348.1

計算過程

$$A = \begin{bmatrix} \sin Z & \cos Z \\ 0.563833372 & 0.825888569 \\ -0.797536342 & -0.603270904 \\ -0.175184324 & 0.984535653 \\ 0.978478688 & -0.206347901 \end{bmatrix}$$
$$(A^{\mathrm{T}}A)^{-1} = \begin{bmatrix} 0.560894809 & -0.156013432 \\ -0.156013432 & 0.529323387 \end{bmatrix}$$
$$\mathrm{DOP} = 1.0441$$

15.3.4　天測における DOP

計算条件：H_o = 測高度，Lat = 緯度，$Long$ = 経度，LHA or h = 地方時角，Dec = 赤緯，Z = 方位角 とする。

body	1	2	3	4
H_o	47.9999	41.8831	29.3676	24.1446
H_c	48.0067	41.8350	29.4290	24.13938
p（deg）	−0.00682	0.048067	−0.06143	0.005217
Lat	31.9695	31.9763	31.9813	32.4524
$Long$	−14.572	−14.5801	−14.586	−15.1462
LHA（h）	308.4905	2.2132	58.6856	309.7577
Dec	38.7831	−16.1419	5.7085	−12.6589
Z	65.7778	182.8538	257.4309	124.7199

計算過程

body	1	2	3	4
$\sin Z$	0.91196	−0.04978	−0.97603	0.82194
$\cos Z$	0.41027	−0.99875	−0.21761	−0.56956

$$A = \begin{bmatrix} \text{coef } dL & \text{coef } dl \\ 0.911961218 & 0.410276416 \\ -0.049787614 & -0.998759828 \\ -0.976034266 & -0.217616891 \\ 0.821946269 & -0.569565037 \end{bmatrix}$$

$$A^{\mathrm{T}} = \begin{bmatrix} 0.911961218 & -0.049787614 & -0.976034266 & 0.821946269 \\ 0.410276416 & -0.998759828 & -0.217616891 & -0.569565037 \end{bmatrix}$$

$$A^{\mathrm{T}}A = \begin{bmatrix} 2.462390627 & 0.168131735 \\ 0.168131735 & 1.537609373 \end{bmatrix}$$

$$(A^{\mathrm{T}}A)^{-1} = \begin{bmatrix} 0.409164288 & -0.044740558 \\ -0.044740558 & 0.655252449 \end{bmatrix}$$

DOP = 1.0317

Severance による方法では，偏微分係数による行列 P は

$$P = \begin{bmatrix} \text{coef } dH/dL & \text{coef } dH/dl \\ 0.410277445 & 0.773643632 \\ -0.998759775 & -0.042234098 \\ -0.217618052 & -0.827892579 \\ -0.569566608 & 0.693587992 \end{bmatrix}$$

$$(P^{\mathrm{T}}P)^{-1} = \begin{bmatrix} 0.655411176 & -0.053682216 \\ -0.053682216 & 0.570398775 \end{bmatrix}$$

$$\mathrm{DOP} = 1.107$$

参考文献

[1] P. S. Jorgensen, Navstar/GPS 18-Satellite Constellations, GPS, Vol.II, ION.
[2] P. H. Dana, GPS GDOP Example, http://www.colorado.edu/geography
[3] http://en.wikipedia.org/wiki/Dilution of precision

第 16 章

測位誤差の扱い，error ellipse の導入

16.1　測位誤差

測位（例：クロスベアリング，レーダ測距など）における測位誤差に影響を及ぼす要素として，観測に伴う計測誤差などあるが，これらの誤差についてはランダムなものであることから，正規分布に従うものとして扱うことにし，観測方程式を立て，測位位置に現れる誤差の性質を考察する。そして，正規分布する観測誤差の確率密度関数から測位位置についての誤差が楕円（error ellipse）で表現できることを示し，その大きさと軸の方向を決定する方法を導き出すこととする。

16.1.1　2 本の位置の線による測位の場合

観測方位線やレーダ航法における位置の線（line of position，Lop）は，推定位置付近では直線として扱える。図 16.1「測位誤差概念図」において，誤差がなければ Lop_1 と Lop_2 の交点を位置とするが，当然，観測値には誤差があるため，Lop_1 と Lop_2 のそれぞれを挟み両側に予想位置範囲を拡大し，観測における誤差は正規分布に従うものと仮定すると，標準偏差 1σ の誤差範囲（図で

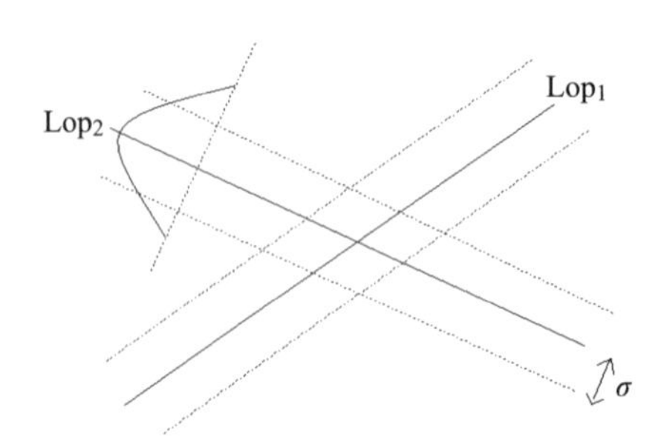

図 16.1　測位誤差概念図

はひし形（平行四辺形））を考慮するのが適当である。Lop の両側 1σ の範囲に位置が存在する確率は 68.26 % であるから，ひし形のなかに位置が存在する確率は 46.6 % と考えられる。表示を簡略化するために 1 DRMS（1-deviation root mean square）error circle で表現する場合がある。存在確率が 68.26 %（1σ）である半径の円で，その半径は $d_{\mathrm{rms}} = \sqrt{\sigma_1^2 + \sigma_2^2 + 2k\sigma_1\sigma_2 \cos\beta / \sin\beta}$ で計算される。k は Lop_1 と Lop_2 の誤差に関する相関係数，β は Lop の交角である。また，2 DRMS（2σ）の円は 95.4 % の存在確率範囲を示す。

16.1.2　3 本以上の位置の線による測位の場合

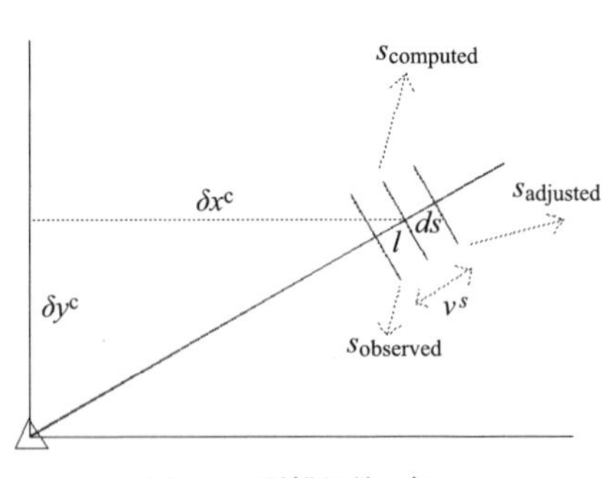

図 16.2　距離誤差の扱い

ここでは，方位あるいは距離を計測して位置を求める場合の測位精度を推算することにし，方位あるいは距離の計測の場合それぞれについて観測方程式を考察する。図 16.2「距離誤差の扱い」において，船位を仮定位置（計算を開始した後には計算位置とする）とし，$P(x_{\mathrm{p}}^{\mathrm{c}}, y_{\mathrm{p}}^{\mathrm{c}})$ とする。添字 c は computed の略とし，この位置から微分修正項（dx，dy）を計算して修正位置 $P(x_{\mathrm{p}}^{\mathrm{a}}, y_{\mathrm{p}}^{\mathrm{a}})$ を求める。添字 a は adjusted の略である。

観測方程式は $v = ds + l$ であり，ここに，v は誤差の残差で，観測値と修正値の差であり，l は計算値と観測値の差を表す。ds は計算値と修正値との差であり，局などとの幾何学的関係から計算され，r_{c} および ds を例として計算距離および位置の差とすれば $l = r_{\mathrm{c}} - r_{\mathrm{o}}$，$ds = ds_{\mathrm{c}} - ds_{\mathrm{a}}$ で表される。添字 o は

observed の略である。

複数の観測を行うことから，観測方程式を次のマトリックス（行列）形式で表す。

$$V = AX + L$$

ここに，$X(dx, dy)$ は微分修正項として求めるべき変数である。なお，A については次で具体的に示す。

16.1.3　距離を観測した場合の観測方程式

距離を観測した場合においては，観測方程式を次のように表せる。

$$\begin{aligned} v_i^s &= ds_i + l_i \\ v_i^s &= ds_i + (s_i^{\mathrm{c}} - s_i^{\mathrm{o}}) \end{aligned} \tag{16.1}$$

添字 ^{s} は距離，$_i$ は観測局，^{c} は計算，^{o} は観測を示し，s については観測距離を表す。ds は計算による距離と修正距離の差で，l は計算による距離と観測による距離の差である。

ds は計算位置に対する距離から次のように求める。

$$(s_i^{\mathrm{c}})^2 = (\delta x_i^{\mathrm{c}})^2 + (\delta y_i^{\mathrm{c}})^2$$

ここに

$$\delta x_i^{\mathrm{c}} = x_{\mathrm{p}}^{\mathrm{c}} - x_i^{\mathrm{f}}, \quad \delta y_i^{\mathrm{c}} = y_{\mathrm{p}}^{\mathrm{c}} - y_i^{\mathrm{f}}$$

で，$x_{\mathrm{p}}^{\mathrm{c}}$ の添え字 $_{\mathrm{p}}$ で測者，x_i^{f} の添え字 ^{f} により局または物標の位置を表す。

これを微分して

$$2s_i^{\mathrm{c}} ds_i = 2\delta x_i^{\mathrm{c}} dx + 2\delta y_i^{\mathrm{c}} dy, \qquad ds_i = \frac{\delta x_i^{\mathrm{c}}}{s_i^{\mathrm{c}}} dx + \frac{\delta y_i^{\mathrm{c}}}{s_i^{\mathrm{c}}} dy$$

dx，dy は仮定位置（計算位置）から修正位置への修正値である。式 (16.1) に挿入して

$$v_i^s = \frac{\delta x_i^{\mathrm{c}}}{s_i^{\mathrm{c}}} dx + \frac{\delta y_i^{\mathrm{c}}}{s_i^{\mathrm{c}}} dy + (s_i^{\mathrm{c}} - s_i^{\mathrm{o}})$$

マトリックス形式で表すと

$$V^s = AX + L^s$$

であり，A，L^s，X についてはそれぞれ次のとおりである。

$$A = \begin{bmatrix} \dfrac{\delta x_1^c}{s_1^c} & \dfrac{\delta y_1^c}{s_1^c} \\ \dfrac{\delta x_2^c}{s_1^c} & \dfrac{\delta y_2^c}{s_1^c} \\ \vdots & \vdots \\ \dfrac{\delta x_i^c}{s_i^c} & \dfrac{\delta y_i^c}{s_i^c} \end{bmatrix}, \quad L^s = \begin{bmatrix} s_1^c - s_1^o \\ s_2^c - s_2^o \\ \vdots \\ s_i^c - s_i^o \end{bmatrix}, \quad X = \begin{bmatrix} dx \\ dy \end{bmatrix}$$

16.1.4　方位を観測した場合の観測方程式

方位を観測した場合においては，観測方程式を次のように表せる。図 16.3「方位誤差の扱い」を参照して

$$v_i^\alpha = d\alpha_i + l_i$$

$$v_i^\alpha = d\alpha_i + (\alpha_i^c - \alpha_i^o) \qquad (16.2)$$

添字 $^\alpha$ は方位，$_i$ は観測局，^{c} は計算，^{o} は観測を示し，α は観測方位を示す。$d\alpha$ は計算による方位と修正方位の差で，l は計算による方位と観測による方位の差であり角度秒で表す。

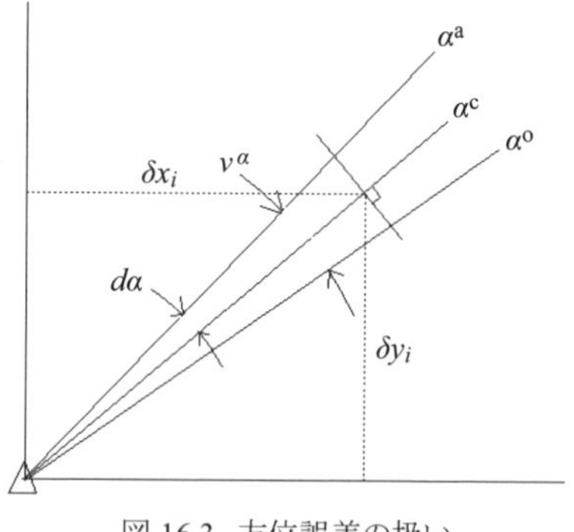

図 16.3　方位誤差の扱い

$d\alpha$ は計算位置に対する方位から次のように求める。

$$\tan \alpha_i^c = \frac{\delta x_i^c}{\delta y_i^c}$$

ここに，x_i^c などは局または物標の計算位置とする。

これを微分して

$$\sec^2 \alpha_i^c d\alpha = \frac{\delta y_i^c dx - \delta x_i^c dy}{(\delta y_i^c)^2}$$

$$\frac{(s_i^{\mathrm{c}})^2}{(\delta y_i^{\mathrm{c}})^2}d\alpha = \frac{\delta y_i^{\mathrm{c}}dx - \delta x_i^{\mathrm{c}}dy}{(\delta y_i^{\mathrm{c}})^2}$$

$$d\alpha_i = \frac{\delta y_i^{\mathrm{c}}dx - \delta x_i^{\mathrm{c}}dy}{(\delta s_i^{\mathrm{c}})^2} \tag{16.3}$$

dx，dy は仮定位置（計算位置）から修正位置への修正値である。距離を観測した場合の方程式と同様に式 (16.2) に挿入して

$$v_i^{\alpha} = \frac{\delta y_i^{\mathrm{c}}}{(s_i^{\mathrm{c}})^2}dx - \frac{\delta x_i^{\mathrm{c}}}{(s_i^{\mathrm{c}})^2}dy + (\alpha_i^{\mathrm{c}} - \alpha_i^{\mathrm{o}}) \tag{16.4}$$

行列形式で表すと

$$V^{\alpha} = AX + L^{\alpha}$$

であり，A，L^s，X についてはそれぞれ次のとおりである。

$$A = \begin{bmatrix} k\dfrac{\delta y_1^{\mathrm{c}}}{(s_1^{\mathrm{c}})^2} & -k\dfrac{\delta y_1^{\mathrm{c}}}{(s_1^{\mathrm{c}})^2} \\ k\dfrac{\delta y_2^{\mathrm{c}}}{(s_2^{\mathrm{c}})^2} & -k\dfrac{\delta y_2^{\mathrm{c}}}{(s_2^{\mathrm{c}})^2} \\ \vdots & \vdots \\ k\dfrac{\delta y_i^{\mathrm{c}}}{(s_i^{\mathrm{c}})^2} & -k\dfrac{\delta y_i^{\mathrm{c}}}{(s_i^{\mathrm{c}})^2} \end{bmatrix}, \quad L^{\alpha} = \begin{bmatrix} \alpha_1^{\mathrm{c}} - \alpha_1^{\mathrm{o}} \\ \alpha_2^{\mathrm{c}} - \alpha_2^{\mathrm{o}} \\ \vdots \\ \alpha_i^{\mathrm{c}} - \alpha_i^{\mathrm{o}} \end{bmatrix}, \quad X = \begin{bmatrix} dx \\ dy \end{bmatrix}$$

V および L については，その単位を角度秒とする。また，$k = 648,000/\pi$ であり，角度で表すと $k = 180/\pi$ である。

16.2　観測方程式の解法

観測方程式は観測値が距離および方位の場合の両者を含めて，次の行列形式で表された。

$$V = AX + L$$

ここに，V は誤差の残差，X は修正値で，L を計算値と観測値との差とする。そして，A は修正値に乗じて修正値に対応する観測値を得るためのマトリック

ス（行列）である。一般的に仮定位置に対する修正値 $X(dx, dy)$ の解は，最小自乗法を適用して $\sum V^{\mathrm{t}}PV$ が極小値であることを利用する。すなわち

$$\begin{aligned} V^{\mathrm{t}}PV &= V^{\mathrm{t}}PAX + V^{\mathrm{t}}PL \\ &= (AX + L)^{\mathrm{t}}PAX + (AX + L)^{\mathrm{t}}PL \\ &= X^{\mathrm{t}}(A^{\mathrm{t}}PA)X + 2X^{\mathrm{t}}(A^{\mathrm{t}}PL) + L^{\mathrm{t}}PL \\ &= X^{\mathrm{t}}NX + 2X^{\mathrm{t}}U + L^{\mathrm{t}}PL \end{aligned}$$

ここに，P は weight matrix とする。また，最後の式では $N = A^{\mathrm{t}}PA$ および $U = A^{\mathrm{t}}PL$ と置いた。$V^{\mathrm{t}}PV$ について X による微分が 0 になる解は

$$\begin{aligned} \frac{\partial V^{\mathrm{t}}PV}{\partial X} &= 2NX + 2U = 0 \\ X &= -N^{-1}U = -(A^{\mathrm{t}}PA)^{-1}(A^{\mathrm{t}}PL) \end{aligned}$$

と求めることができる。

ここで求まった修正値である $X(dx, dy)$ を仮定位置に加減すれば修正位置が求まる。これを繰り返して最も確からしい位置を求めることになるが，通常は 1 回の計算ですむ。P は観測における weight matrix であり，$p_{i,i} = 1/(\mathrm{SE})_i^2$ とし，SE は経験的に仮定する standard error である。

計算の手順を示すと，上のとおり X を求めて

$$X = \begin{bmatrix} dx \\ dy \end{bmatrix}$$

とし，仮定位置を

$$X_{\mathrm{p}}^{\mathrm{a}} = \begin{bmatrix} x_{\mathrm{p}}^{\mathrm{a}} \\ y_{\mathrm{p}}^{\mathrm{a}} \end{bmatrix}$$

とし，この仮定位置に修正値を加減して

$$X_{\mathrm{p}}^{\mathrm{a}} = X_{\mathrm{p}}^{\mathrm{c}} + X$$

のとおり修正位置を求める。

16.3 観測方程式の統計的扱い

航海や測量では観測物標（局）の数は 2 から 4 程度が一般的である。したがって，標本の平均値・標準偏差から母集団の平均値・標準偏差を推定するといった χ^2 分布を利用する統計解析の手法を用いることとし，観測値には定誤差のようなシステムエラーは存在せず，ランダムエラーのみの存在を想定する。

観測値から最終的に求められた誤差の残差は次式に A，X，L の計算値を代入すれば与えられた。

$$V_i = A_i X + L_i \quad (i \text{ は観測回数で } i = 1, \cdots, n)$$

これに統計的処理をすることとし，variance analysis を適用すれば位置の精度の評価ができ，RMS error が計算できる。

variance of unit weight（ϑ）を次式から求める。

$$\vartheta^2 = \sum_{i=1}^{n} \frac{V^{\mathrm{t}} P V}{n-2}$$

ϑ が与えられたら，分散共分散行列（variance-covariance matrix，今後 Σ で表記する）が決定される。この Σ については，ベクトルを $X = [X_1, X_2, \cdots, X_n]^{\mathrm{t}}$ とすれば

$$\Sigma_{ij} = E[(X_i - \mu_i)(X_j - \mu_j)]$$

またはベクトル形式で

$$\Sigma = E[(X - E(X))(X - E(X))^{\mathrm{t}}]$$

と定義し，分散の概念を多次元に拡張したものである。ここで $\mu_i = E[X_i]$ であり，$E[\quad]$ は期待値を示す。1 次元のときには，分散は

$$\sigma^2 = \frac{1}{n} \sum_{i=1}^{n} (x_i - \mu)^2$$

で表されていたが，2 次元であればマトリックス形式で

$$\Sigma = \begin{bmatrix} E[(X_1 - \mu_1)(X_1 - \mu_1)] & E[(X_1 - \mu_1)(X_2 - \mu_2)] \\ E[(X_2 - \mu_2)(X_1 - \mu_1)] & E[(X_2 - \mu_2)(X_2 - \mu_2)] \end{bmatrix}$$

と表現することになる。また，これは accuracy matrix と呼ばれる A 行列に対応する。N（$= A^{t}PA$）の逆行列である Q を cofactor matrix と呼び

$$
\begin{aligned}
Q &= N^{-1} \\
&= \frac{1}{D_N}\begin{bmatrix} n_{2,2} & -n_{2,1} \\ -n_{1,2} & n_{1,1} \end{bmatrix} \\
&\quad (D_N = n_{1,1}n_{2,2} - n_{1,2}n_{2,1})
\end{aligned}
$$

とすれば

$$
\begin{aligned}
\Sigma &= \vartheta^2 Q \\
&= \begin{bmatrix} \sigma_{xx} & \sigma_{xy} \\ \sigma_{yx} & \sigma_{yy} \end{bmatrix}
\end{aligned}
$$

また，分散 σ_{xx}，σ_{yy} については σ_x^2，σ_y^2 と表記して，次のような表現をするのが一般的である。

$$
= \begin{bmatrix} \sigma_x^2 & \sigma_{xy} \\ \sigma_{yx} & \sigma_y^2 \end{bmatrix}
$$

また，統計値や確率変数を 2 乗した値の平均値の平方根を 2 乗平均平方根（RMS）と呼び，1σRMS error は $\sqrt{\sigma_x^2 + \sigma_y^2}$ である。2 個の観測（2 物標）による場合には，残差は 0 で variance estimate は適用できない。この場合には，想定できる standard error を使用して計算する。

16.4　error ellipse

測位においては，経緯度（あるいは東西・南北方向の距離）の 2 座標を変数とすることから，この場合の統計的扱いには多変量正規分布におけるマハラノビスの汎距離（Mahalanobis's generalized distance）をもって誤差楕円（error ellipse）を描き誤差を考察する。

1 次元の正規分布における確率密度関数は，σ，μ をそれぞれ分散と平均値とすれば，次式で表現される。

$$
f(x) = \frac{1}{\sqrt{2\pi}\,\sigma}\exp\left(-\frac{(x-\mu)^2}{2\sigma^2}\right)
$$

また，2 変数（2 次元）の場合には

$$f(X) = \frac{1}{2\pi|\Sigma_X|^{1/2}} \exp\left(-\frac{1}{2}(X-\mu_X)^{\mathrm{T}}\Sigma_X^{-1}(X-\mu_X)\right) \tag{16.5}$$

であり，一般化して N 次元の場合には確率密度関数は次式で表現される。

$$f(X) = \frac{1}{(2\pi)^{N/2}|\Sigma_X|^{1/2}} \exp\left(-\frac{1}{2}(X-\mu_X)^{\mathrm{T}}\Sigma_X^{-1}(X-\mu_X)\right) \tag{16.6}$$

ここに，2 次元の場合 $X = [X_1, X_2]^{\mathrm{T}}$ とし，Σ_X は $\Sigma_X = E[(X-\mu_X)(X-\mu_X)^{\mathrm{T}}]$ とベクトル表現した分散共分散行列（variance-covariance matrix）であり，マトリックス表現すれば，前出のとおり

$$\Sigma_X = \begin{bmatrix} E[(X_1-\mu_1)^2] & E[(X_1-\mu_1)(X_2-\mu_2)] \\ E[(X_2-\mu_2)(X_1-\mu_1)] & E[(X_2-\mu_2)^2] \end{bmatrix}$$

である。同様に N 次元に拡張することができる。式 (16.5) には逆行列が含まれていて，3 次元以上の場合であればやや面倒だが，ここでは 2 次元の場合について $X_1 = x$，$X_2 = y$ と表記を変更して計算すれば

$$f(x,y) = \frac{1}{2\pi\sigma_x\sigma_y\sqrt{1-\rho^2}} \exp\left(\frac{-D_{\mathrm{M}}^2}{2}\right) \tag{16.7}$$

$$\begin{aligned} D_{\mathrm{M}}^2 &= (X-\mu_X)^{\mathrm{T}}\Sigma_X^{-1}(X-\mu_X) \\ &= \frac{1}{1-\rho^2}\left(\frac{(x-\mu_x)^2}{\sigma_x^2} - 2\rho\frac{(x-\mu_x)(y-\mu_y)}{\sigma_x\sigma_y} + \frac{(y-\mu_y)^2}{\sigma_y^2}\right) \end{aligned} \tag{16.8}$$

と表現できる。ここに，$\rho^2 = \sigma_{xy}^2/\sigma_x^2\sigma_y^2$ である。

式 (16.8) については楕円の式であり，確率密度関数から確率誤差楕円が得られたことになるが，$X = x - \mu_x$，$Y = y - \mu_y$ と変換すると

$$\frac{X^2}{\sigma_x^2} - 2\rho\frac{XY}{\sigma_x\sigma_y} + \frac{Y^2}{\sigma_y^2} = D_{\mathrm{M}}^2(1-\rho^2) \tag{16.9}$$

と表現され，座標軸の原点を楕円の中心に移動した式になる。この式を角度で θ 回転させる座標変換を行うと，一般的な楕円の式表現にできる。すなわち

$$\begin{aligned} X &= x\cos\theta + y\sin\theta \\ Y &= -x\sin\theta + y\cos\theta \end{aligned}$$

の 2 つの変換式により座標変換し，その角度（θ）を

$$\tan 2\theta = \frac{-2\sigma_{xy}}{\sigma_x^2 - \sigma_y^2}$$

とすれば，xy の積の項が現れない形式にでき，楕円の軸方向と長・短半径が求められることになる。これは後述の微分で求めるものと等価な解である。楕円の長軸の方向と半径を求めるに，この計算は多少面倒であるが，イメージを得るには良い方法となる。そして D_M はマハラノビスの汎距離と呼ばれるもので，上で扱った式 (16.5) の exp 関数内に示される項から導かれ，共分散行列 Σ と多変量ベクトル x_i から得られたものである。

なお，マハラノビスの汎距離を陽に出さなければ，2 次元正規分布の確率密度は次式で示される。

$$f(x,y) = \frac{1}{2\pi\sqrt{\sigma_x^2\sigma_y^2 - \sigma_{xy}^2}} \exp\left(-\frac{\sigma_y^2 x^2 - 2\sigma_{xy}xy + \sigma_x^2 y^2}{2(\sigma_x^2\sigma_y^2 - \sigma_{xy}^2)}\right) \tag{16.10}$$

マハラノビスの汎距離を求める式 (16.8) から誤差楕円の式が得られたので，前述とは別の方法により楕円の軸方向と各半径を求めることにする。

数学の教えるところによれば，ある行列 L によって $L\Sigma L^t$ と演算することで Σ を対角行列に変換できる。この変換行列の分散の極値を求めれば軸の方向が得られ，そして分散共分散行列の固有値を求めることで長半径と短半径が得られる。error ellipse は分散共分散行列（variance-covariance matrix）から導かれ，グラフィカルな表示で誤差の傾向を示すことができるわけであるが，ここでは前述のとおり標本の平均値・標準偏差から母集団の平均値・標準偏差を推定するための χ^2 分布から考察することにする。standard error ellipse（1σ の誤差楕円）では，そのなかに位置が存在する確率が 39.4 % である範囲を示すことを χ^2 分布表あるいは表計算ソフトを利用して確認しよう。χ^2 分布表から比例計算により，$P\ (t < 1) = 1 - 0.6065 = 0.3935$ が得られる。あるいは表計算ソフトの関数 chiinv(1 − 0.3935, 2) = 1.0001 から，1σ の確率として 0.3935（39.4 %）が得られる。95 % の確率範囲を示すには σ に $k = 2.4477$（分布表では $P\ (t < 5.991) = 1 - 0.05 = 0.95$ から $k = \sqrt{5.991}$）を乗ずる必要があり，

50 % で $k = 1.1774$，90 % ならば $k = 2.1459$ である。これらの k は確率から相当する存在範囲を求めるための係数であり，表計算ソフト Excel の χ^2 に関する関数により計算でき，自由度 2 の関数（chiinv）の値の平方根である (P を確率とすれば，$k = \sqrt{\mathrm{chiinv}(1-P,2)}$ あるいは $k = \sqrt{-2\ln(1-P)}$)。これは，マハラノビスの汎距離が自由度 2 の χ^2 分布に従うことから導かれる。なお，k を scale factor と呼ぶこともあるが，それは楕円の式を考察すると理解できる。すなわち，1σ の楕円を次式で表現すれば

$$\left(\frac{x}{\sigma_x}\right)^2 + \left(\frac{y}{\sigma_y}\right)^2 = 1$$

径を k 倍した楕円の式は

$$\left(\frac{x}{\sigma_x}\right)^2 + \left(\frac{y}{\sigma_y}\right)^2 = k^2$$

と表現できるからである。

error ellipse を求めるに極値を求める微分と固有値を解く方法による計算は以下のとおりである。まず，2 次元座標で variance-covariance matrix を，前節で求めたとおり

$$\Sigma = \begin{bmatrix} \sigma_x^2 & \sigma_{xy} \\ \sigma_{yx} & \sigma_y^2 \end{bmatrix}$$

とする。

座標変換し，(u, v) 座標とすると

$$\begin{bmatrix} u \\ v \end{bmatrix} = \begin{bmatrix} \sin\theta & \cos\theta \\ -\cos\theta & \sin\theta \end{bmatrix} \begin{bmatrix} x \\ y \end{bmatrix}$$

(u, v) 座標での covariance matrix は

$$\Sigma_{uv} = \begin{bmatrix} \sigma_u^2 & \sigma_{uv} \\ \sigma_{vu} & \sigma_v^2 \end{bmatrix} = \begin{bmatrix} \sin\theta & \cos\theta \\ -\cos\theta & \sin\theta \end{bmatrix} \Sigma_{xy} \begin{bmatrix} \sin\theta & -\cos\theta \\ \cos\theta & \sin\theta \end{bmatrix}$$

$$\sigma_u^2 = \sigma_x^2 \sin^2\theta + 2\sigma_{xy}\sin\theta\cos\theta + 2\sigma_y^2\cos^2\theta$$

$$\sigma_v^2 = \sigma_x^2 \cos^2\theta - 2\sigma_{xy}\sin\theta\cos\theta + \sigma_y^2\sin^2\theta$$

となる。微分して σ_u の極値を求めると

$$\begin{aligned}\frac{d(\sigma_u^2)}{d\theta} &= 2\sigma_x^2 \sin\theta\cos\theta - 2\sigma_{xy}\sin^2\theta - 2\sigma_y^2 \sin\theta\cos\theta + 2\sigma_{xy}\cos^2\theta \\ &= \sin 2\theta(\sigma_x^2 - \sigma_y^2) + 2\sigma_{xy}\cos 2\theta \\ &= 0\end{aligned}$$

であるから，軸の方向（θ）は次の計算式で求めることができる。

$$\tan 2\theta = \frac{-2\sigma_{xy}}{\sigma_x^2 - \sigma_y^2} \tag{16.11}$$

軸の長さは，剛体の慣性主軸を求めるときと同様に variance-covariance matrix（Σ）についての固有値問題を解くことで求められる。すなわち

$$\det\left[\Sigma - \lambda I\right] = 0$$

から λ を求めると，$\sqrt{\lambda_1}$，$\sqrt{\lambda_2}$ がそれぞれ長・短軸の長さである。

具体的には，σ_x，σ_y による standard error ellipse の軸長（a，b）と軸の方向（θ）についての象限を考慮して計算するに，次の式を用いる。

$$\begin{aligned}a &= \left[\frac{1}{2}(\sigma_x^2 + \sigma_y^2) + Z\right]^{1/2} \\ b &= \left[\frac{1}{2}(\sigma_x^2 + \sigma_y^2) - Z\right]^{1/2} \\ Z &= \frac{1}{2}\left[(\sigma_x^2 - \sigma_y^2)^2 + 4\sigma_{xy}^2\right]^{1/2}\end{aligned}$$

まず，$\alpha = \theta$，$\beta = 0.5\,|2\alpha|$，$\rho = \sigma_x^2 - \sigma_y^2$ とし，次の場合で区分けして θ を決定する。

① $\sigma_{xy} > 0$　かつ　$\rho > 0$：　$\beta = \beta - 90°$
② $\sigma_{xy} > 0$　かつ　$\rho < 0$：　$\beta = 90° - \beta$
③ $\sigma_{xy} < 0$　かつ　$\rho < 0$：　$\beta = 90° + \beta$
④ $\sigma_{xy} < 0$　かつ　$\rho > 0$：　$\beta = 270° - \beta$

β が求まったら $\theta = 270° - \beta$ より主軸の方向が決定される。ここでの方位の基準は南からであり，通常の北からの方位ではないので注意が必要で，象限決

定が煩雑である。数学での角度の取り方と，航法での方位角の取り方の違いを考慮すれば，方位角（Az）を通常の航法における方位角に従って北から右回りに測ることを正にし，$\theta = 90° - \mathrm{Az}$ を式 (16.11) に代入すれば，次式で直接決定できる。

$$\tan 2 * \mathrm{Az} = \frac{2\sigma_{xy}}{\sigma_x^2 - \sigma_y^2}$$

16.5　NavPac における天測位置の線の場合

NavPac においては位置の線から error ellipse を導き出すに，次のように推測位置における平面座標による位置の線の観測方程式を解くことから始める。

$$x \sin Z_i + y \cos Z_i = p_i$$

ここに，Z_i，p_i はそれぞれ天体方位と修正差（intercept）で，Z_i の単位は角度，p_i については距離を用いている。x，y は東西方向および南北方向の座標値である。添え字 i は観測天体の識別子とする。

この方程式に最小自乗法を適用して正規方程式を求めると

$$x \sum_{i=1}^{n} \sin^2 Z_i + y \sum_{i=1}^{n} \sin Z_i \cos Z_i = \sum_{i=1}^{n} p_i \sin Z_i$$
$$x \sum_{i=1}^{n} \sin Z_i \cos Z_i + y \sum_{i=1}^{n} \cos^2 Z_i = \sum_{i=1}^{n} p_i \cos Z_i$$

したがって

$$x = \frac{\begin{vmatrix} [p_i \sin Z_i] & [\sin Z_i \cos Z_i] \\ [p_i \cos Z_i] & [\cos^2 Z_i] \end{vmatrix}}{\begin{vmatrix} [\sin^2 Z_i] & [\sin Z_i \cos Z_i] \\ [\sin Z_i \cos Z_i] & [\cos^2 Z_i] \end{vmatrix}}$$

$$y = \frac{\begin{vmatrix} [\sin^2 Z_i] & [p_i \sin Z_i] \\ [\sin Z_i \cos Z_i] & [p_i \cos Z_i] \end{vmatrix}}{\begin{vmatrix} [\sin^2 Z_i] & [\sin Z_i \cos Z_i] \\ [\sin Z_i \cos Z_i] & [\cos^2 Z_i] \end{vmatrix}}$$

ここでは，[　　] で上式の $\sum$ を略記した。修正緯度・経度を加減して計算船位を求めるには

$$Lat_{\mathrm{c}} = Lat_{\mathrm{a}} + y, \quad Long_{\mathrm{c}} = Long_{\mathrm{a}} + x/\cos Lat_{\mathrm{a}}$$

とすればよい。また，標準偏差は，観測 intercept（p_i）と上で求めた数値を位置の線方程式に代入して求めた計算 intercept（p_{ic}）から残差（v_i）を求め，次の式で求める。

$$v_i = p_i - p_{ic} \tag{16.12}$$

$$\epsilon = \pm\sqrt{\frac{\sum_i v_i^2}{n-2}} \tag{16.13}$$

なお，前述の偏微分形式天測計算における観測方程式による解法を直接適用しても同様に求められることは言うまでもない。具体的な計算法は例題で示してあるので 16.6.5 項を参照されたい。

NavPac では次の代数式を用いて計算し，なおかつ誤差楕円の軸長さの計算において上のように平方根のなかに平方根を含む計算式を避けて簡易に計算できるような数式に変換している。

$$\begin{aligned}
A &= \cos^2 Z_1 + \cos^2 Z_2 + \cdots \\
B &= \cos Z_1 \sin Z_1 + \cos Z_2 \sin Z_2 + \cdots \\
C &= \sin^2 Z_1 + \sin^2 Z_2 + \cdots \\
D &= p_1 \cos Z_1 + p_2 \cos Z_2 + \cdots \\
E &= p_1 \sin Z_1 + p_2 \sin Z_2 + \cdots \\
F &= p_1^2 + p_2^2 + \cdots \\
G &= AC - B^2 \\
DL &= (AE - BD)/(G \cos Lat) \\
dB &= (CD - BF)/G
\end{aligned}$$

standard error を $\sigma = 60\sqrt{S/(n-2)}$ とマイルに換算しているが，ここに n は観測数，$S = F - DdB - EdL\cos Lat$ である。error ellipse の主軸方向と軸長は次により求めるが，以下のように考えて変換するとよい。残差方程式にかかわる

諸式は

$$
\begin{aligned}
V &= AX + L \\
N &= \sum_{i=1}^{n} A^{\mathrm{t}} A \\
&= \sum_{i=1}^{n} \begin{bmatrix} \sin^2 Z_i & \sin Z_i \cos Z_i \\ \sin Z_i \cos Z_i & \cos^2 Z_i \end{bmatrix} \\
&= \begin{bmatrix} C & B \\ B & A \end{bmatrix} \sigma^2 \ (= \vartheta^2) = \sum_{i=1}^{n} \frac{V^{\mathrm{t}} PV}{n-2}
\end{aligned}
$$

であるが，NavPac では

$$\sigma^2 = \frac{S}{n-2}$$

として計算している。また

$$\vartheta^2 N^{-1} = \begin{bmatrix} \sigma_x^2 & \sigma_{xy} \\ \sigma_{yx} & \sigma_y^2 \end{bmatrix}$$

であるから

$$\sigma^2 = \begin{bmatrix} \sigma_x^2 & \sigma_{xy} \\ \sigma_{yx} & \sigma_y^2 \end{bmatrix} N \tag{16.14}$$

となる。一方，誤差楕円の軸方向は北から右回りに測るので，座標軸について注意すれば

$$\tan 2\theta = 2B/(A - C)$$

と表現できるので

$$
\begin{aligned}
\sin^2 2\theta &= \frac{\tan^2 2\theta}{1 + \tan^2 2\theta} \\
&= \frac{(2B/(A-C))^2}{1 + (2B/(A-C))^2}
\end{aligned}
$$

と変換でき

$$1/\sin 2\theta = 1/2 \frac{\sqrt{(A-C)^2 + (2B)^2}}{B}$$

である。式 (16.14) から

$$
\begin{aligned}
\sigma_x^2 &= \frac{-\sigma^2 A}{B^2 - AC} \\
\sigma_y^2 &= \frac{\sigma^2 C}{B^2 - AC} \\
\sigma_{xy} &= \frac{\sigma^2 B}{B^2 - AC}
\end{aligned}
$$

また

$$A + C = n$$

であること，そして一般的に任意の平方根計算において

$$\frac{1}{\sqrt{X + \sqrt{Y}}} = \frac{\sqrt{X - \sqrt{Y}}}{\sqrt{X^2 - Y}}$$

であることを考慮して計算すると，次の式が得られる。2 重の平方根を避けて計算を容易にするための工夫がなされているわけである。

$$\tan 2\theta = 2B/(A - C)$$
$$a = \sigma k/\sqrt{n/2 + B/\sin 2\theta}$$
$$b = \sigma k/\sqrt{n/2 - B/\sin 2\theta}$$

ここに，k は χ^2 分布の scale factor で，$k = \sqrt{-2\ln(1 - P)}$，前出のとおり，確率（probability）P が 0.39（39 %）で k は 1.0，P が 0.50（50 %）で k は 1.2，P が 0.75（75 %）で k は 1.7，P が 0.90（90 %）で k は 2.1，P が 0.95（95 %）で k は 2.4 である。

16.6　例題：error ellipse の求め方

16.6.1　距離および方位を測定した場合

① position（x-y coordinate）

point	$x_{coordinate}$（meters）	$y_{coordinate}$（meters）
1	0	5000
2	0	2500
3	5000	0
4	10000	0
P（assumed position）	3500	7000

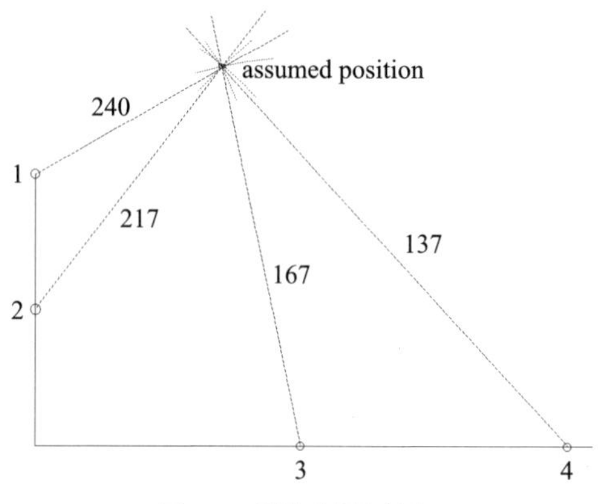

図 16.4　測位物標と船位

② distance/range（computed and observed）

fixed point	com. dist	obs'd dist	com.−obs.
1	4031.13	4030.0	1.128
2	5700.88	5702.0	−1.122
3	7158.91	7161.0	−2.089
4	9552.49	9550.0	2.486

③ computed/observed azimuth

fixed point	com. Az	obs. Az	com.−obs. Az（sec）
1	240°15′18″	240°23′16″	122.4
2	217°52′30″	217°50′29″	120.9
3	167°54′18″	167°53′17″	61.8
4	137°07′16″	137°06′15″	60.9

④ assumed（a priori）standard error

$$\sigma_{\mathrm{s}} = 2\,\text{meters} : p = 1/\sigma^2 = 0.25$$
$$\sigma_{\mathrm{a}} = 60\,\text{seconds} : p = 1/\sigma^2 = 0.000278$$
$$k : 206264.8062$$

$$A = \begin{bmatrix} 0.868243 & 0.496138938 \\ 0.613940614 & 0.789352217 \\ -0.209529089 & 0.977802414 \\ -0.680451099 & 0.732793492 \\ 25.38643769 & -44.42626596 \\ 28.5597424 & -22.21313298 \\ 28.17275402 & 6.037018719 \\ 15.82305363 & 14.69283551 \end{bmatrix}, \quad L = \begin{bmatrix} 1.12 \\ -1.12 \\ -2.09 \\ 2.48 \\ 122 \\ 121 \\ 61.9 \\ 60.9 \end{bmatrix}$$

$$P = [\text{diag}] \,|0.25 \quad 0.25 \quad 0.25 \quad 0.25 \quad 2.78e^{-4} \quad 2.78e^{-4} \quad 2.78e^{-4} \quad 2.78e^{-4}|$$

$$PA = \begin{bmatrix} 0.217060786 & 0.124034735 \\ 0.153485153 & 0.197338054 \\ -0.052382272 & 0.244450604 \\ -0.170112775 & 0.183198373 \\ 0.00705743 & -0.012350502 \\ 0.007939608 & -0.006175251 \\ 0.007832026 & 0.001678291 \\ 0.004398809 & 0.004084608 \end{bmatrix}$$

$$A^{t}PA = N = \begin{bmatrix} 1.105589832 & -0.325016656 \\ -0.325016656 & 1.346583366 \end{bmatrix}$$

$$PL = \begin{bmatrix} 0.282218537 \\ -0.280718626 \\ -0.52236709 \\ 0.621646818 \\ 0.034034798 \\ 0.033621638 \\ 0.017201117 \\ 0.016943274 \end{bmatrix}, \quad V = \begin{bmatrix} 0.108803877 \\ -1.368802029 \\ -0.653559312 \\ 4.501880268 \\ 28.71772702 \\ 45.61699147 \\ 17.86827215 \\ 48.48289822 \end{bmatrix}$$

$$A^{t}PL = U = \begin{bmatrix} 2.336085361 \\ -2.042892027 \end{bmatrix}$$

$$(A^{t}PA)^{-1} = N^{-1} = Q = \begin{bmatrix} 0.973574716 & 0.234985822 \\ 0.234985822 & 0.799337296 \end{bmatrix}$$

$$-X = N^{-1}U = \begin{bmatrix} 1.794 \\ -1.084 \end{bmatrix}$$

$$X = -N^{-1}U = \begin{bmatrix} dx \\ dy \end{bmatrix} = \begin{bmatrix} -1.794 \\ 1.084 \end{bmatrix}, \quad PV = \begin{bmatrix} 0.027200969 \\ -0.342200507 \\ -0.163389828 \\ 1.125470067 \\ 0.007983528 \\ 0.012681524 \\ 0.00496738 \\ 0.013478246 \end{bmatrix}$$

$\theta^2 = V^{\mathrm{t}}PV/(n-2) = 1.199$

variance-covariance matrix $(= \Sigma) = \begin{bmatrix} 1.167456 & 0.281782 \\ 0.281782 & 0.958521 \end{bmatrix}$

RMS $= 1.4587$, $z = 0.3005$, $a = 1.167$, $b = 0.873$

$2\alpha = -69.658$

$\beta = 0.5 * |2\alpha|$, $\rho = \sigma_x^2 - \sigma_y^2$

$\sigma_{xy} > 0$ and $\rho < 0$

$\beta = 34^\circ.82911$, $\theta = 235^\circ.17088$

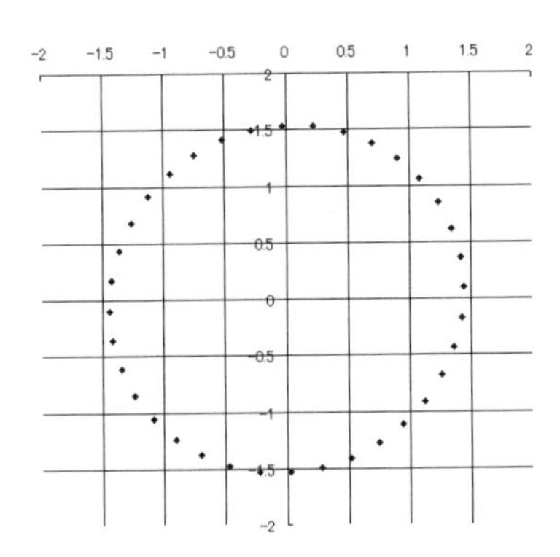

図 16.5　距離および方位観測における error ellipse

16.6.2　距離のみ測定した場合

データは同上とし，物標の距離のみを観測した場合

$$A = \begin{bmatrix} 0.868243 & 0.496138938 \\ 0.613941 & 0.789352217 \\ -0.209529 & 0.977802414 \\ -0.680451 & 0.732793492 \end{bmatrix}, \quad L = \begin{bmatrix} 1.1288 \\ -1.1228 \\ -2.089 \\ 2.486 \end{bmatrix}$$

$$P = [\text{diag}]\,|0.25 \quad 0.25 \quad 0.25 \quad 0.25|$$

$$A^{\mathrm{t}} = \begin{bmatrix} 0.868243142 & 0.613940614 & -0.209529089 & -0.680451099 \\ 0.496138938 & 0.789352217 & 0.977802414 & 0.732793492 \end{bmatrix}$$

$$PA = \begin{bmatrix} 0.217060786 & 0.124034735 \\ 0.153485153 & 0.197338054 \\ -0.052382272 & 0.244450604 \\ -0.170112775 & 0.183198373 \end{bmatrix}$$

$$A^{\mathrm{t}}PA = N = \begin{bmatrix} 0.409421342 & 0.052969107 \\ 0.052969107 & 0.590578658 \end{bmatrix}$$

$$PL = \begin{bmatrix} 0.28 \\ -0.28 \\ -0.52 \\ 0.62 \end{bmatrix}, \quad V = \begin{bmatrix} 1.709113659 \\ -0.633221748 \\ -2.030872088 \\ 2.234829871 \end{bmatrix}$$

$$A^{\mathrm{t}}PL = U = \begin{bmatrix} -0.24085 \\ -0.13679 \end{bmatrix}$$

$$(A^{\mathrm{t}}PA)^{-1} = N^{-1} = Q = \begin{bmatrix} 2.47114 & -0.22163 \\ -0.22163 & 1.71313 \end{bmatrix}$$

$$-X = N^{-1}U = \begin{bmatrix} -0.56487 \\ -0.18097 \end{bmatrix}$$

$$X = -N^{-1}U = \begin{bmatrix} dx \\ dy \end{bmatrix} = \begin{bmatrix} 0.56487 \\ 0.18097 \end{bmatrix}$$

$$PV = \begin{bmatrix} 0.427278415 \\ -0.158305437 \\ -0.507718022 \\ 0.558707468 \end{bmatrix}$$

$$\theta^2 = V^{\mathrm{t}}PV/(n-2) = 1.5551181$$

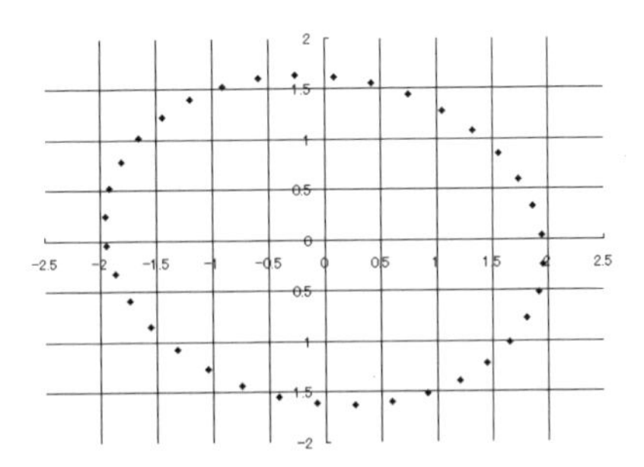

図 16.6　距離観測のみによる error ellipse

$$\Sigma = \begin{bmatrix} 3.842924134 & -0.344672566 \\ -0.344672566 & 2.664124644 \end{bmatrix}$$

$$\mathrm{RMS} = 2.55089, \quad z = 0.682781, \quad a = 1.98401, \quad b = 1.60335$$

$$2\alpha = -30.31848$$

$$\beta = 0.5 * |2\alpha|, \quad \rho = \sigma_x^2 - \sigma_y^2$$

$$\sigma_{xy} < 0 \quad \text{and} \quad \rho > 0$$

$$\beta = 164^\circ.8407, \quad \theta = 105^\circ.15924$$

16.6.3　方位のみ測定した場合

観測物標の条件は上記と同様とするが，2，3，4 の 3 個の fixed point 方位のみの観測を行った場合

$$A = \begin{bmatrix} 28.5597424 & -22.21313298 \\ 28.17275402 & 6.037018719 \\ 15.82305363 & 14.69283551 \end{bmatrix}, \quad L = \begin{bmatrix} 120.9 \\ 61.87 \\ 60.95 \end{bmatrix}$$

$$P = [\mathrm{diag}]\,|2.78e^{-4} \quad 2.78e^{-4} \quad 2.78e^{-4}|$$

$$A^{\mathrm{t}} = \begin{bmatrix} 28.5597424 & 28.17275402 & 15.82305363 \\ -22.21313298 & 6.037018719 & 14.69283551 \end{bmatrix}$$

$$PA = \begin{bmatrix} 0.007939608 & -0.006175251 \\ 0.007832026 & 0.001678291 \\ 0.004398809 & 0.004084608 \end{bmatrix}$$

$$A^{\mathrm{t}}PA = N = \begin{bmatrix} 0.517005491 & -0.064450516 \\ -0.064450516 & 0.207318024 \end{bmatrix}$$

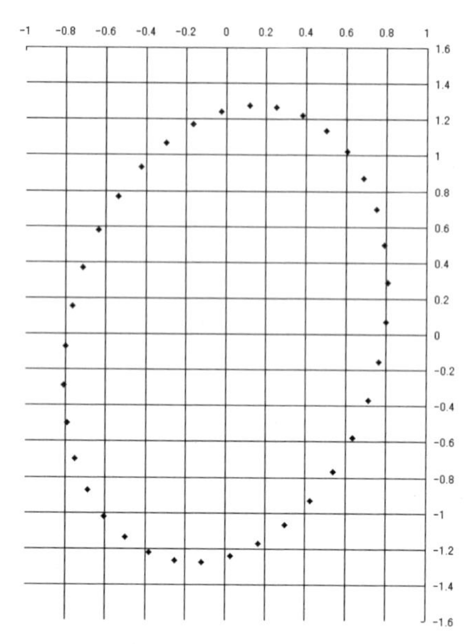

図 16.7　方位観測のみによる error ellipse

$$PL = \begin{bmatrix} 0.033621638 \\ 0.017201117 \\ 0.016943274 \end{bmatrix}, \qquad V = \begin{bmatrix} 9.422 \\ -22.816 \\ 23.619 \end{bmatrix}$$

$$A^{\mathrm{t}}PL = U = \begin{bmatrix} 1.712922498 \\ -0.394053714 \end{bmatrix}$$

$$(A^{\mathrm{t}}PA)^{-1} = N^{-1} = Q = \begin{bmatrix} 2.012196837 & 0.62554679 \\ 0.62554679 & 5.017975736 \end{bmatrix}$$

$$X = -N^{-1}U = \begin{bmatrix} dx \\ dy \end{bmatrix} = \begin{bmatrix} -3.2002 \\ 0.9058 \end{bmatrix}$$

$$PV = \begin{bmatrix} 0.002619218 \\ -0.006342969 \\ 0.006566034 \end{bmatrix}$$

$$\theta^2 = V^{\mathrm{t}}PV/(n-2) = 0.32448$$

$$\Sigma = \begin{bmatrix} 0.652924306 & 0.202979498 \\ 0.202979498 & 1.628249417 \end{bmatrix}$$

$$\mathrm{RMS} = 1.5103, \quad z = 0.5282, \quad a = 1.2918, \quad b = 0.7825$$

$$2\alpha = -22.598$$

$$\beta = 0.5 * |2\alpha|, \quad \rho = \sigma_x^2 - \sigma_y^2$$
$$\sigma_{xy} > 0 \quad \text{and} \quad \rho < 0$$
$$\beta = 78^\circ.7007, \quad \theta = 191^\circ.2992$$

16.6.4　2 物標の距離のみ測定した場合

上記 2 物標のうち 3，4 point の距離を測定した場合

$$A = \begin{bmatrix} -0.209529089 & 0.977802414 \\ -0.680451099 & 0.732793492 \end{bmatrix}, \quad L = \begin{bmatrix} -2.09 \\ 2.48 \end{bmatrix}$$
$$P = [\text{diag}]\ |0.25 \quad 0.25|$$
$$A^{\mathrm{t}} = \begin{bmatrix} -0.209529089 & -0.680451099 \\ 0.977802414 & 0.732793492 \end{bmatrix}$$
$$PA = \begin{bmatrix} -0.052382272 & 0.244450604 \\ -0.170112775 & 0.183198373 \end{bmatrix}$$
$$A^{\mathrm{t}}PA = N = \begin{bmatrix} 0.126729034 & -0.175877046 \\ -0.175877046 & 0.373270966 \end{bmatrix}$$
$$PL = \begin{bmatrix} -0.522 \\ 0.621 \end{bmatrix}, \quad V = \begin{bmatrix} 0 \\ 0 \end{bmatrix}$$
$$A^{\mathrm{t}}PL = U = \begin{bmatrix} -0.31354916 \\ -0.05523306 \end{bmatrix}$$
$$(A^{\mathrm{t}}PA)^{-1} = N^{-1} = Q = \begin{bmatrix} 22.8 & 10.74285714 \\ 10.74285714 & 7.740816327 \end{bmatrix}$$
$$X = -N^{-1}U = \begin{bmatrix} dx \\ dy \end{bmatrix} = \begin{bmatrix} 7.742 \\ 3.796 \end{bmatrix}$$
$$PV = \begin{bmatrix} 0 \\ 0 \end{bmatrix}$$
$$\theta^2 = V^{\mathrm{t}}PV/(n-2) = 1.0$$
$$\Sigma = \begin{bmatrix} 22.8 & 10.74285714 \\ 10.74285714 & 7.740816327 \end{bmatrix}$$
$$\text{RMS} = 5.526, \quad z = 13.1188, \quad a = 5.3281, \quad b = 1.4668$$
$$2\alpha = 54.9736$$
$$\beta = 0.5 * |2\alpha|, \quad \rho = \sigma_x^2 - \sigma_y^2$$

$\sigma_{xy} > 0 \quad \text{and} \quad \rho > 0$

$\beta = 27°.487, \quad \theta = 242°.513$

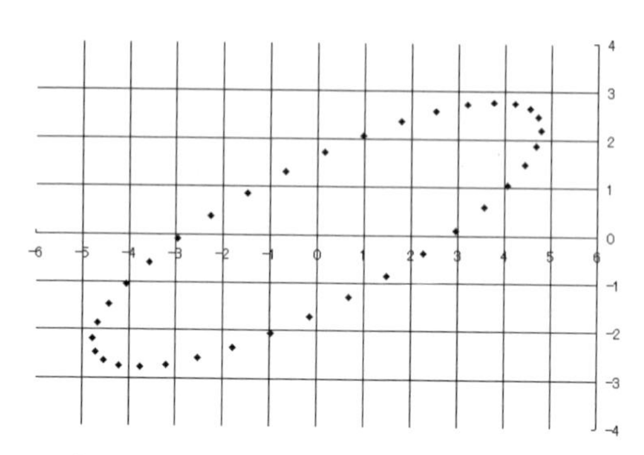

図 16.8　2 物標の距離のみによる error ellipse

16.6.5　天測の場合

(1) NavPac による計算の場合

天測の場合の NavPac における観測方程式を同様の方法で解き，観測条件は前出の数字を用いて以下のとおりとする（図 16.9「celestial fix.」参照）。

① assumed position = 32°45′N（32.75N），15°30′W（−15.5W），Co = 315，speed = 12 knots（at 12:00 UTC）

② 観測天体数（n），方位角（Z）およびインターセプト（p）

standard error = 1.0，$n = 4$

天体	1	2	3	4
time（UTC）	6:28:52	6:31:45	6:33:52	9:53:45
Lat	31.9695	31.9763	31.9813	32.4524
Long	−14.572	−14.5801	−14.586	−15.1462
GHA	323.0625	16.7933	73.2716	324.9039
DEC	38.7831	−16.1419	5.7085	−12.6589
Z	65.7778	182.8538	257.4309	124.7199
p（nm）	−0.4	2.9	−3.7	0.3

以上の条件より，天体地位を原点とするから天体方位については反方位を用いて

$$A = \begin{bmatrix} \sin Z & \cos Z \\ -0.91196122 & -0.41027642 \\ 0.04979 & 0.99876 \\ 0.97603427 & 0.21761689 \\ -0.821946269 & 0.56956504 \end{bmatrix}, \quad L = \begin{bmatrix} -0.4 \\ 2.9 \\ -3.7 \\ 0.3 \end{bmatrix}$$

$$A^{t} = \begin{bmatrix} -0.911961218 & 0.049787614 & 0.976034266 & -0.821946269 \\ -0.410276416 & 0.998759828 & 0.217616891 & 0.569565037 \end{bmatrix}$$

$$P = \begin{bmatrix} 1 & 0 & 0 & 0 \\ 0 & 1 & 0 & 0 \\ 0 & 0 & 1 & 0 \\ 0 & 0 & 0 & 1 \end{bmatrix}$$

$$N\ (= A^{t}PA) = \begin{bmatrix} 2.4623906 & 0.168132 \\ 0.168132 & 1.537609 \end{bmatrix}$$

$$A^{t}PL\ (= U) = \begin{bmatrix} -3.34874 \\ 2.426201 \end{bmatrix}$$

$$N^{-1} = \begin{bmatrix} 0.409164 & -0.04474 \\ -0.04474 & 0.655252 \end{bmatrix}$$

$$X\ (= N^{-1}U) = \begin{bmatrix} 1.478735341 \\ -1.739600894 \end{bmatrix}$$

$x = 1.47874$（mile），0.029303741（deg）

$y = -1.7396$（mile），-0.028993348（deg）

x，y を観測方程式に代入して，V を求めると

$$V = \begin{bmatrix} 1.034833 \\ -1.23618 \\ 2.63527 \\ 1.90625 \end{bmatrix}$$

$\sigma = 2.566854$

$V^{t}PV = 13.17748$

$\theta^{2} = 6.58874$

$$\text{variance-covariance matrix } (= \Sigma) = \begin{bmatrix} 2.69587 & -0.29478 \\ -0.29478 & 4.31728 \end{bmatrix}$$

fixed *lat* = 32°.72100665N
fixed *long* = 15°.47069626W
RMS = 2.64823

95％の確率 error ellipse の半径と方向はそれぞれ $a = 5.1164$，$b = 3.9800$，$\theta = 170.00901$（from South），350.00901（from North）。

k	2.4477468	2.1459660	1.6651092
		1.1774100	0.9942799
P	0.95	0.9	0.75
		0.5	0.39

（2）Severance による天測計算法の場合

上の（1）と同じ観測値を用いて天測の場合の偏微分項を観測方程式の係数とする方法で解く。観測条件は以下のとおりとする。

① assumed position = 32°45′N（32.75N），15°30′W（−15.5W），Co = 315，speed = 12 knots（at 12:00:00 UTC）

② 観測天体数（n），DRP（*Lat*，*Long*），GHA，Dec およびインターセプト（p）standard error = 1.0，$n = 4$

天体	1	2	3	4
time（UTC）	6:28:52	6:31:45	6:33:52	9:53:45
Lat	31.9695	31.9763	31.9813	32.4524
Long	−14.572	−14.5801	−14.586	−15.1462
GHA	323.0625	16.7933	73.2716	324.9039
Dec	38.7831	−16.1419	5.7085	−12.6589
p（deg）	−0.006828	0.048067	−0.061433	0.005217

経度を X 座標，緯度を Y 座標とするので，観測方程式の係数行列 A は以下のようにする。

$$A = \begin{bmatrix} dH/\lambda & dH/dL \\ 0.773643632 & 0.410277445 \\ -0.042234098 & -0.998759775 \\ -0.827892579 & -0.217618052 \\ 0.693587992 & -0.569566608 \end{bmatrix}, \quad L\,(\mathrm{deg}) = \begin{bmatrix} -0.006828 \\ 0.048067 \\ -0.061433 \\ 0.005217 \end{bmatrix}$$

$$A^t = \begin{bmatrix} 0.773643632 & -0.042234098 & -0.827892579 & 0.693587992 \\ 0.410277445 & -0.998759775 & -0.217618052 & -0.569566608 \end{bmatrix}$$

$$P = \begin{bmatrix} 1 & 0 & 0 & 0 \\ 0 & 1 & 0 & 0 \\ 0 & 0 & 1 & 0 \\ 0 & 0 & 0 & 1 \end{bmatrix}$$

$$N\ (= A^tPA) = \begin{bmatrix} 1.766778612 & 0.144710061 \\ 0.144710061 & 1.537612408 \end{bmatrix}$$

$$N^{-1} = \begin{bmatrix} 0.570398595 & -0.053682078 \\ -0.053682078 & 0.655411225 \end{bmatrix}$$

$$X\ (= N^{-1}U) = \begin{bmatrix} 0.029073239 & (X = d\lambda) \\ -0.029018032 & (Y = dL) \end{bmatrix}$$

$dL = -1.46$ (mile)　or　-0.02901 (deg)

$d\lambda = 1.467$ (mile)　or　0.02907 (deg)

latitude = 32°.72098992N

longitude = 15°.4709276W

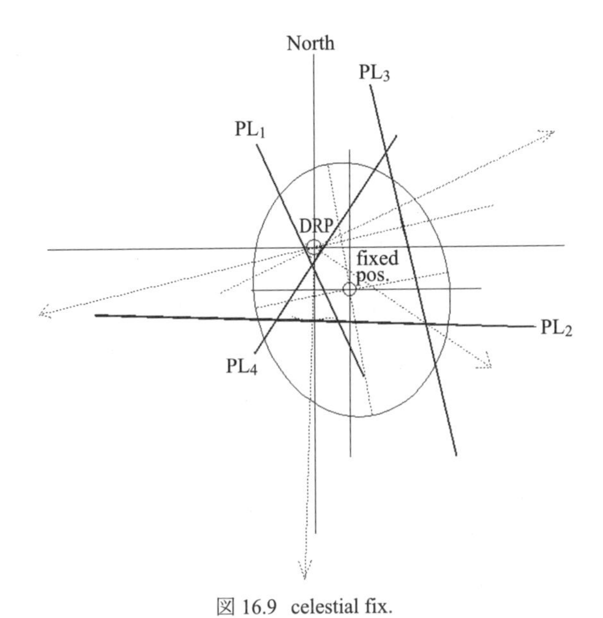

図 16.9　celestial fix.

この dL, $d\lambda$ を観測方程式に代入して，V を求めると

$$V^{t}(\text{deg}) = \begin{bmatrix} 0.017414 & -0.02031 & 0.043678 & 0.031475 \end{bmatrix}$$
$$V^{t}PV = 0.003614$$
$$\theta^{2} = 0.001807$$
$$\text{variance-covariance matrix } (= \Sigma) = \begin{bmatrix} 0.001030819 & -9.7014\text{E-}05 \\ -9.7014\text{E-}05 & 0.001184452 \end{bmatrix}$$
$$\text{RMS} = 0.047067 \ (2'.8)$$

95％の確率 error ellipse の半径と軸方位はそれぞれ $a = 5'.14$，$b = 4'.59$，$\theta = 334°.18$（from North）と求められた。

（1）とは観測方程式が異なるため，図 16.10「誤差楕円の比較」に示されるように誤差楕円の大きさと軸の方向に微妙な差が発生している。実用上問題ない数字が得られているようにみえるが，緯度・経度の修正値が angular 単位であることから，これを linear 単位に変換しなおして，観測方程式も別の linear 形式に変換することが必要である。とくに経度の修正値が問題となる。したがって，このままの数値を誤差楕円とするわけにはいかない。信頼性の面では（1）が優位に立つのではないかと思う。読者に理論的説明を求めたいところである。

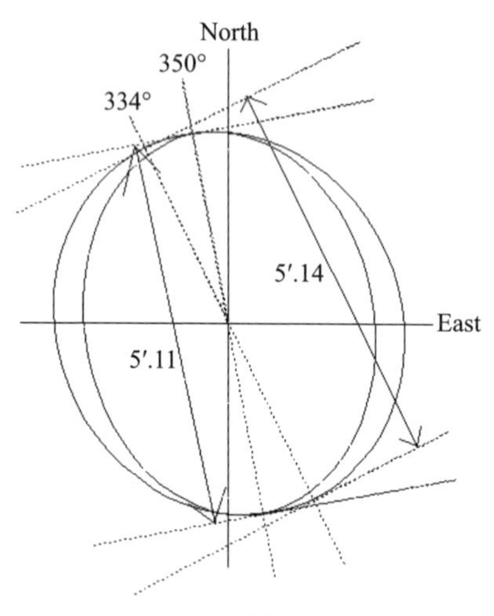

図 16.10 誤差楕円の比較

16.6.6 レーダ測距の場合

レーダの距離観測による位置決定を行った場合，その測位位置に関する誤差楕円を求めるには，計算により局からの距離を計算するための適当な計算式を使う必要があるが，簡易で必要精度が得られる式を見つけ出すことはで

きなかった。そこで Loran-C 測位に用いられる距離公式 (11.1) と方位角公式 (11.2) により計算することにした。

<例解>

自船の推測位置（DRP）を 33°39′N（32.65N），129°49′E（129.816667E）とし，各局の観測距離と経緯度を次表のとおりとする。

局	1	2	3
distance observed	13,352	6,517	14,247
Lat	33.560748	33.61384	33.686779
Long	129.765178	129.864103	129.985185

以上の条件より，DRP と各局との距離と方位角を計算すると

$$M(\text{dist, Az}) = \begin{bmatrix} 10,992.385 & 205.5735 \\ 5,954.525 & 132.4632 \\ 16,152.397 & 75.2722 \end{bmatrix}$$

観測方程式は，A を方位角の正弦・余弦からなるマトリックス，X を位置の修正項によるマトリックス（ベクトル），そして L を計算距離と観測距離との差のマトリックスとすれば

$$AX = L$$

で表現できる。それぞれに計算した値を代入すれば

$$A = \begin{bmatrix} \sin Z & \cos Z \\ -0.431669066 & -0.902032049 \\ 0.737710085 & -0.675117641 \\ 0.967144598 & 0.254226918 \end{bmatrix}, \quad L\,(\text{meter}) = \begin{bmatrix} -2359.61536 \\ -562.47526 \\ 1905.39687 \end{bmatrix}$$

$$A^{t} = \begin{bmatrix} -0.431669 & 0.737710 & 0.967144 \\ -0.902032 & -0.675117 & 0.254226 \end{bmatrix}$$

$$N\ (= A^{t}A) = \begin{bmatrix} 1.665923027 & 0.13721243 \\ 0.13721243 & 1.334076973 \end{bmatrix}$$

$$A^{t}L = \begin{bmatrix} 2446.42 \\ 2992.58 \end{bmatrix}$$

$$N^{-1} = \begin{bmatrix} 0.605396336 & -0.062266199 \\ -0.062266199 & 0.755986136 \end{bmatrix}$$

$$X\ (= N^{-1}A^{t}L) = \begin{bmatrix} 1294.7 \\ 2110.02 \end{bmatrix}$$

と求められ，これを緯度・経度の angular unit に変換し，位置の第 1 近似値が lat = 33.66898872N，$long$ = 129.8306635E と求められた。これを新 DRP として再度計算を繰り返すと，2 回で修正距離が 10 メートル以下の単位に収束し，lat = 33.66670995N，$long$ = 129.8334432E，すなわち 33°40′0″.156N，129°50′0″.395E と求められた。次に，誤差楕円を求めると

$$V = AX - L = \begin{bmatrix} 0.60377 \\ -0.50193 \\ 0.50847 \end{bmatrix}$$

$$V^{t}V = 0.87502$$

$$\text{variance-covariance matrix } (\Sigma) = \begin{bmatrix} 0.641034594 & -0.071804735 \\ -0.071804735 & 0.549942377 \end{bmatrix}$$

95 % の確率 error ellipse の半径と方向はそれぞれ，a = 2.019 m，b = 1.748 m，θ = 118°.8（from North）である。観測距離に誤差として約 ±10 m を含ませてあるが，この場合にはかなりの精度で測位計算ができている。

16.6.7　クロスベアリングの場合

クロスベアリング（cross bearings）による測位計算の場合，13.3 節「複数局の方位測定による位置決定」において観測方程式 (13.8) を解いたが，その形式が距離に関するデータをまったく含まないため，error ellipse を求めるには不適切な方程式である。そこで測位位置に関する誤差楕円を求めるに，DRP（測位位置）と各局の存在する海域を平面座標に置き換えて，観測方程式 (16.3) を用いて誤差楕円を求める計算を行うことにする。

＜例解＞

前出の地文航法での例解と同じデータを用いて計算するので，地文航法での例を参考にされたい。自船の推測位置（DRP）を 33°40′N（33.666666N），129°50′E（129.833333E）とし，各局の経緯度と観測方位を次表のとおりとするが，観測方位には約 ±0°.5 の誤差を含ませてある。

stn	*lat*	*long*	azimuth observed
stn_1	33.560748	129.765178	206.2
stn_2	33.613840	129.864103	132.0
stn_3	33.686779	129.985185	75.8

以上の条件より，DRP と各局との方位角を計算すると

$$M(\mathrm{Az})^{\mathrm{t}} = \begin{vmatrix} -151.7956 & 154.12138 & 80.91465 \end{vmatrix}$$

観測方程式は，A を偏微分項からなるマトリックス，X を位置の修正項によるマトリックス（ベクトル），そして L を計算方位と観測方位との差のマトリックスとすれば

$$AX = L$$

で表現できる。それぞれに計算した値を代入すれば

$$A = \begin{bmatrix} -225.3428037 & 350.2647525 \\ 425.9528164 & 731.334309 \\ 442.1506195 & -58.2918505 \end{bmatrix}$$

$$L(\Delta\mathrm{Az}\ (Z = Z_{\mathrm{o}} - Z_{\mathrm{c}}, \text{in rad})) = \begin{bmatrix} -0.03498 & -0.38609 & -0.08926 \end{bmatrix}$$

修正項である X を求めれば位置が決定できることは地文航法の章で例解として示してあるが，ここでは誤差楕円を求めるために次のように各局と DRP の位置を平面座標に変換する。DRP を座標原点として，各局との緯度差（dlat）と東西距（dep）を求め，南北方向に Y 軸，東西方向に X 軸をとる。すなわち，各局の座標を $(Y, X) = (\mathrm{dlat}, \mathrm{dep})$ とし，DRP からの距離を $d = \mathrm{dist}$ とする。単純に 1 海里を 1,852 m として計算するが，観測方位の精度を考慮すると，精度的には問題なく，各局の座標値は以下のとおりである。まず，初期値として DRP と観測および計算方位角を用いて

$$(Y, X, d^2)_{\mathrm{stn}} = \begin{vmatrix} -11,769.7008 & -6,310.9018 & 178,353,337.3 \\ -5,870.0622 & 2,847.4358 & 42,565,520.6 \\ 2,234.9010 & 14,040.3518 & 202,126,261.4 \end{vmatrix}$$

したがって，観測方程式 (16.4) を用いて

$$A = \begin{bmatrix} -6.59909\text{E-}05 & 3.53843\text{E-}05 \\ -0.000137907 & -6.68954\text{E-}05 \\ 1.1057\text{E-}05 & -6.94633\text{E-}05 \end{bmatrix}$$

修正項として

$$X = \begin{bmatrix} -1840.3096\,\mathrm{m} \\ -1850.2229\,\mathrm{m} \end{bmatrix}$$

が得られた。これを経緯度に変換して新位置を求めると同時に error ellipse についての計算をし，楕円の軸方向と長さを求める。残差については

$$V = AX - L$$

であるから

$$V = \begin{bmatrix} 0.02099171 \\ -0.008529042 \\ 0.018906819 \end{bmatrix}, \quad \Sigma = \begin{bmatrix} 43667.12163 & -25334.98903 \\ -25334.98903 & 97228.27613 \end{bmatrix}$$

この新位置のデータを用いて同じ作業を 2，3 回行い，解が収束したらそれを最も確からしい位置（緯度 33°.64963，経度 129°.81672）とし，楕円の大きさと軸方向を決定する。2 回の繰り返し計算で，長軸方向が 133°.7，$a = 246.21\,\mathrm{m}$，$b = 201.66\,\mathrm{m}$ と求められた。$a = 0'.13$，$b = 0'.11$ ということであり，経験上，考えているクロスベアリング測位の誤差のイメージにおおよそ合致しているのではなかろうか。

16.6.8　双曲線航法における error ellipse 計算

Loran-C に関する観測方程式は次のとおりである。

$$\begin{aligned} \Delta\phi(\cos Z_1 - \cos Z_0) + \Delta\lambda(\sin Z_1 - \sin Z_0) &= \Delta T_1' - \Delta T_1 \\ \Delta\phi(\cos Z_2 - \cos Z_0) + \Delta\lambda(\sin Z_2 - \sin Z_0) &= \Delta T_2' - \Delta T_2 \\ \Delta\phi(\cos Z_3 - \cos Z_0) + \Delta\lambda(\sin Z_3 - \sin Z_0) &= \Delta T_3' - \Delta T_3 \end{aligned}$$

行列形式では $AX = dT$ であり

$$A = \begin{bmatrix} \cos Z_1 - \cos Z_0 & \sin Z_1 - \sin Z_0 \\ \cos Z_2 - \cos Z_0 & \sin Z_2 - \sin Z_0 \\ \cos Z_3 - \cos Z_0 & \sin Z_3 - \sin Z_0 \end{bmatrix}$$

$$X = \begin{bmatrix} \Delta\phi \\ \Delta\lambda \end{bmatrix}$$

とする。

＜例解＞

旧北西太平洋チェーン GRI:8930 の各局の位置と emission delay，coding delay は以下のとおりである。推測位置 30°N，131°E として，各局の時間差を次のとおり観測した。

W：14,500，X：40,500，Z：73040

station	position		ED CD
M	$Lat = 34°24'11''.943$N,	$Long = 139°16'19''.473$E	
W	$Lat = 26°36'25''.038$N,	$Long = 128°08'56''.92$E	15,580.86 11,000
X	$Lat = 24°17'08''.007$N,	$Long = 153°58'53''.779$E	36,051.53 30,000
Z	$Lat = 36°11'05''.45$N,	$Long = 129°20'27''.44$E	73,085.64 70,000

$$a = 6,378.137, \quad b = 6,356.752$$

観測方程式の各項を計算すると

$$\Delta\phi(-1.36137) + \Delta\lambda(-1.42916) = 74.7057$$
$$\Delta\phi(-0.73902) + \Delta\lambda(0.158647) = 119.9377$$
$$\Delta\phi(0.414645) + \Delta\lambda(-1.03224) = -137.184$$

である。第 1 回目の近似計算による error ellipse は次の計算により求める。

① assumed position：30°N（30.0N），131°E（131.0E）

② 局の方位角（Z）と観測時間差を距離に変換した値：

standard error = 0.5，$n = 3$

局	1	2	3	4
Z	55.67868	217.2045	100.0894	348.0916
d（km）		22.38864	35.944277	-42.1129

以上の条件より

$$A = \begin{bmatrix} \cos Z_i - \cos Z_1 & \sin Z_i - \sin Z_1 \\ -1.361369714 & -1.429159473 \\ -0.739017695 & 0.158647084 \\ 0.414645317 & -1.032236471 \end{bmatrix}$$

$$L = \begin{bmatrix} -22.3885 \\ -35.9443 \\ 41.1129 \end{bmatrix}$$

$$A^{\mathrm{t}} = \begin{bmatrix} -1.361369714 & -0.739017695 & 0.414645317 \\ -1.429159473 & 0.158647084 & -1.032236471 \end{bmatrix}$$

$$P = \begin{bmatrix} 0.5 & 0 & 0 \\ 0 & 0.5 & 0 \\ 0 & 0 & 0.5 \end{bmatrix}$$

$$N\ (= A^{\mathrm{t}}PA) = \begin{bmatrix} 1.285702695 & 0.700179701 \\ 0.700179701 & 1.566588914 \end{bmatrix}$$

$$A^{\mathrm{t}}PL\ (= U) = \begin{bmatrix} 37.04497094 \\ -8.07187391 \end{bmatrix}$$

$$N^{-1} = \begin{bmatrix} 1.02800216 & -0.459460831 \\ -0.459460831 & 0.843683455 \end{bmatrix}$$

$$X\,(= N^{-1}U) = \begin{bmatrix} 41.79102004 \\ -23.83081961 \end{bmatrix}$$

$x = -41.791$（km），-0.37609（deg）

$y = 23.83082$（km），0.247637（deg）

x，y を観測方程式に代入して，V を求めると

$$V = \begin{bmatrix} 0.446346857 \\ -1.279280923 \\ -0.814595348 \end{bmatrix}$$

$V^{\mathrm{t}}PV = 1.249675, \quad \theta^2 = 1.24967$

$$\text{variance-covariance matrix} = \begin{bmatrix} 1.284668999 & -0.574176893 \\ -0.574176893 & 1.054330449 \end{bmatrix}$$

したがって，fixed $lat = 29°.6239$N，fixed $long = 131°.2476$E，RMS = 1.5293，95％ の確率 error ellipse の半径はそれぞれ $a = 3.24$（km），$b = 1.87$（km），$\theta = 130.0$（from South），310.0（from North）。

5 回の繰り返し計算で修正値が 0′.1 以下になって計算を終了した時点では，$a = 0.413$ km，$b = 0.232$ km，方位 127° である。

k と P の対応は以下のとおりである。

k	2.447746831	2.145966026	1.665109222	1.177410023	0.994279962
P	0.95	0.9	0.75	0.5	0.39

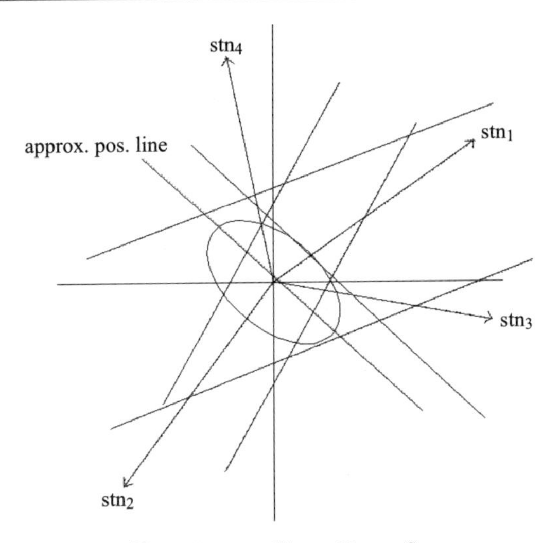

図 16.11　error ellipse of Loran fix.

16.6.9　GPS 測位の error ellipse 計算

GPS 測位に関する観測方程式は次のように表される。行列形式で $V = AX + L$ であり，X は位置決定のための補正項で 3 次元座標 (dX, dY, dZ) および受信機時刻補正項を含むものとし，A は測者と衛星との方向余弦，L は assumed position と衛星間の計算距離と観測距離との差，そして V は残差である。公式どおりに計算すれば error ellipse を求めることができるが，電離層遅延などの誤差を受信機の時刻誤差に含ませた式であり，単純な適用はできない。受信機の時刻誤差について観測距離から補正した残差を求める必要がある。また，座標系が地心座標系であるため，地球表面を航行する者からするとイメージしにくい。測者の地表面座標系（topocentric horizontal coordinate system）（南を

Y，西を X，鉛直上方を Z 軸の方向とする）へ座標変換して求めることにする。座標変換の行列は，緯度，経度を ϕ，λ として

$$R_{\text{topo}} = \begin{bmatrix} \sin\phi\cos\lambda & \sin\phi\sin\lambda & -\cos\phi \\ -\sin\lambda & \cos\lambda & 0 \\ \cos\phi\cos\lambda & \cos\phi\sin\lambda & \sin\phi \end{bmatrix}$$

であるが，変換においては回転方向に注意を要する。

① assumed position

$$x = -730,000, \quad y = -5,440,000, \quad z = 3,230,000$$
$$(\text{latitude} = 30.6444, \quad \text{longitude} = -97.6429)$$

② satellites' position

stellite	x	y	z
1	15,524,471.175	−16,649,826.222	13,512,272.387
2	−2,304,058.534	−23,287,906.465	11,917,038.105
3	16,680,243.357	−3,069,625.561	20,378,551.047
4	−14,799,931.395	−21,425,358.240	6,069,947.224

③ observed range

1	2	3	4
22,274,148.86	19,920,225.73	24,566,297.85	21,491,223.26

④ calculated range（satellites-assumed position）

1	2	3	4
22,261,922	19,912,058	24,552,150	21,483,946

⑤ difference of ranges（$R_{\text{calculated}} - R_{\text{observed}}$）

$$L = \begin{bmatrix} -12,227.06 \\ -8,167.66 \\ -14,148.22 \\ -7,276.98 \end{bmatrix}$$

⑥ position fix.

direction cosine :

$$A = \begin{bmatrix} Dx & Dy & Dz & Dt \\ 0.730146809 & -0.503542611 & 0.461877123 & -1 \\ -0.079050519 & -0.896336602 & 0.436270228 & -1 \\ 0.709112791 & 0.096544477 & 0.69845416 & -1 \\ -0.654904421 & -0.744060613 & 0.132189272 & -1 \end{bmatrix}$$

$$P = \begin{bmatrix} 1 & 0 & 0 & 0 \\ 0 & 1 & 0 & 0 \\ 0 & 0 & 1 & 0 \\ 0 & 0 & 0 & 1 \end{bmatrix}$$

$$N = A^{\mathrm{T}}PA = \begin{bmatrix} 1.471104099 & 0.258945352 & 0.711462159 & -0.70530466 \\ 0.258945352 & 1.619921496 & -0.654544725 & 2.047395349 \\ 0.711462159 & -0.654544725 & 0.908974405 & -1.728790782 \\ -0.70530466 & 2.047395349 & -1.728790782 & 4 \end{bmatrix}$$

$$N^{-1} = \begin{bmatrix} 3.145986462 & -0.529360651 & -7.153037383 & -2.265853911 \\ -0.529360651 & 4.1865101 & -4.629589975 & -4.237098579 \\ -7.153037383 & -4.629589975 & 30.74880526 & 14.39794537 \\ -2.265853911 & -4.237098579 & 14.39794537 & 8.24198346 \end{bmatrix}$$

$$U = A^{\mathrm{T}}PL = \begin{bmatrix} -13,548.84 \\ 17,526.40 \\ -20,054.52 \\ 41,819.91 \end{bmatrix}$$

$$-X = N^{-1}U = \begin{bmatrix} -3,209.32 \\ -3,804.20 \\ 1,243.52 \\ 12,373.71 \end{bmatrix}$$

$$\text{position} : \begin{bmatrix} x & -733,209.32 \\ y & -5,443,804.20 \\ z & 3,231,243.51 \\ T & 12,373.71 \end{bmatrix}$$

latitude：30.6347006

longitude：– 97.6708309

⑦ error ellipse

rotational matrix（geocentric-topocentric）：

$$R_x = \begin{bmatrix} 1 & 0 & 0 \\ 0 & 0.507175247 & -0.861842949 \\ 0 & 0.861842949 & 0.507175247 \end{bmatrix}$$

$$R_z = \begin{bmatrix} -0.991116166 & 0.132999044 & 0 \\ -0.132999044 & -0.991116166 & 0 \\ 0 & & 1 \end{bmatrix}$$

topocentric direction cosine :

$$A_{\text{topo}} = \begin{bmatrix} -0.790630992 & -0.194201179 & 0.580679375 & -1 \\ -0.040863664 & 0.079896989 & 0.995965176 & -1 \\ -0.689972828 & -0.698320134 & 0.190490125 & -1 \\ 0.550127008 & 0.304266055 & 0.777677595 & -1 \end{bmatrix}$$

topocentric calculation :

$$dX_{\text{topo}} = \begin{bmatrix} 2,674.85 \\ 1,057.02 \\ 4,248.04 \\ 12,373.71 \end{bmatrix}$$

$$PV_{\text{topo}} = \begin{bmatrix} -0.59 \\ -0.22 \\ -0.47 \\ -0.01 \end{bmatrix}$$

$$N^{-1} = \begin{bmatrix} 3.303950018 & -5.899869423 & 2.74239742 & 1.682194379 \\ -5.899869423 & 18.94813782 & -14.37882521 & -10.09314137 \\ 2.74239742 & -14.37882521 & 15.82921398 & 11.21100569 \\ 1.682194379 & -10.09314137 & 11.21100569 & 8.24198346 \end{bmatrix}$$

$$\text{variance-covariance} = \begin{bmatrix} 1.02 & -1.82 & 0.85 & 0.52 \\ -1.82 & 5.86 & -4.45 & -3.12 \\ 0.85 & -4.45 & 4.89 & 3.47 \\ 0.52 & -3.12 & 3.47 & 2.55 \end{bmatrix}$$

error ellipse : $a = 6.22\,\text{m},\ b = 1.56\,\text{m},\ \text{direction} = 198.5\,\text{deg}$

ここまで，3 次元の座標を扱っていることから自由度 3 あるいは時刻を含んだ 4 次元の観測方程式を解いているので，自由度 3 あるいは 4 の χ^2 分布を考慮すべきところ，対応した計算をしていないことに気づいた。そのほかにも本書における GPS についての計算は問題があるかもしれない。実際に計算して確認してほしい。

民間利用の GPS 測位では電離層遅延誤差を分離補正することができず，受信機の時計誤差のみ考慮している。その場合の正しい計算法は別途検討の必要がある。

参考文献

[1] 西周次,「衛星航法システムの位置決定誤差に関する研究」, 電子航法研究所報告, No.10, 1974.11.
[2] Horizontal Accuracy Estimating Algorithms, EM 1110-2-1003, http://agrolink.moa.my/did/trainingmaterial/hydrographic/
[3] Error Ellipses, http://www.geom.unimelb.edu.au/nicole/surveynetworks
[4] NavPac and Compact Data 2006–2010, Her Majesty's Nautical Almanac Office.
[5] 一石賢,「道具としての統計解析」, 日本実業出版社, 2004.
[6]「統計学入門」, http://www.snap.tck.com/room04/c01/stat

第 17 章

潮　汐

17.1　平衡潮汐理論

17.1.1　起潮力

点 P における月による引力を P，地球と月との共通重心を回る地球の公転による遠心力を Z とし，R を地球半径，D を月と地心との距離，M，E はそれぞれ月の質量，地球の質量，そして ρ を点 P と月との距離とすると，引力と遠心力の水平および鉛直分力は次のように表される（図 17.1「起潮力」参照）。なお，G は万有引力定数である。

$$P_{\mathrm{h}} = \frac{GM\sin\theta'}{\rho^2} \tag{17.1}$$

$$P_{\mathrm{v}} = \frac{GM\cos\theta'}{\rho^2} \tag{17.2}$$

$$Z_{\mathrm{h}} = \frac{GM\sin\theta}{D^2} \tag{17.3}$$

$$Z_{\mathrm{v}} = \frac{GM\cos\theta}{D^2} \tag{17.4}$$

したがって，起潮力（f）の水平および鉛直成分は，添字 $_{\mathrm{h}}$ で水平，$_{\mathrm{v}}$ で鉛直を示せば

$$f_{\mathrm{h}} = P_{\mathrm{h}} - Z_{\mathrm{h}} = GM\left(\frac{\sin\theta'}{\rho^2} - \frac{\sin\theta}{D^2}\right) \tag{17.5}$$

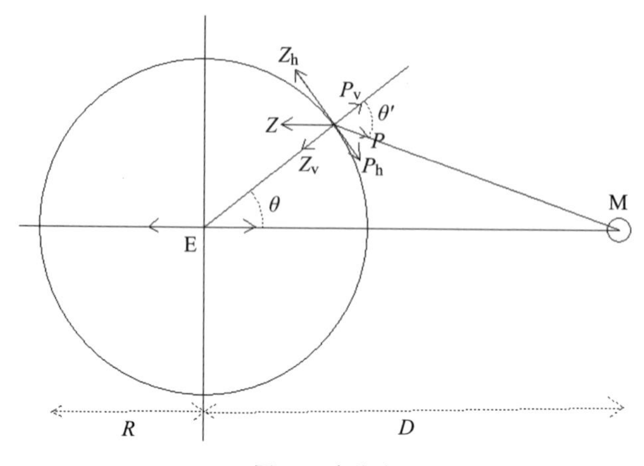

図 17.1 起潮力

$$f_{\mathrm{v}} = P_{\mathrm{v}} - Z_{\mathrm{v}} = GM\left(\frac{\cos\theta'}{\rho^2} - \frac{\cos\theta}{D^2}\right) \tag{17.6}$$

である。図 17.1「起潮力」の三角形 EPM において

$$\sin\theta' = \sin(180 - \theta') = \frac{D\sin\theta}{\rho} \tag{17.7}$$

$$\cos\theta' = \frac{D\cos\theta - R}{\rho} \tag{17.8}$$

$$\rho = D\left(1 - \frac{R^2}{D^2} - \frac{2R}{D}\cos\theta\right)^{1/2} \tag{17.9}$$

であるから，これらを式 (17.5)，(17.6) に代入し，$1/D^4$ より高次の項を省略すると

$$f_{\mathrm{h}} = \frac{3}{2}G\frac{MR}{D^3}\sin 2\theta \tag{17.10}$$

$$f_{\mathrm{v}} = 3G\frac{MR}{D^3}\left(\cos^2\theta - \frac{1}{3}\right) \tag{17.11}$$

が得られ，起潮力ポテンシャルとして

$$\Omega = -\frac{3}{2}G\frac{MR^2}{D^3}\left(\cos^2\theta - \frac{1}{3}\right) \tag{17.12}$$

が導かれる。

17.1.2　平衡潮汐論と平衡潮汐

起潮力がないときの海水面を N，起潮力が働いたときの海水面を W とし，$\overline{\eta}$ を N に対する W の上昇量とすると，重力によるポテンシャルは $g\overline{\eta}$ であるから，W 面上においては $g\overline{\eta} + \Omega = \text{const.}$ である（図 17.2「潮高」参照）。

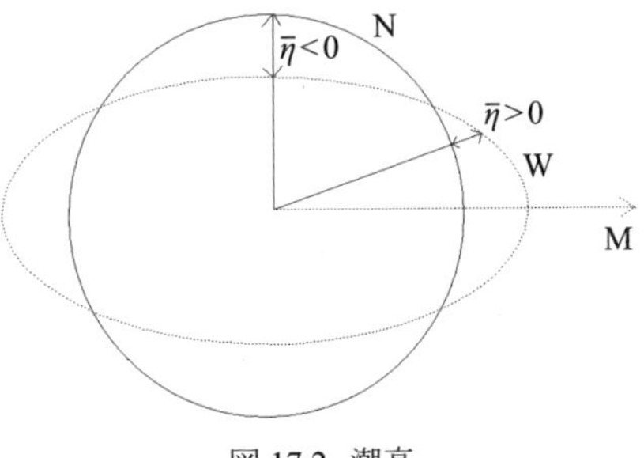

図 17.2　潮高

したがって $\overline{\eta} = -\Omega/g + c$，$g = GE/R^2$ であるから，月による平衡潮高 $\overline{\eta}$ は

$$\overline{\eta} = -\frac{3}{2}\frac{M}{E}\left(\frac{R}{D}\right)^3 R\left(\cos^2\theta - \frac{1}{3}\right) \tag{17.13}$$

となる。しかし，M，E，R などの常数を代入しても，潮差は最大でも約 78 cm 程度にしかならない。これは，海洋が等水深でなく，海水に摩擦や慣性があるために，この式では現実の潮高を表現できていないということである。

17.1.3　潮高の式における θ の展開

図 17.1 における θ は天体の位置と地球上の観測点の位置との関係により変化する。天文球面三角形より，φ を観測点の緯度，h を時角，δ を赤緯とすれば，$\cos\theta = \sin\varphi\sin\delta + \cos\varphi\cos\delta\cos h$ であるから

$$\overline{\eta} = \frac{3M}{4E}\left(\frac{R}{D}\right)^3 R \left(\cos^2\varphi\cos^2\delta\cos 2h + \sin 2\varphi\sin 2\delta\cos h + 3(1/3 - \sin^2\varphi)(1/3 - \sin^2\delta)\right) \tag{17.14}$$

式 (17.14) において，φ は常数で，δ，h は変数であるが，δ は月については周期約 1 月，太陽では約 1 年で変化するため，1 日程度の間は常数とみなせる。一方，h は 1 日で約 360 度変化する。そのため，$\cos h$ の項を日周潮，$\cos 2h$ の項を半日周潮と呼び，第 3 項は長周期潮と呼んでいる。

この式で，一応，潮高の周期的変化は説明できるが，現実には δ，h の変化は月と太陽の軌道により複雑に変化する。すべての軌道変化項を考慮すれば，約 400 の級数による展開式が必要になる。

h，δ などの変数の変化を考慮して展開式を次のように書き換えることができる。

$$\bar{\eta} = \frac{3M}{4E}\left(\frac{R}{D}\right)^3 R$$
$$\Big(\cos^2\varphi \sum C_2(I,e)\cos(2t,s,h,p,\nu,\xi) + \sin 2\varphi \sum C_1(I,e)\cos(t,s,h,p,\nu,\xi)$$
$$+ (1/3 - \sin^2\varphi)\sum C_0(I,e)\cos(s,h,p,\nu,\xi)\Big) \tag{17.15}$$

ここに，R：地球半径，D：地球と天体との平均距離，φ：緯度，t：地方平時，s：平均黄緯，h：平均黄経，p：近地点黄経であり，I，ξ，ν は天体軌道の昇交点の位置に関するもので月については約 18.6 年の周期で変化する。e は軌道の離心率である。このように潮汐を規則正しい多くの潮汐に分けて数式展開することを調和分析という。

17.1.4　分潮

上式で周期ごとに分けられた潮汐を分潮と呼び，C_2，C_1，C_0 についての項は，半日周潮群，日周潮群，長周期潮群を示す。主な分潮については記号が付けられ，M_2，S_2 は主太陰半日周潮，主太陽半日周潮，K_1，O_1 は日月合成日周潮，主太陰日周潮，Mf，Mm は太陰半月周潮，太陰月周潮と呼ばれる。実用上とくに重要なものは M_2，S_2，K_1，O_1 である。しかし，浅い海においては元の分潮の 2 倍，3 倍，4 倍 $\cdots$ の速度を持つ分潮が現れてくる。これを倍潮という。また，複合潮と呼ばれる分潮の合成されたものも現れる。

17.1.5　潮汐ポテンシャルの具体的展開式

A. T. Doodson の “Admiralty Manual of Tides” により潮汐ポテンシャルの展開を示すが，誠に懇切丁寧に説明が行われている。この古典的名著を所蔵する日本の大学図書館が少ないことが不思議である。まず，月に関する潮汐項を求める。

(1) 潮汐ポテンシャルと月の運動に関する公式

Doodson は潮汐ポテンシャルを次の式に展開している。

$$\text{Common-coefficient : } \frac{3Me^3}{2Ec^3}e \tag{17.16}$$

$$\text{Long-period-species : } \frac{3}{4}\left(\frac{c}{r}\right)^3\left(\frac{1}{3}-\sin^2\phi\right)\left(\frac{2}{3}-2\sin^2 d\right) \tag{17.17}$$

$$\text{Diurnal-species : } -\frac{1}{2}\left(\frac{c}{r}\right)^3\sin 2\phi\sin 2d\cos Z \tag{17.18}$$

$$\text{Semidiurnal-species : } \frac{1}{2}\left(\frac{c}{r}\right)^3\cos^2\phi\cos^2 d\cos 2Z \tag{17.19}$$

ここでは潮汐ポテンシャルの展開に必要な月の運動公式を示す。そのための軌道要素は次の記号で表記し，後に (′) を付けて太陽の要素を示すことにする。表記は Doodson のものを用いているが，前出の式から類推できるとおりであり，ϕ (l) : latitude，e : the radius of the earth とし，次表のとおり

月の軌道要素など

r	the distance of the moon
c	the mean distance of the moon
x	the longitude of the moon
y	the latitude of the moon
s	the mean longitude of the moon
p	the mean longitude of the lunar perigee
N	the mean longitude of the ascending node
a	the right ascension of the moon
d	the declination of the moon
Z	the angular distance between the meridian of the place and the meridian at which lower transit is taking place
z	local sidereal time
h	the mean longitude of the sun

とすると，必要な公式は

$$
\begin{aligned}
c/r &= 1 + 0.055\cos(s-p) + 0.010\cos(s-2h+p) \\
&\qquad + 0.008\cos(2s-2h) + 0.003\cos(2s-2p) \qquad (17.20)\\
x &= s + 0.110\sin(s-p) + 0.022\sin(s-2h+p) \\
&\qquad + 0.011\cos(2s-2h) + 0.004\cos(2s-2p) \qquad (17.21)\\
\sin d &= 0.406\sin a + 0.008\sin 3a + 0.090\sin(a-N) \\
&\qquad + 0.006\sin(3a-N) \qquad (17.22)\\
a &= x - 0.043\sin 2s + 0.019\sin N - 0.019\sin(2s-N) \qquad (17.23)
\end{aligned}
$$

である。また，Z と赤経（z）との関係は次の式で表される。

$$
Z = 15^\circ z - a + 180^\circ \qquad (17.24)
$$

(2) 赤緯に関する項の展開

赤緯に関して展開する項は $\cos^2 d$，$\sin 2d$，$2/3 - 2\sin^2 d$ である。式 (17.22) は変形して

$$
\begin{aligned}
\sin d &= 0.406\cos(a-90^\circ) + 0.008\cos(3a-90^\circ) \\
&\qquad + 0.090\cos(a-N-90^\circ) + 0.006\cos(3a-N-90^\circ)
\end{aligned}
$$

これからは，三角関数の公式 $\cos A\cos B = 1/2\cos(A+B) + 1/2\cos(A-B)$ を用いて計算していく。必要な大きさの項だけを求めていくことにして

$$
\begin{aligned}
\sin^2 d &= 0.165\cos^2(a-90^\circ) + 0.008\cos^2(a-N-90^\circ) + \cdots \\
&\qquad + 2(0.036\cos(a-90^\circ)\cos(a-N-90^\circ) \\
&\qquad + 0.003\cos(a-90^\circ)\cos(3a-90^\circ) + \cdots)
\end{aligned}
$$

これは，また変形して

$$
\begin{aligned}
\sin^2 d &= 0.082(1+\cos(2a-180^\circ)) + 0.004(1+\cos(2a-2N-180^\circ)) \\
&\qquad + 0.036(\cos(-N) + \cos(2a-N-180^\circ)) \\
&\qquad + 0.003(\cos(2a) + \cos(4a-180^\circ))
\end{aligned}
$$

と表すことができる。また $\cos^2 d = 1 - \sin^2 d$，$\cos d = (1-\sin^2 d)^{1/2} = 1 - 1/2\sin^2 d$ であることを利用し，まず赤緯に関する項は次のように展開式を求

めることができる。

$$
\begin{aligned}
\sin^2 d &= 0.082(1+\cos(2a-180^\circ)) + 0.036(\cos(-N) + \cos(2a-N-180^\circ)) \\
&\quad + 0.004(1+\cos(2a-2N-180^\circ)) + 0.004(1+\cos(2a-2N-180^\circ)) \\
&\quad + 0.003(\cos 2a + \cos(4a-180^\circ)) \\
&= 0.086 + 0.079\cos(2a-180^\circ) + 0.036\cos(-N) \\
&\quad + 0.036\cos(2a-N-180^\circ)
\end{aligned}
$$

$$
\begin{aligned}
\cos d &= 1 - 1/2\sin^2 d \\
&= 1 - 1/2(0.086\cos 0 + 0.079\cos(2a-180^\circ) \\
&\quad + 0.036(\cos(-N) + \cos(2a-N-180^\circ))) \\
&= 0.957 + 0.04\cos 2a + 0.018\cos(N-180^\circ) + 0.018\cos(2a-N)
\end{aligned}
$$

$$
\begin{aligned}
\cos^2 d &= 1 - \sin^2 d \\
&= 0.914 + 0.079\cos 2a + 0.036\cos(N-180^\circ) + 0.036\cos(2a-N)
\end{aligned}
$$

$$
\begin{aligned}
\sin 2d &= 2\sin d\cos d \\
&= 0.757\cos(a-90^\circ) + 0.158\cos(a-N-90^\circ) + 0.031\cos(3a-90^\circ) \\
&\quad + 0.022\cos(3a-N-90^\circ) + 0.011\cos(a+N+90^\circ)
\end{aligned}
$$

$$
\begin{aligned}
2/3 - 2\sin^2 d &= 0.495 + 0.158\cos 2a + 0.072\cos(N-180^\circ) \\
&\quad + 0.072\cos(2a-N)
\end{aligned}
$$

Doodson はこれを表にして次のように表記している。

Expansions of declinational factors in terms of right ascension

Table 1：$\sin d$ expanded by series of cosines

Arguments	Coefficients of Cosines
$a-90^\circ$	0.406
$3a-90^\circ$	0.008
$a-N-90^\circ$	0.090
$3a-N-90^\circ$	0.006

Table 2：$\sin^2 d$ expanded by series of cosines

Arguments	Coefficients of Cosines
0	0.086
$2a-180^\circ$	0.079
N	0.036
$2a-N-180^\circ$	0.036

Table3：$\cos d$ expanded by series of cosines

Arguments	Coefficients of Cosines
0	0.957
$2a$	0.040
$N - 180°$	0.018
$2a - N$	0.018

Table4：$\cos^2 d$ expanded by series of cosines

Arguments	Coefficients of Cosines
0	0.914
$2a$	0.079
$N - 180°$	0.036
$2a - N$	0.036

Table 5：$\sin 2d$ expanded by series of cosines

Arguments	Coefficients of Cosines
$a - 90°$	0.757
$a - N - 90°$	0.158
$3a - 90°$	0.031
$3a - N - 90°$	0.022
$a + N + 90°$	0.011

Table 6：$2/3 - 2\sin^2 d$ expanded by cosines

Arguments	Coefficients of Cosines
$0°$	0.495
$2a$	0.158
$N - 180°$	0.072
$2a - N$	0.072

続いて，恒星時を加味した項（$-\sin 2d \cos Z$，$\cos^2 d \cos 2Z$）を計算するが，$Z = 15°z - a + 180°$ であるから，次のように展開される。

$$
\begin{aligned}
&-\sin 2d \cos Z \\
&\quad = -\sin 2d \cos(15°z - a + 180°) \\
&\quad = -(0.757\cos(a - 90°) + 0.158\cos(a - N - 90°) + 0.031\cos(3a - 90°)
\end{aligned}
$$

$$
\begin{aligned}
&+ 0.022\cos(3a - N - 90^\circ) + 0.011\cos(a + N + 90^\circ)) * \cos(15^\circ z - a + 180^\circ) \\
&= -(0.757\cos(a - 90^\circ)\cos(15^\circ z - a + 180^\circ) \\
&\quad + 0.158\cos(a - N - 90^\circ)\cos(15^\circ z - a + 180^\circ) \\
&\quad + 0.031\cos(3a - 90^\circ)\cos(15^\circ z - a + 180^\circ) \\
&\quad + \cdots \\
&= -(0.757/2(\cos(15^\circ z + 90^\circ) + \cos(-15^\circ z + 2a - 270^\circ)) \\
&\quad + 0.158/2(\cos(15^\circ z - N + 90^\circ) + \cos(-15^\circ z + N + 2a - 270^\circ)) \\
&\quad + \cdots
\end{aligned}
$$

$$
\begin{aligned}
&\cos^2 d\cos 2Z \\
&= (0.914 + 0.079\cos(2a) + 0.036\cos(N - 180^\circ) + 0.036\cos(2a - N)) \\
&\quad * \cos(30^\circ z - 2a) \\
&= 0.914\cos(30^\circ z - 2a) + 0.079\cos(2a)\cos(30^\circ z - 2a) \\
&\quad + 0.036\cos(N - 180^\circ)\cos(30^\circ z - 2a) \\
&\quad + \ldots \\
&= 0.914\cos(30^\circ z - 2a) \\
&\quad + 0.079/2(\cos(30^\circ z) + \cos(-30^\circ z - 4a)) \\
&\quad + 0.036/2(\cos(30^\circ z + N - 2a - 180^\circ) + \cos(-30^\circ z + N + 2a - 180^\circ)) \\
&\quad + 0.036/2(\cos(30^\circ z - N) + \cos(-30^\circ z + N - 4a))
\end{aligned}
$$

整理して表に表すと

Expansions in Terms of Sidereal Time and Right Ascension

Table 7 : $-\sin 2d\cos Z$ expanded by series of cosines

Arguments	Coefficients of Cosines
$15^\circ z - 90^\circ$	0.379
$15^\circ z - 2a + 90^\circ$	0.379
$15^\circ z + 2a - 90^\circ$	0.015
$15^\circ z - 4a + 90^\circ$	0.015
$15^\circ z - N - 90^\circ$	0.079
$15^\circ z + N - 2a + 90^\circ$	0.079
$15^\circ z - N + 2a - 90^\circ$	0.011
$15^\circ z + N - 4a + 90^\circ$	0.011
$15^\circ z + N + 90^\circ$	0.006
$15^\circ z - N - 2a - 90^\circ$	0.006

Table 8 : $\cos^2 d \cos 2Z$ expanded by series of cosines

Arguments	Coefficients of Cosines
$30°z - 2a$	0.914
$30°z$	0.040
$30°z - 4a$	0.040
$30°z - N$	0.018
$30°z + N - 4a$	0.018
$30°z + N - 2a - 180°$	0.018
$30°z - N - 2a + 180°$	0.018

以上のように展開された項のうち赤経（a）を含む項について平均黄経（s）に置き換えて表現するに，すなわち $15°z-2a+90°$，$15°z+N-2a+90°$，$30°-2a$ について，それぞれ $A = 15°z + 90°$，$15°z + N + 90°$，$30°z$ と置き換えて，次のように展開する。

$$\begin{aligned}\cos(A - 2a) &= \cos((A - 2s) - (2a - 2s))\\ &= \cos(A - 2s)\cos(2a - 2s) + \sin(A - 2s)\sin(2a - 2s)\\ &= \cos(A - 2s)\cos(2a - 2s) + \cos(A - 2s - 90°)\sin(2a - 2s)\end{aligned}$$

前出の式 (17.21)，(17.23) から

$$\begin{aligned}a - s = {}&0.112\sin(s - p) - 0.043\sin(2s) + 0.022\sin(s - 2h + p)\\ &+ 0.011\sin(2s - 2h) + 0.004\sin(2s - 2p) + 0.019\sin(N)\\ &- 0.019\sin(2s - N)\end{aligned}$$

sin による展開式については，90° を加減して cos 関数で展開することができる。

また，$(2a - 2s)$ は十分小であるから

$$\begin{aligned}\sin(2a - 2s) &= 2a - 2s\\ \cos(2a - 2s) &= 1 - 1/2\sin^2(2a - 2s)\end{aligned}$$

とすることができ

$$\sin(2a - 2s) = (2a - 2s)$$

$$
\begin{aligned}
&= 0.22\cos(s - p - 90^\circ) \\
&\quad + 0.086\cos(2s + 90^\circ) \\
&\quad + 0.044\cos(s - 2h + p - 90^\circ) \\
&\quad + 0.022\cos(2s - 2h - 90^\circ) \\
&\quad + 0.008\cos(2s - 2p - 90^\circ) \\
&\quad + 0.038\cos(N - 90^\circ) \\
&\quad + 0.038\cos(2s - N + 90^\circ)
\end{aligned}
$$

$$
\begin{aligned}
\sin^2(2a - 2s) &= 0.024 \\
&\quad + 0.024\cos(2s - 2p - 180^\circ) \\
&\quad + 0.019\cos(s + p + 180^\circ) \\
&\quad + 0.019\cos(3s - p)
\end{aligned}
$$

$$
\begin{aligned}
\cos(2a - 2s) &= 0.988 \\
&\quad + 0.012\cos(2s - 2p) \\
&\quad + 0.01\cos(s + p) \\
&\quad + 0.01\cos(3s - p - 180^\circ)
\end{aligned}
$$

と展開できる。したがって，赤経を含む項 $\cos(A - 2a)\cos(2a - 2s)$ については次のように展開できる。

$$
\begin{aligned}
&\cos(A - 2s)\cos(2a - 2s) \\
&\quad = \cos(A - 2s) * \\
&\qquad (0.988 + 0.012\cos(2s - 2p) + 0.01\cos(s + p) + 0.01\cos(3s - p - 180^\circ)) \\
&\quad = 0.988\cos(A - 2s) + 0.006(\cos(A - 2p) + \cos(A - 4s + 2p)) \\
&\qquad + 0.005(\cos(A - s + p) + \cos(A - 3s - p)) \\
&\qquad + 0.005(\cos(A + s - p - 180^\circ) + \cos(A - 5s + p + 180^\circ))
\end{aligned}
$$

表形式にするには各項の係数を拾えばよいので，この項については表にするのを略す。

一方，$\cos(A - 2s - 90^\circ)\sin(2a - 2s)$ については，Doodson のように展開式の項を表にすれば

Expansions for Component Part of $\cos(A-2a)$

Table 9 : $\cos(A-2s-90^\circ)\sin(2a-2s)$

Arguments	Coefficients of Cosines
$A-3s+p$	0.110
$A-s-p-180^\circ$	0.110
$A-4s-180^\circ$	0.043
A	0.043
$A-3s+2h-p$	0.022
$A-s-2h+p-180^\circ$	0.022
$A-4s+2h$	0.011
$A-2h-180^\circ$	0.011
$A-4s+2p$	0.004
$A-2p-180^\circ$	0.004
$A-2s-N$	0.019
$A-2s+N-180^\circ$	0.019
$A-4s+N-180^\circ$	0.019
$A-N$	0.019

$\cos(A-2s)\cos(2a-2s)$ と $\cos(A-2s-90^\circ)\sin(2a-2s)$ を加算して必要とする大きさの数値項を拾い出して表にすると

Expansion of $\cos(A-2a)$ in Terms of Orbital Elements

Table 10 : $\cos(A-2a)$

Arguments	Coefficients of Cosines
$A-2s$	0.988
$A-3s+p$	0.110
$A-s-p-180^\circ$	0.110
$A-4s-180^\circ$	0.043
A	0.043
$A-3s+2h-p$	0.022
$A-s-2h+p-180^\circ$	0.022
$A-4s+2h$	0.011
$A-2h-180^\circ$	0.011
$A-4s+2p$	0.010
$A-2s-N$	0.019
$A-2s+N-180^\circ$	0.019
$A-4s+N-180^\circ$	0.019
$A-N$	0.019

ここで，A は $15°z+90°$，$15°z+N+90°$，$30°z$ として，それぞれに 0.379，0.079，0.914 を乗じて，いま求めた各項を加えて，$a=s$ とすることにより，必要とする大きさの項のみを求めて Table 7，8 を完成すれば

Expansions in Terms of Sidereal Times and Orbital Elements

Table 7-p：$-\sin 2d\cos Z$

Arguments	Coefficients of Cosines
$15°z-2s+90°$	0.376
$15°z-90°$	0.361
$15°z-3s+p+90°$	0.042
$15°z-s-p-90°$	0.042
$15°z-2s-90°$	0.015
$15°z-3s+2h-p+90°$	0.008
$15°z-s-2h+p-90°$	0.008
$15°z-N-90°$	0.072
$15°z+N-2s+90°$	0.071
$15°z-N+2s-90°$	0.011
$15°z+N-3s+p+90°$	0.009
$15°z+N-s-p-90°$	0.009
$15°z+N+90°$	0.009

Expansions in Terms of Sidereal Times and Orbital Elements

Table 8-p：$\cos^2 d\cos 2Z$

Arguments	Coefficients of Cosines
$30°z-2s$	0.903
$30°z-3s+p$	0.101
$30°z-s-p-180°$	0.101
$30°z$	0.079
$30°z-3s+2h-p$	0.020
$30°z-s-2h+p-180°$	0.020
$30°z-4s+2h$	0.010
$30°z-2h-180°$	0.010
$30°z-4s+2p$	0.009
$30°z+N-2s-180°$	0.035
$30°z-N$	0.035

(3) 距離変化による展開

今度は天体の距離変化による変化項を求める。式 (17.20) から

$$(c/r)^3 = 1 + 0.165\cos(s-p) + 0.031\cos(s-2h+p) \\ + 0.027\cos(2s-2h) + 0.013\cos(2s-2p)$$

であるから，この各項を Table 7-p と Table 8-p の各項に乗じて，必要な大きさの項のみ取り出すことにし，一部計算を示せば

$$0.376\cos(15°z - 2s + 90°) * 0.165\cos(s-p) \\ = 0.031(\cos(15°z - s - p + 90°) + \cos(15°z - 3s + p + 90°)) \\ 0.072\cos(15°z - N - 90°) * 0.165\cos(s-p) \\ = 0.006(\cos(15°z + s - p - N - 90°) + \cos(15°z - s + p - N - 90°))$$

などの項が出てくる。最終的に項を整理し，次のとおり Doodson の表が完成する。

Harmonic Expansion of Lunar Equilibrium Tide
in Terms of Sidereal Time and Orbital Elements

Table 11 : Diurnal tide

Symbol	Arguments	Coefficients of Cosines
O_1	$15°z - 2s + 90°$	0.376
K_1	$15°z - 90°$	0.361
Q_1	$15°z - 3s + p + 90°$	0.073
M_1	$15°z - s + p - 90°$	0.030
M_1	$15°z - s - p - 90°$	0.011
J_1	$15°z + s - p - 90°$	0.030
	$15°z + 2s - 90°$	0.015
	$15°z - 3s + 2h - p + 90°$	0.014
	$15°z - N - 90°$	0.072
	$15°z + N + 90°$	0.009
	$15°z + N - 2s + 90°$	0.071
	$15°z + N - 3s + p + 90°$	0.015
	$15°z - N + 2s - 90°$	0.011

Harmonic Expansion of Lunar Equilibrium Tide
in Terms of Sidereal Time and Orbital Elements

Table 12 : Semidiurnal tide

Symbol	Arguments	Coefficients of Cosines
M_2	$30°z - 2s$	0.903
N_2	$30°z - 3s + p$	0.176
K_2	$30°z$	0.079
ν_2	$30°z - 3s + 2h - p$	0.034
L_2	$30°z - s - p + 180°$	0.026
L_2	$30°z - s + p$	0.007
$2N_2$	$30°z - 4s + 2p$	0.023
μ_2	$30°z - 4s + 2h$	0.021
	$30°z - 2s + N + 180°$	0.035
	$30°z - N$	0.035

(4) 長周期項の展開

長周期項についても前出の式や Table を参考にして，とくに Table 10 の応用では $A = 0$ として必要な項を取り出せるように計算をすると

$$
\begin{aligned}
&(c/r)^3(2/3 - 2\sin^2 d) \\
&\quad = (1 + 0.165\cos(s - p)) \\
&\qquad * (0.495 + 0.158 * (0.988\cos(-2s) \\
&\qquad + 0.043 + 0.043\cos(-4s - 180°) \\
&\qquad + 0.17\cos(-3s + p) + 0.11\cos(-s - p - 180°)) \\
&\qquad + 0.072\cos(N - 180°) + 0.072\cos(2s - N)) \\
&\quad = 0.502 + 0.156\cos(-2s) + 0.017\cos(-3s + p) + 0.003\cos(-N) \\
&\qquad + 0.003\cos(-2s + N) + 0.082\cos(s - p) + 0.0128\cos(3s - p)
\end{aligned}
$$

Doodson の表で

Harmonic Expansion of Lunar Long-Period Tide in Terms of Orbital Elements

Table 13：Semidiurnal tide

Symbol	Arguments	Coefficients of Cosines
	$0°$	0.502
Mf	$2s$	0.156
Mm	$s-p$	0.082
	$3s-p$	0.030
	$N+180°$	0.069
	$2s-N$	0.069

となる。

（5）N の変化に対する展開

最後に N の変化についての補正（fu 問題）が必要となる。たとえば M_2 については次の 2 つの項の展開式を考慮して

$$\begin{aligned}
&0.903\cos(30°z-2s)+0.035\cos(30°z-2s+N+180°)\\
&\quad=0.903f\cos u\cos(30°z-2s)-0.903f\sin u\cos(30°z-2s)\\
&\quad=0.903f\cos(30°z-2s-u)
\end{aligned}$$

ここでは

$$\begin{aligned}
f\cos u&=1-0.039\cos N\\
f\sin u&=-0.039\sin N
\end{aligned}$$

とすれば

$$\begin{aligned}
\tan u&=\frac{-0.039\sin N}{1-0.039\cos N}\\
f^2&=1-0.078\cos N+0.002
\end{aligned}$$

から，u，$f-1$ が微小であることを考慮して

$$\begin{aligned}
u&=\tan u=-0.039\sin N\\
f&=1.001-0.039\cos N
\end{aligned}$$

を利用して，N にかかわる項を除いた主要項を V とすれば，次のような式で展開できる。

$$f\cos(V+u)$$

(6) 太陽による潮汐項の展開

太陽に関する運動公式および計算に必要な誘導式として次のものを用いる。

$$a' = x' - 0.043\sin 2x'$$
$$x' = h + 0.034\sin(h-p')$$
$$\frac{c'}{r'} = 1 + 0.017\cos(h-p')$$
$$\sin d' = 0.406\cos(a'-90^\circ) + 0.008\cos(3a'-90^\circ)$$
$$\sin^2 d' = 0.082 + 0.079\cos(2a'-180^\circ)$$
$$\cos^2 d' = 0.918 + 0.079\cos(2a')$$
$$\cos d' = 0.959 + 0.040\cos(2a')$$
$$\sin 2d' = 0.764\cos(a'-90^\circ) + 0.032\cos(3a'-90^\circ)$$

太陽についても

$$Z' = 15^\circ z - a' + 180^\circ$$

であるので月と同様の計算を行い

Expansion in Terms of Sidereal Time and Right Ascension

Table 14：$-\sin 2d'\cos Z'$ expanded by cosines

Arguments	Coefficients of Cosines
$15^\circ z - 90^\circ$	0.382
$15^\circ z - 2a' + 90^\circ$	0.382
$15^\circ z + 2a' - 90^\circ$	0.016
$15^\circ z - 4a' + 90^\circ$	0.016

Table 15：$\cos^2 d'\cos 2Z'$ expanded by cosines

Arguments	Coefficients of Cosines
$30^\circ z - 2a'$	0.918
$30^\circ z$	0.040
$30^\circ z - 4a'$	0.040

上の式から

$$\begin{aligned}\sin(2a'-2h) = 2a'-2h &= 0.068\sin(h-p') - 0.086\sin 2h \\ &= 0.068\cos(h-p'-90^\circ) + 0.086\cos(2h+90^\circ)\end{aligned}$$

月の計算と同様に

$$\begin{aligned}\cos(A-2a') &= \cos(A-2h) + \cos(A-2h-90^\circ)\sin(2a'-2h) \\ &= \cos(A-2h) + \cos(A-2h-90^\circ)(0.068\cos(h-p'-90^\circ) \\ &\quad + 0.086\cos(2h+90^\circ)) \\ &= \cos(A-2h) + 0.034\cos(A-h-p'-180^\circ) \\ &\quad + 0.034\cos(A-3h+p') \\ &\quad + 0.043\cos A + 0.043\cos(A-4h-180^\circ)\end{aligned}$$

月のときと同様に，$A = 15^\circ$ および $A = 30^\circ$ として計算すると，次の表が得られる。

Expansion in Terms of Sidereal Time and Orbital Elements

Table 16：$-\sin 2d' \cos Z'$ expanded by cosines

Arguments	Coefficients of Cosines
$15^\circ z - 2h + 90^\circ$	0.382
$15^\circ z - 90^\circ$	0.366
$15^\circ z - 2h - 90^\circ$	0.016
$15^\circ z - h - p' - 90^\circ$	0.013
$15^\circ z - 3h + p' + 90^\circ$	0.013

Table 17：$\cos^2 d' \cos 2Z'$ expanded by cosines

Arguments	Coefficients of Cosines
$30^\circ z - 2h$	0.918
$30^\circ z$	0.079
$30^\circ - h - p' + 180^\circ$	0.031
$30^\circ z - 3h + p'$	0.031

最後に距離の変化を考慮して

$$(c'/r')^3 = 1.000 + 0.051\cos(h-p') \tag{17.25}$$

を乗じて必要とする項を取り出すと，次の Doodson の Table で示される展開項が求められる。

Harmonic Expansion of Solar Equilibrium Tide
in Terms of Sidereal Time and Orbital Elements

Table 18：Diurnal tide

Symbol	Arguments	Coefficients of Cosines
P_1	$15°z - 2h + 90°$	0.382
K_1	$15°z - 90°$	0.366
	$15°z - 3h + p' + 90°$	0.023
	$15°z + 2h - 90°$	0.016

Table 19：Semidiurnal tide

Symbol	Arguments	Coefficients of Cosines
S_2	$30°z - 2h$	0.918
K_2	$30°z$	0.079
T_2	$30°z - 3h + p'$	0.054

最後に，太陽の長周期項 $(c'/r')^3(2/3 - \sin^2 d')$ を求める。

$$(c'/r')^3(2/3 - \sin^2 d') = (1 + 0.051\cos(h - p')) * (0.503 + 0.158\cos 2a') \quad (17.26)$$

a' を h に置き換えても問題ないことから，太陽の長周期項は次の Doodson の Table で示される。

Harmonic Expansion of Solar Long-period Tide
in Terms of Orbital Elements

Table 20

Symbol	Arguments	Coefficients of Cosines
	$0°$	0.503
Ssa	$2h$	0.158
Sa	$h - p'$	0.026

17.2　潮汐調和定数の利用

海上保安庁刊行の「日本沿岸潮汐調和定数表」による潮汐調和定数を用いて潮高を推算するには，次式を用いる。

$$h(t) = \sum_{i=1}^{60} f_i H_i \cos[(V_0 + u)_{l_i} + \sigma_i t - \kappa_i] + Z_0$$

ここに，$h(t)$ で時刻 t における潮高を示し，Z_0 は平均水面の高さ，添字の i は分潮の種類で最大で 60 分潮使用する。H，κ は潮汐調和定数の振幅および遅角であり，σ は分潮の角速度である。f，$(V_0 + u)_l$ はそれぞれ天文因数および天文引数と呼ばれ，推算したい時刻を用いて前もって計算しておくものである。なお，天文因数および天文引数の計算式はグリニッジ（添え字 g で表す）における平均太陽日の 0 時に対するものを用いるため，$(V_0 + u)_l$ には次の関係式を用いる。

$$(V_0 + u)_l = (V_0 + u)_g - pL + \sigma L_0$$

ここで，σ は分潮の角速度，p は分潮の波数で長周期分潮，日周潮，1/2 日周潮，1/3 日周潮，1/4 日周潮，1/6 日周潮では，それぞれ 0，1，2，3，4，6 である。L は求める地点の経度（角度で表す）で，L_0 は標準子午線の経度を時間で表したものである。経度については西経を正，東経を負とする。

天文因数および天文引数の例として，主要なものである太陽年周潮（S_a），主太陽半日周潮（S_2），主太陰半日周潮（M_2），日月合成日周潮（K_1），主太陰日周潮（O_1），主太陰楕率潮（N_2）および日月合成半日周潮（K_2）についての計算式を示すと，S_a については

$$V_0 = h, \quad u = 0, \quad f = 1, \quad \sigma = \eta$$

M_2 について

$$V_0 = -2s + 2h, \quad u = M_{u2}, \quad f = M_{f2}, \quad \sigma = 2(\theta + \eta) - 2\sigma_m$$

S_2 について

$$V_0 = 0, \quad u = 0, \quad f = 1, \quad \sigma = 2\theta$$

K_1 について

$$V_0 = h + 90, \quad u = K_{u1}, \quad f = K_{f1}, \quad \sigma = \theta + \eta$$

O_1 について

$$V_0 = -2s + h + 270, \quad u = O_{u1}, \quad f = O_{f1}, \quad \sigma = \theta + \eta - 2\sigma_m$$

N_2 については

$$V_0 = -3s + 2h + p, \quad u = M_{u2}, \quad f = M_{f2}, \quad \sigma = 2(\theta + \eta) - 3\sigma_m + \overline{\omega}$$

そして，K_2 については

$$V_0 = 2h, \quad u = K_{u2}, \quad f = K_{f2}, \quad \sigma = 2(\theta + \eta)$$

であり，これらの計算に必要なものは以下のとおりである。

$O_{f1} = 1.0089 + 0.1871 \cos N - 0.0147 \cos 2N + 0.0014 \cos 3N$
$O_{u1} = 10.8 \sin N - 1.34 \sin 2N + 0.19 \sin 3N$
$M_{f2} = 1.0004 - 0.0373 \cos N + 0.0002 \cos 2N$
$M_{u2} = -2.14 \sin N$
$K_{f1} = 1.006 + 0.115 \cos N - 0.0088 \cos 2N + 0.0006 \cos 3N$
$K_{u1} = -8.86 \sin N + 0.68 \sin 2N - 0.07 \sin 3N$
$K_{f2} = 1.0241 + 0.2863 \cos N + 0.0083 \cos 2N - 0.0015 \cos 3N$
$K_{u2} = -17.74 \sin N + 0.68 \sin 2N - 0.04 \sin 3N$
地球子午線に対する平均太陽の角速度：$\theta = 15.0$ (deg/hour)
太陽の平均角速度：$\eta = 0.041068639$ (deg/hour)
太陰の平均角速度：$\sigma_m = 0.5490165304$ (deg/hour)
太陰近地点の平均角速度：$\overline{\omega} = 0.0046418367$ (deg/hour)
太陽近地点の平均角速度：$\overline{\omega}_1 = 0.0000019612$ (deg/hour)
太陰の平均黄経：
　$s = 211.728 + 129.38471(Y - 2000) + 13.176396(D + L)$
太陽の平均黄経：
　$h = 279.974 - 0.23871(Y - 2000) + 0.985647(D + L)$
太陰の近地点の平均黄経：

$$p = 89.298 + 40.66229(Y - 2000) + 0.111404(D + L)$$

太陰の昇交点の平均黄経：

$$N = 125.071 - 19.32812(Y - 2000) - 0.052954(D + L)$$

ここに Y は西暦年, D はその年の 1 月 1 日からの経過日数, $L = [(Y+3)/4]-500$ は Y 年の年初と 2000 年年初の間にある閏日の数で，[　　] はなかの値の整数部分を表す。

以下の図は唐津港における潮高の例であるが，主要項の振幅（cm）は，$S_a = 18.41$，$S_2 = 27.52$，$M_2 = 58.83$，$K_1 = 15.8$，$O_1 = 14.14$，$N_2 = 11.59$，$K_2 = 7.88$ である。

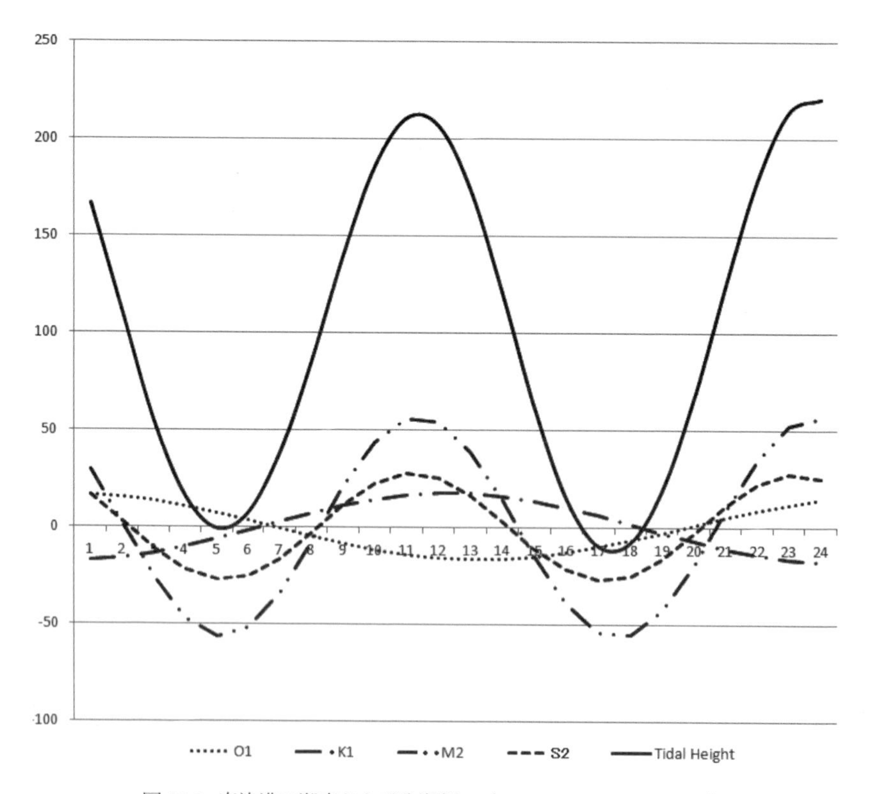

図 17.3　唐津港の潮高および分潮例 1（2007/3/20,　Moon Age 0）

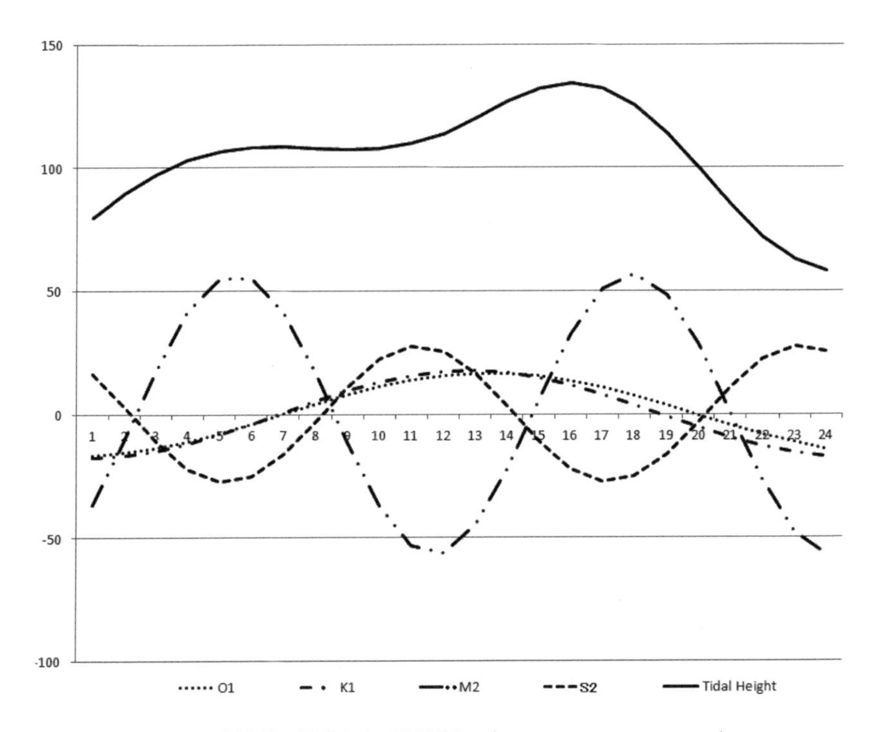

図 17.4　唐津港の潮高および分潮例 2（2007/3/13,　Moon Age 23）

参考文献

[1]「日本沿岸 潮汐調和定数表」，海上保安庁，昭和 58 年 12 月.

[2] 彦坂繁雄，「海洋物理」，東海大学出版会.

[3] A. T. Doodson, Admiralty Manual of Tides, Her Majesty's Stationary Office, 1941, Reprint.

[4] Ko Nagasawa, Analytical Expressions of Amplitudes for Principal Tidal Components, Bulletin of the Earthquake Research Institute, Vol.55, 1980.

第18章

Mechanical Gyrocompass

18.1　力学基礎

現在ジャイロコンパスとして商船に搭載されているものは主にコマの回転を利用したメカニカルなものである。ここではそのメカニカルなジャイロコンパスについての力学を基礎から記述して，なぜ回転するコマがジャイロコンパスとして働くのか，すなわち，その指北原理を力学的に説明することとする。力学的数式を多用するうえに，座標変換など学ぶに興味つきない難問も含まれているので敷居が急に高くなったように思われるかもしれないが，内容的には理工系で学ぶ力学として基礎的なものであろう。他方，米国海軍艦船においては，Ring Laser Gyro Navigator（Ship's Inertial Navigation）の搭載が進行中であったり，メンテナンスフリーをセールスポイントにする Hemispherical Resonator Gyrocompass（HRG）や Fiber Optic Gyroscope（FOG）も登場しており，ここで扱う mechanical gyrocompass が永遠に存続できるとは限らないという識者も存在する。船舶においては magnet compass あるいは磁場により方位を検出する装置が消滅することは地球磁場が存在する限りありえないが，mechanical gyrocompass の将来について予想すること自体に抵抗を感じるのは筆者だけであろうか。

18.1.1 剛体の角運動量

角運動量（L で表記する）は次式のように定義される（図 18.1「角運動量」参照）。

$$L = r \times mv \tag{18.1}$$

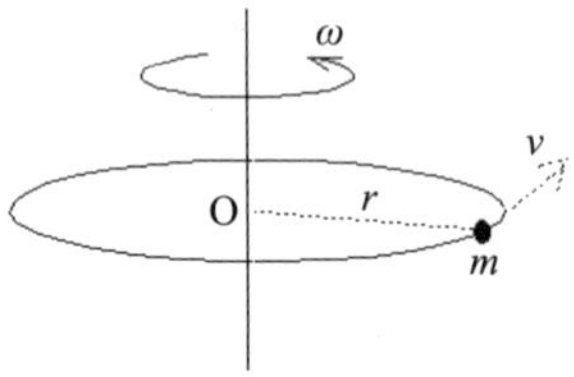

図 18.1 角運動量

軸の周りに回転する質量 m についての速力 v は，角速度を ω とすれば $v = r\omega$ で表現できるので

$$L = r \times m(r\omega) \tag{18.2}$$

ここで，剛体の運動を考察するに，慣性系を (X, Y, Z)，剛体に固定された座標系を (x, y, z) と表記し，剛体中心を O とする。この中心から r の位置にあり i で示される質点 dm の速度は（図 18.2「回転する剛体」参照）

$$v_i = v_0 + \omega \times r_i$$

である。ここに，ω は回転角速度，v_0 は移動速度とする。この剛体の (x, y, z) 座標系における角運動量（h_0）は次のように表される。

$$h_0 = \sum_i r_i \times m_i(v_0 + \omega \times r_i) \tag{18.3}$$

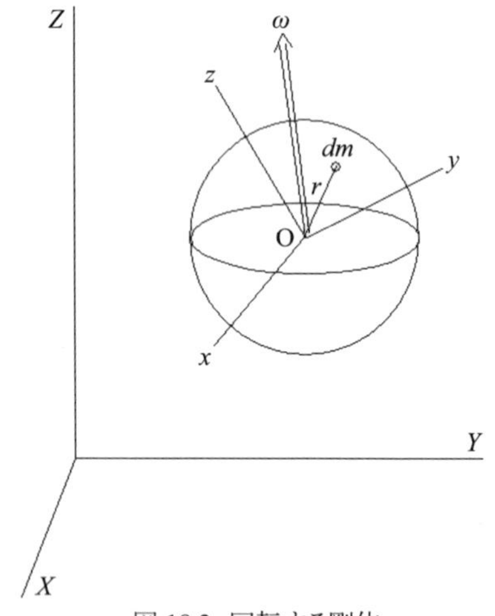

図 18.2 回転する剛体

$v_0 = 0$，O を重心にとれば

$$h_0 = \int r \times (\omega \times r) dm \tag{18.4}$$

$$\omega \times r = \begin{vmatrix} i & j & k \\ \omega_x & \omega_y & \omega_z \\ x & y & z \end{vmatrix} = (\omega_y z - \omega_z y)i + (\omega_x y - \omega_x z)j + (\omega_x y - \omega_y x)k$$

したがって

$$r \times (\omega \times r) = \begin{vmatrix} i & j & k \\ x & y & z \\ (\omega_y z - \omega_z y)i & (\omega_x y - \omega_x z)j & (\omega_x y - \omega_y x)k \end{vmatrix}$$

$$= i[\omega_x(y^2 + z^2) - \omega_y(xy) - \omega_z(xz)]$$
$$+ j[\omega_y(x^2 + z^2) - \omega_x(xy) - \omega_z(yz)]$$
$$+ k[\omega_x(x^2 + y^2) - \omega_x(xz) - \omega_y(yz)]$$

ここで，式 (18.4) の右辺を積分するに，$h_0 = h_x i + h_y j + h_z k$，$I_x = \int (y^2 + z^2)dm$，$I_y = \int (x^2 + z^2)dm$，$I_z = \int (y^2 + x^2)dm$ と置き，$I_{xy} = \int xydm$ などと置けば

$$h_x = I_x\omega_x - I_{xy}\omega_y - I_{xz}\omega_z \tag{18.5}$$

$$h_y = I_y\omega_y - I_{yx}\omega_x - I_{yz}\omega_z \tag{18.6}$$

$$h_z = I_z\omega_z - I_{zx}\omega_x - I_{zy}\omega_y \tag{18.7}$$

I_x，I_y，I_z は慣性モーメント，I_{xy}，I_{yz}，I_{zx} を慣性乗積と呼ぶ。そして，直交する座標系を選ぶとき慣性乗積がゼロになり，慣性モーメントがゼロでない場合，その座標軸を慣性主軸と呼ぶ。

18.1.2　慣性モーメント計算例

(1) 半径 a の円盤の慣性モーメント

面密度 σ，半径 r，幅 dr の円輪に分けて考える。円輪の質量は $dm = \sigma 2\pi r dr$ であるから，z 軸に関して

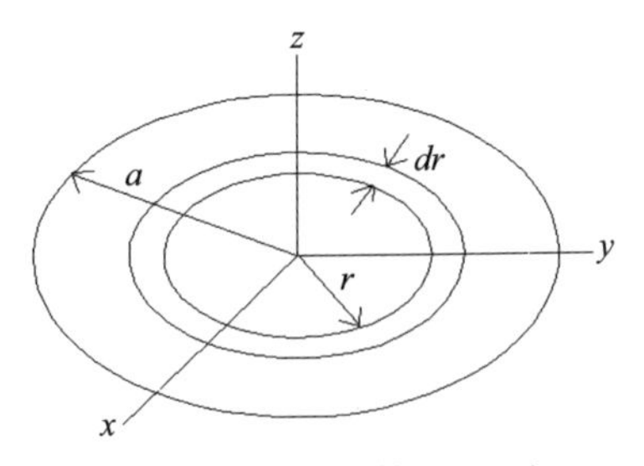

図 18.3 円盤の慣性モーメント

$$I_z = \int r^2 dm = \int_0^a r^2 \sigma 2\pi r dr$$

したがって，質量を M として

$$I_z = \sigma 2\pi [r^4/4]_0^a = \sigma\pi a^4/2 = a^2\sigma\pi a^2/2 = a^2 M/2$$

x，y 軸については $I_x = I_y$ で $I_z = I_x + I_y$ であるから，$I_x = a^2 M/4$ となる。

(2) 半径 a，高さ l の円柱の重心を通る対称軸に関する慣性モーメント

円柱を z 軸に垂直な円盤に分けて考える。(1) で円盤について求めてあるので

$$I_z = \int \frac{a^2}{2} dm = a^2 M/2$$

x 軸に関する慣性モーメントは，平行軸の定理「質量中心 G を通るある軸に関する慣性モーメント（I_G）がわかっているとき，これに平行でこれと h の距離にある軸に関する慣性モーメント（I）は $I = I_G + h^2 M$ である」を応用する。円盤の x 軸に関する慣性モーメントは $(a^2/4)dm + z^2 dm$ であるから

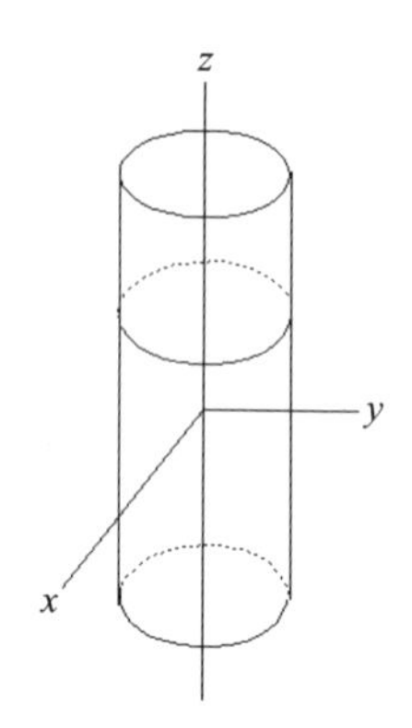

図 18.4　円柱の慣性モーメント

$$I_x = \int \frac{a^2}{4} dm + \int z^2 dm = \frac{a^2}{4} \int dm + \int_{-l/2}^{l/2} z^2 \rho \pi a^2 dz = \left(\frac{a^2}{4} + \frac{l^2}{12} \right) M \quad (18.8)$$

18.1.3　回転角速度によるベクトル

回転角速度については，回転軸の方向に回転角速度の大きさと，回転の向きに右ネジを回したときネジの進む方向をもって回転ベクトルとして扱う。図 18.5「回転する場合の速度，加速度」のように回転ベクトル ω で表される回転が与えられたとき，回転軸上の点 O を原点とし，r = OP とすると，P の速度は

$$v = \frac{dr}{dt} = \omega \times r$$

となる。加速度は

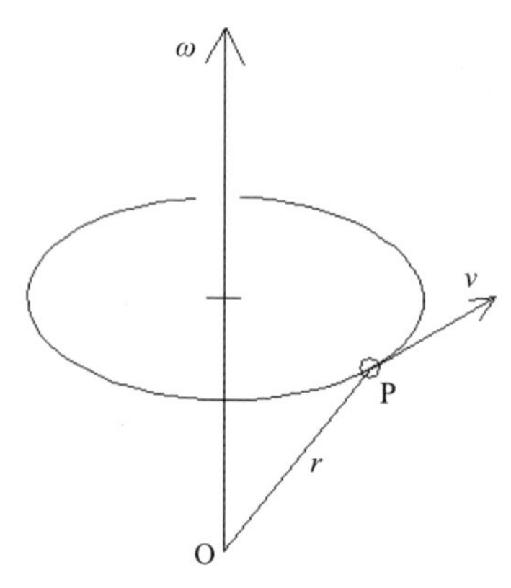

図 18.5　回転する場合の速度，加速度

$$\alpha = \frac{d\omega}{dt} \times r + \omega \times \frac{dr}{dt} = \frac{d\omega}{dt} \times r + \omega \times (\omega \times r)$$

である。

18.1.4　相対速度，相対加速度

静止座標系から見た速度 v，加速度 α と，原点を同じくし，角速度 ω で回転する座標系から見た相対速度 v'，相対加速度 α' の関係を求める。回転座標系の基本ベクトル $e_{x'}$，$e_{y'}$，$e_{z'}$ は ω で回転しているから

$$\dot{e}_{x'} = \omega \times e_{x'}, \quad \dot{e}_{y'} = \omega \times e_{y'}, \quad \dot{e}_{z'} = \omega \times e_{z'} \tag{18.9}$$

任意の点の位置ベクトルは

$$r = x' e_{x'} + y' e_{y'} + z' e_{z'} \tag{18.10}$$

微分して

$$\dot{r} = (\dot{x}' e_{x'} + \dot{y}' e_{y'} + \dot{z}' e_{z'}) + (x' \dot{e}_{x'} + y' \dot{e}_{y'} + z' \dot{e}_{z'}) \tag{18.11}$$

相対速度は

$$v' = \dot{x}' e_{x'} + \dot{y}' e_{y'} + \dot{z}' e_{z'} \tag{18.12}$$

式 (18.9)，(18.10) より

$$x' \dot{e}_{x'} + y' \dot{e}_{y'} + z' \dot{e}_{z'} = \omega \times (x' e_{x'} + y' e_{y'} + z' e_{z'}) = \omega \times r$$

したがって

$$v = v' + \omega \times r$$

式 (18.11) を微分して

$$\ddot{r} = (\ddot{x}' e_{x'} + \ddot{y}' e_{y'} + \ddot{z}' e_{z'}) + 2(\dot{x}' \dot{e}_{x'} + \dot{y}' \dot{e}_{y'} + \dot{z}' \dot{e}_{z'}) + (x' \ddot{e}_{x'} + y' \ddot{e}_{y'} + z' \ddot{e}_{z'})$$

最初の部分は相対加速度であり

$$\alpha' = \ddot{x} e'_{x'} + \ddot{y}' e_{y'} + \ddot{z}' e_{z'}$$

第 2 の部分は $\dot{x}' \dot{e}_{x'} = \dot{x}'(\omega \times e_{x'}) = \omega \times \dot{x}' e_{x'}$ などから

$$2(\dot{x}' \dot{e}_{x'} + \dot{y}' \dot{e}_{y'} + \dot{z}' \dot{e}_{z'}) = 2\omega \times (\dot{x}' e_{x'} + \dot{y}' e_{y'} + \dot{z}' e_{z'}) = 2\omega \times v'$$

第 3 の部分は $x' \ddot{e}_{x'} = x' \frac{d}{dt}(\dot{e}_{x'}) = x' \frac{d}{dt}(\omega \times e_{x'}) = x'(\dot{\omega} \times e_{x'} + \omega \times \dot{e}_{x'}) = \dot{\omega} \times (x' e_{x'}) + \omega \times (\omega \times x' e_{x'})$ などから

$$x' \ddot{e}_{x'} + y' \ddot{e}_{y'} + z' \ddot{e}_{z'} = \dot{\omega} \times r + \omega \times (\omega \times r)$$

したがって，相対加速度は

$$\alpha = \alpha' + 2\omega \times v' + \dot{\omega} \times r + \omega \times (\omega \times r)$$

18.1.5　回転座標系におけるベクトル

回転座標系におけるベクトル A（成分を $(A_{x'}, A_{y'}, A_{z'})$ とする）を微分すると

$$\dot{A} = \dot{A}_{x'} e_{x'} + \dot{A}_{y'} e_{y'} + \dot{A}_{z'} e_{z'} + A_{x'} \dot{e}_{x'} + A_{y'} \dot{e}_{y'} + A_{z'} \dot{e}_{z'}$$

$A_{x'} \dot{e}_{x'} = A_{x'} \omega \times e_{x'} = \omega \times A_{x'} e_{x'}$ などであるから

$$A_{x'} \dot{e}_{x'} + A_{y'} \dot{e}_{y'} + A_{z'} \dot{e}_{z'} = \omega \times (A_{x'} e_{x'} + A_{y'} e_{y'} + A_{z'} e_{z'}) = \omega \times A$$

したがって

$$\dot{A} = \dot{A}_{x'} e_{x'} + \dot{A}_{y'} e_{y'} + \dot{A}_{z'} e_{z'} + \omega \times A$$

すなわち，慣性座標（$|_{\mathrm{F}}$ で表記する）におけるベクトル微分は回転座標（$|_{\mathrm{R}}$ で表記する）におけるベクトル微分に回転角速度とベクトルの外積を加えたものになる。

$$\left.\frac{dA}{dt}\right|_{\mathrm{F}} = \left.\frac{dA}{dt}\right|_{\mathrm{R}} + \omega \times A \tag{18.13}$$

18.1.6　オイラーの運動方程式

任意の位置 O に関して，ある質量が運動量 $p = m\dot{R}$ を有しているときについて考察する（図 18.6 参照）。角運動量（ここでは $h_0 = r \times p$ と表記する）については，$h_0 = r \times m\dot{R}$ である。微分して

$$\dot{h}_0 = r \times m\ddot{R} + \dot{r} \times m\dot{R}$$

$\dot{R} = \dot{R}_0 + \dot{r}$，$\dot{r} \times \dot{r} = 0$ を考慮して

$$\dot{h}_0 = r \times m\ddot{R} - \dot{R}_0 \times m\dot{r} \tag{18.14}$$

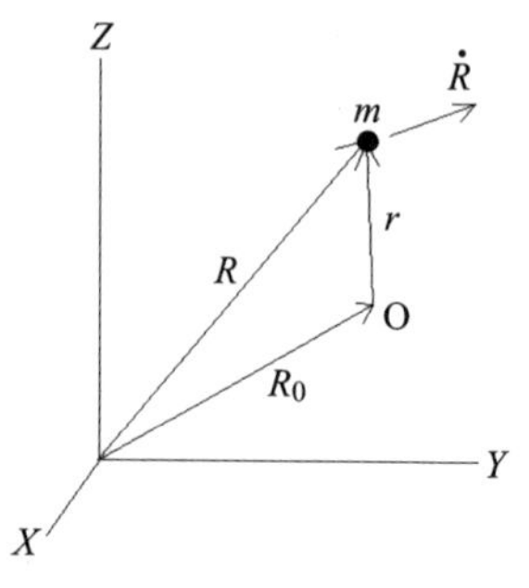

図 18.6　モーメント

力（F）のモーメント M_0（$= r \times F$）と h_0 との関係は，$F = m\ddot{R}$ の力が m に加わっているから

$$
\begin{aligned}
M_0 &= r \times m\ddot{R} = r \times m(\ddot{R}_0 + \ddot{r}) \\
&= \frac{d}{dt}(r \times m\dot{r}) - \ddot{R}_0 \times mr
\end{aligned}
$$

$M_0 = r \times m\ddot{R}$ を式 (18.14) に代入すれば

$$M_0 = \dot{h}_0 + \dot{R}_0 \times m\dot{r}$$

O を固定すれば $\dot{R}_0 = \ddot{R} = 0$，$\dot{r} = \dot{R} = 0$ であるから

$$M_0 = \dot{h}_0 \tag{18.15}$$

すなわち，重心に関するモーメントは角運動量の時間微分に等しい。

剛体が回転し，剛体の慣性主軸に固定した座標系が角速度 ω で回転していれば，式 (18.13) を応用して

$$
\begin{aligned}
M &= \dot{h} \\
&= \dot{h}_c + \omega \times h_c \\
&= (\dot{h}_x i + \dot{h}_y j + \dot{h}_z k) + \omega \times h_c
\end{aligned}
\tag{18.16}
$$

ここに，$\dot{h}$ は慣性系におけるモーメント，$\dot{h}_c$ は慣性主軸に固定したモーメントとすれば

$$\omega \times h_c = (\omega_y h_z - \omega_z h_y)i + (\omega_z h_x - \omega_x h_z)j + (\omega_x h_y - \omega_y h_x)k$$

したがって

$$M = (\dot{h}_x + \omega_y h_z - \omega_z h_y)i + (\dot{h}_y + \omega_z h_x - \omega_x h_z)j + (\dot{h}_z + \omega_x h_y - \omega_y h_x)k$$

各要素は

$$
\begin{aligned}
M_x &= \dot{h}_x + \omega_y h_z - \omega_z h_y \\
M_y &= \dot{h}_y + \omega_z h_x - \omega_x h_z \\
M_z &= \dot{h}_z + \omega_x h_y - \omega_y h_x
\end{aligned}
$$

である。式 (18.5)，(18.6)，(18.7) より

$$I_x \frac{d\omega_x}{dt} - (I_y - I_z)\omega_y\omega_z = M_x \tag{18.17}$$

$$I_y \frac{d\omega_y}{dt} - (I_z - I_x)\omega_z\omega_x = M_y \tag{18.18}$$

$$I_z \frac{d\omega_z}{dt} - (I_x - I_y)\omega_x\omega_y = M_z \tag{18.19}$$

と表現され，これをオイラーの運動方程式と呼ぶ。ただし，ここでは慣性主軸を座標軸にとり，慣性モーメントだけが現れ慣性乗積はゼロとなることを考慮した。

18.1.7　座標変換，Euler's angle

3 次元における座標変換に必要な Euler's angle (θ, φ, ψ) について，図 18.7「Euler's angle」のように定義し，剛体に固定された座標系を (x, y, z)，慣性座標系を (X, Y, Z) とする。Z 軸に関して φ の回転を与えると，(ξ, η, ζ) と (X, Y, Z) の関係は

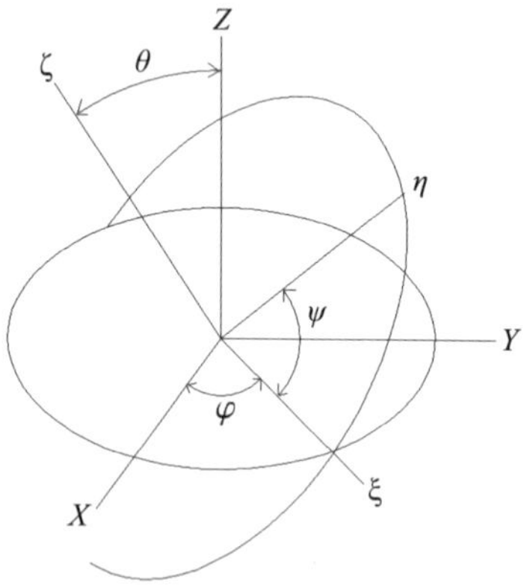

$$\begin{bmatrix} \xi' \\ \eta' \\ \zeta' \end{bmatrix} = \begin{bmatrix} \cos\varphi & \sin\varphi & 0 \\ -\sin\varphi & \cos\varphi & 0 \\ 0 & 0 & 1 \end{bmatrix} \begin{bmatrix} X \\ Y \\ Z \end{bmatrix}$$

次に，ξ 軸に関して θ の回転を与えると

$$\begin{bmatrix} \xi \\ \eta \\ \zeta \end{bmatrix} = \begin{bmatrix} 1 & 0 & 0 \\ 0 & \cos\theta & \sin\theta \\ 0 & -\sin\theta & \cos\theta \end{bmatrix} \begin{bmatrix} \xi' \\ \eta' \\ \zeta' \end{bmatrix}$$

そして，ζ 軸に ψ の回転を与えると

$$\begin{bmatrix} x \\ y \\ z \end{bmatrix} = \begin{bmatrix} \cos\psi & \sin\psi & 0 \\ -\sin\psi & \cos\psi & 0 \\ 0 & 0 & 1 \end{bmatrix} \begin{bmatrix} \xi \\ \eta \\ \zeta \end{bmatrix}$$

図 18.7　Euler's angle

以上の回転の結果から，(X, Y, Z) 軸から (x, y, z) 軸への変換は

$$\begin{bmatrix} x \\ y \\ z \end{bmatrix} = \begin{bmatrix} (\cos\varphi\cos\psi - \sin\varphi\cos\theta\sin\psi) & (\cos\varphi\sin\psi + \sin\varphi\cos\theta\cos\psi) \\ \cdots & (\sin\varphi\sin\theta) \\ (-\sin\varphi\cos\psi - \cos\varphi\cos\theta\sin\psi) & (-\sin\varphi\sin\psi + \cos\varphi\cos\theta\cos\psi) \\ \cdots & (\cos\varphi\sin\theta) \\ (\sin\theta\sin\psi) & (-\sin\theta\cos\psi) \\ \cdots & (\cos\theta) \end{bmatrix} \begin{bmatrix} X \\ Y \\ Z \end{bmatrix} \tag{18.20}$$

で表される。行列内の $\cdots$ は 3×3 の行列の最終列であることを示す。

18.1.8　角速度の変換

剛体に固定された系 (x, y, z) に関する角速度を慣性系における角速度に変換するには，次のようにオイラー角を用いて表現する。図 18.8「角速度の変換」から各要素を求めると

$$\omega_x = \dot{\psi}\sin\theta\sin\varphi + \dot{\theta}\cos\varphi$$
$$\omega_y = \dot{\psi}\sin\theta\cos\varphi - \dot{\theta}\sin\varphi$$
$$\omega_z = \dot{\varphi} + \dot{\psi}\cos\theta$$

行列形式では

$$\begin{bmatrix} \omega_x \\ \omega_y \\ \omega_z \end{bmatrix} = \begin{bmatrix} \sin\theta\sin\varphi & 0 & \cos\varphi \\ \sin\theta\cos\varphi & 0 & -\sin\varphi \\ \cos\theta & 1 & 0 \end{bmatrix} \begin{bmatrix} \dot{\psi} \\ \dot{\varphi} \\ \dot{\theta} \end{bmatrix} \tag{18.21}$$

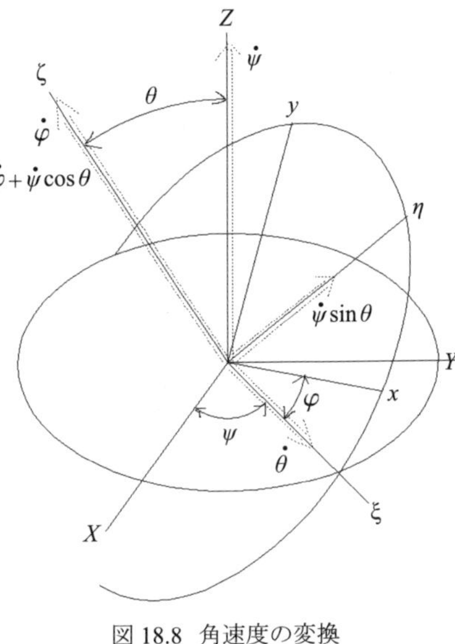

図 18.8　角速度の変換

逆変換は

$$\begin{bmatrix} \dot{\psi} \\ \dot{\varphi} \\ \dot{\theta} \end{bmatrix} = \frac{1}{\sin\theta} \begin{bmatrix} \sin\varphi & \cos\varphi & 0 \\ -\sin\varphi\cos\theta & -\cos\varphi\cos\theta & \sin\theta \\ \cos\varphi\sin\theta & -\sin\varphi\sin\theta & 0 \end{bmatrix} \begin{bmatrix} \omega_x \\ \omega_y \\ \omega_z \end{bmatrix} \tag{18.22}$$

18.2　対称コマの運動

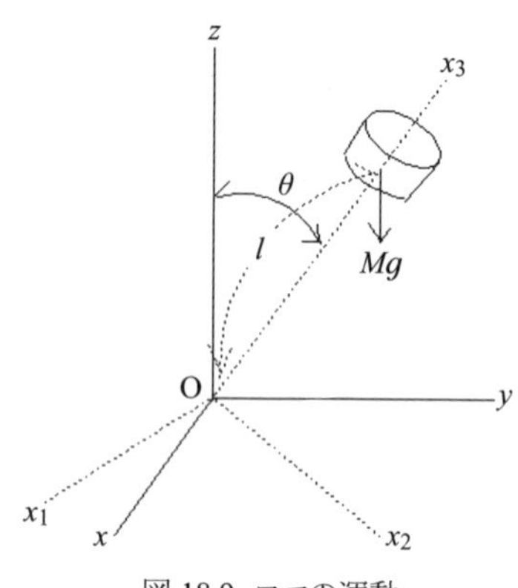

図 18.9　コマの運動

図 18.9「コマの運動」のように x_3 軸を剛体に固定した座標軸 (x_1, x_2, x_3) の x_3 に対称なコマが O 点を固定され重力の下で運動する場合を考える。O を原点にして，鉛直上方を z 軸として固定座標系 (x, y, z) をとる。剛体の質量は M で，重心 G の位置は x_3 軸上 O からの距離を l の点とすると，作用するモーメントは重力によるものだけで，$N = \mathrm{OG} \times F = (le_3) \times (-Mge_z)$ である。オイラーの運動方程式を

$$I_{x1}\frac{d\omega_{x1}}{dt} - (I_{x2} - I_{x3})\omega_{x2}\omega_{x3} = N_{x1} \tag{18.23}$$

$$I_{x2}\frac{d\omega_{x2}}{dt} - (I_{x3} - I_{x1})\omega_{x3}\omega_{x1} = N_{x2} \tag{18.24}$$

$$I_{x3}\frac{d\omega_{x3}}{dt} - (I_{x1} - I_{x2})\omega_{x1}\omega_{x2} = N_{x3} \tag{18.25}$$

とする。ここで，$I_{x1} = I_{x2}$，$N_{x3} = 0$ であることから，第 3 式は

$$I_{x3}\dot{\omega}_{x3} = 0 \tag{18.26}$$

したがって，$\omega_{x3} = \mathrm{const.}$（$= \omega_0$）である。

角運動量（ここでは L と表記）の時間微分は剛体に働くモーメントに等しいことから，式 (18.15) を z 軸方向に適用して，$N_z = 0$（重力の影響は z 軸方向の成分を持たないことを考慮して）

$$\frac{dL_z}{dt} = 0$$

したがって，$L_z = \mathrm{const.}$（$= L_0$）である。これに座標変換（x, y, z から剛体固定座標へ）を行うと

$$\begin{aligned} L_z &= L \bullet e_z \\ &= (L_{x1}e_{x1} + L_{x2}e_{x2} + L_{x3}e_{x3}) \bullet (\sin\theta\sin\psi e_{x1} + \sin\theta\cos\psi e_{x2} + \cos\theta e_{x3}) \\ &= I_{x1}\omega_{x1}\sin\theta\sin\psi + I_{x2}\omega_{x2}\sin\theta\cos\psi + I_{x3}\omega_{x3}\cos\theta \end{aligned} \tag{18.27}$$

また，エネルギー保存則より

$$\frac{1}{2}(I_{x1}\omega_{x1}^2 + I_{x2}\omega_{x2}^2 + I_{x3}\omega_{x3}^2) + Mgl\cos\theta = \text{const.}\ (= E_0) \tag{18.28}$$

式 (18.26)，(18.27)，(18.28) を角速度の変換式 (18.21) により書き換えると

$$\dot{\varphi}\cos\theta + \dot{\psi} = \omega_0 \tag{18.29}$$

$$\dot{\varphi}\sin^2\theta = a - b\cos\theta \tag{18.30}$$

$$\dot{\theta}^2 + \dot{\varphi}^2\sin^2\theta = \alpha - \beta\cos\theta \tag{18.31}$$

ここに，$\alpha = \dfrac{2E - I_{x3}\omega_0^2}{I_{x1}}$，$\beta = \dfrac{2Mgl}{I_{x1}}$，$\alpha = \dfrac{L_0}{I_{x1}}$，$b = \dfrac{I_{x3}\omega_0}{I_{x1}}$ である。

18.3　正則歳差運動

式 (18.30)，(18.31) より $\dot{\varphi}$ を消去し，$u_0 = \cos\theta_0$ と置くと

$$(a - b\cos\theta)^2 + \dot{\theta}^2\sin^2\theta = \sin^2\theta(\alpha - \beta\cos\theta) \tag{18.32}$$

$$\dot{u}^2 = (\alpha - \beta u)(1 - u^2) - (a - bu)^2\ (\equiv f(u)) \tag{18.33}$$

これがコマの運動方程式になるが，相当複雑である。直接解くことはせずに，軸の傾きが一定で運動する場合を考えると $\dot{\theta} = 0$ であるから，θ_0 として，$u_0 = \cos\theta_0$ と置き，式 (18.30)，(18.31) に代入すると

$$\varphi(1 - u_0^2) = a - bu_0 \tag{18.34}$$

$$\dot{\varphi}^2(1 - u_0^2) = \alpha - \beta u_0 \tag{18.35}$$

u_0 は $f'(u) = 0$ を満足するから

$$f'(u_0) = -\beta(1 - u_0^2) - 2u_0(\alpha - \beta u_0) + 2b(a - bu_0) = 0 \tag{18.36}$$

式 (18.34)，(18.35) を式 (18.36) に代入して

$$(1 - u_0^2)(2u_0\dot{\varphi}^2 - 2b\dot{\varphi} + \beta) = 0 \tag{18.37}$$

これは，$\alpha = \dfrac{2E - I_{x3}\omega_0^2}{I_{x1}}$，$\beta = \dfrac{2Mgl}{I_{x1}}$，$\alpha = \dfrac{L_0}{I_{x1}}$，$b = \dfrac{I_{x3}\omega_0}{I_{x1}}$ などから

$$I_{x1}u_0\dot{\varphi}^2 - I_{x3}\omega_0\dot{\varphi} + Mgl = 0 \tag{18.38}$$

さらに，式 (18.29) より

$$(I_{x1} - I_{x3})\cos\theta\dot{\varphi}^2 - I_{x3}\dot{\psi}\dot{\varphi} + Mgl = 0 \tag{18.39}$$

である。式 (18.38) を解けば $\dot{\varphi}$ が求まる。$u_0 \neq 0$ のとき

$$\dot{\varphi} = \frac{I_{x3}\omega_0 \pm \sqrt{I_{x3}^2\omega_0^2 - 4I_{x1}u_0Mgl}}{2I_{x1}u_0} \tag{18.40}$$

$u_0 = 0$ すなわち $\theta_0 = \pi/2$ で軸が水平のときは

$$\dot{\varphi} = \frac{Mgl}{I_{x3}\omega_0} \tag{18.41}$$

ここに，プレセッション（precession）の角速度の解が得られた。

18.3.1　プレセッション計算例

水平に置いたコマの回転軸端に重りを加えた場合のプレセッションを求める。

① コマの半径を $4\sqrt{2}$ cm，質量 30 gram，コマの回転数を 12,000 rpm とし，コマの回転軸を水平に置いて回転させる。重心からの距離 4 cm の軸端に質量 30 gram の重りをつけた場合で計算する。ただし，回転軸の質量は無視できるほど小さいものとする。慣性モーメントは $a^2/2M = 0.03\,\mathrm{kg} * 0.0016\,\mathrm{m}^2 = 0.48 * 10^{-5}\mathrm{kg\text{-}m}^2$，回転数 $12,000\,\mathrm{rpm} = 1256\,\mathrm{radians/sec}$ で，コマの回転による角運動量は $I_{x3}\omega_0 = 0.06\,\mathrm{kg\text{-}m}^2/\mathrm{sec}$，重りによるトルクは $0.03 * 9.8\ (= 0.294\,\mathrm{N}) * 0.04 = 0.01176\,\mathrm{N\text{-}m}$ であるから，式 (18.41) より，プレセッションの角速度（$\dot{\varphi}$）は 0.19506 radians/sec = 11.17 deg/sec である。

② ジャイロローターの半径 6.5 cm，重量約 2.2 kg（質量 $2.2/g$），回転数 20,000 rpm の anschutz 式転輪球のプレセッションの角速度を求める。ここでは転輪球の重量は 2 個のローターの重量だけとして計算する。転輪球の重心は中心から指北側に偏し下方約 11 mm（角度にして 5′～6′ 程度）にあるため，転輪球が水平であってもトルクを発生し，プレ

セッションは地球の自転による地盤の旋回角速度に追従している。慣性モーメントは $a^2/2M = 2.2\,\mathrm{kg}/g * 0.065^2/2\,\mathrm{m}^2 = 0.474235 * 10^{-2}\,\mathrm{kg\text{-}m}^2$，指北端から東西に 30°（または 45°）の交角で配置された 2 個のコマの回転による北向きの角運動量は $2I_{x3}\omega_0 = 1.72033\,\mathrm{kg\text{-}m}^2/\mathrm{sec}$，転輪球によるトルクは $2 * 2.2/g * 0.011 * 0.001745 = 0.00008447\,\mathrm{N\text{-}m}$ とし，式 (18.41) より，プレセッションの角速度（$\dot{\varphi}$）は 0.0028 deg/sec で，地球の自転角速度による地盤の旋回速度（緯度 40° 付近）にほぼ相当する。

18.4　ジャイロコンパスの指北原理

地球上，緯度 α の地点でジャイロの重心 O を原点として鉛直上方に z 軸，それと直角北方に y 軸，東方に x 軸をとる。ジャイロケースに固定された座標系を (x_1, x_2, x_3) 系とし x_1 軸はつねに xy 面にあるようにし，x_2 軸をジャイロ軸とする。図 18.10「ジャイロコンパスの指北原理」のように (θ, φ) を定めると，Euler の角で $\psi = 0$ としたものとなる。地球の自転角速度を ω とすると，地盤に固定された (x, y, z) 系は慣性系に対して $\omega_{xyz} = (\omega_x, \omega_y, \omega_z) = (0, \omega\cos\alpha, \omega\sin\alpha)$ の角速度を持つ。これの (x_1, x_2, x_3) 系での成分は，式 (18.20) に $\psi = 0$ を代入し，変換行列を求めると

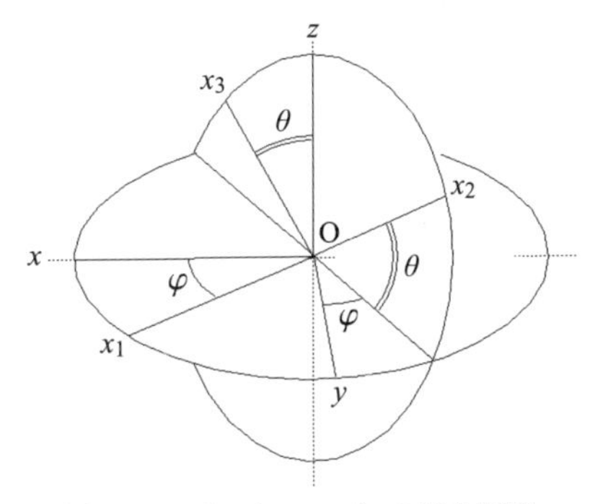

図 18.10　ジャイロコンパスの指北原理

$$R = \begin{bmatrix} \cos\varphi & \sin\varphi & 0 \\ -\cos\theta\sin\varphi & \cos\theta\cos\varphi & \sin\theta \\ 0 & -\sin\theta\cos\varphi & \cos\theta \end{bmatrix}$$

とし

$$\omega = \begin{bmatrix} \omega_{x1} \\ \omega_{x2} \\ \omega_{x3} \end{bmatrix} = R * \omega_{xyz}$$

であるから

$$\omega = \begin{bmatrix} \omega\cos\alpha\sin\varphi \\ \omega\cos\alpha\cos\theta\cos\varphi + \omega\sin\alpha\sin\theta \\ -\omega\cos\alpha\sin\theta\cos\varphi + \omega\sin\alpha\cos\theta \end{bmatrix}$$

となる。(x_1, x_2, x_3) 系の (x, y, z) 系に対する角速度（ω'）は x_1 軸のまわりに $\dot{\theta}$, z 軸のまわりに $\dot{\varphi}$ の角速度を持っているので

$$\omega' = (\dot{\theta}, \dot{\varphi}\sin\theta, \dot{\varphi}\cos\theta)$$

したがって，(x_1, x_2, x_3) 系の慣性系に対する角速度（Ω）は

$$\Omega = \omega + \omega'$$

成分で表現すれば

$$\begin{bmatrix} \Omega_1 \\ \Omega_2 \\ \Omega_3 \end{bmatrix} = \begin{bmatrix} \dot{\theta} + \omega\cos\alpha\sin\varphi \\ \dot{\varphi}\sin\theta + \omega\cos\alpha\cos\theta\cos\varphi + \omega\sin\alpha\sin\theta \\ \dot{\varphi}\cos\theta - \omega\cos\alpha\sin\theta\cos\varphi + \omega\sin\alpha\cos\theta \end{bmatrix} \tag{18.42}$$

ジャイロとジャイロケースを合わせた主慣性モーメントを I_1, I_2, I_3 とし，ジャイロの回転角運動量を L_0 $(= I_r\omega_r)$ とすると，軸別の運動量は $L = (I_1\Omega_1, I_2\Omega_2 + L_0, I_3\Omega_3)$ となる。回転の式は次のように表現でき

$$\dot{L} + \Omega \times L = M$$

これから

$$I_1\dot{\Omega}_1 - L_0\Omega_3 + (I_3 - I_2)\Omega_3\Omega_2 = M_1 \tag{18.43}$$

$$I_2\dot{\Omega}_2 + (I_1 - I_3)\Omega_1\Omega_3 = M_2 \tag{18.44}$$

$$I_3\dot{\Omega}_3 + L_0\Omega_1 + (I_2 - I_1)\Omega_2\Omega_1 = M_3 \tag{18.45}$$

Ω は自転角速度（ω）と同程度で，ジャイロの回転角速度（ω_r）に比較して非常に小さいので，$L_0 \ggg I_i\Omega_i$ である。章動を無視して歳差運動だけを考えれば $\dot{\Omega}_i$ を省略でき，式 (18.43)，(18.45) より

$$\dot{\varphi}\cos\theta - \omega\cos\alpha\sin\theta\cos\varphi + \omega\sin\alpha\cos\theta = \frac{-M_1}{L_0} \tag{18.46}$$

$$\dot{\theta} + \omega\cos\alpha\sin\varphi = \frac{M_3}{L_0} \tag{18.47}$$

プレセッション発生のための重り（m）を $-x_3$ 軸上，O から l の距離につけると，そのトルクは $M_1 = -mgl\sin\theta$，$M_2 = 0$，$M_3 = 0$ であり，式 (18.46), (18.47) より，θ，φ が次の θ_0，φ_0 をとるとき，$\dot{\theta} = 0$，$\dot{\varphi} = 0$（平衡位置）となる。

$$\tan\theta_0 = \omega\sin\alpha/(mgl/L_0 + \omega\cos\alpha)$$
$$\varphi_0 = 0$$

$\varphi_0 = 0$ は軸が北を指すということである。この平衡位置の近くで変動するとき，φ は微小，$\theta = \theta_0 + \theta'$ で θ' は微小とし，$mgl/L_0 \ggg \omega$ とすると，式 (18.47) から

$$\dot{\theta}' + \omega\varphi\cos\alpha = 0$$

式 (18.46) から

$$\dot{\varphi} - (mgl/L_0)\dot{\theta}' = 0$$

これを解いて，次のジャイロ軸の振揺運動が導かれる。

$$\varphi = A\sin(2\pi t/T)$$
$$\theta = \theta_0 + Ak\cos(2\pi t/T)$$
$$T = 2\pi\sqrt{T_0/a\omega\cos\alpha}$$

ここに，$a = mgl$，$k = 2\pi L_0/aT$ である。

18.5　速度誤差

航行速度の北成分を v_{n}，東成分を v_{e} とする。地球の半径を R とすると，航行速度による角速度成分が加わり，(x, y, z) の慣性系に対する角速度は，(x, y, z) 系の成分で

$$\omega_x = -\frac{v_{\mathrm{n}}}{R}$$
$$\omega_y = \left(\omega + \frac{v_{\mathrm{e}}}{R\cos\alpha}\right)\cos\alpha$$
$$\omega_z = \left(\omega + \frac{v_{\mathrm{e}}}{R\cos\alpha}\right)\sin\alpha$$

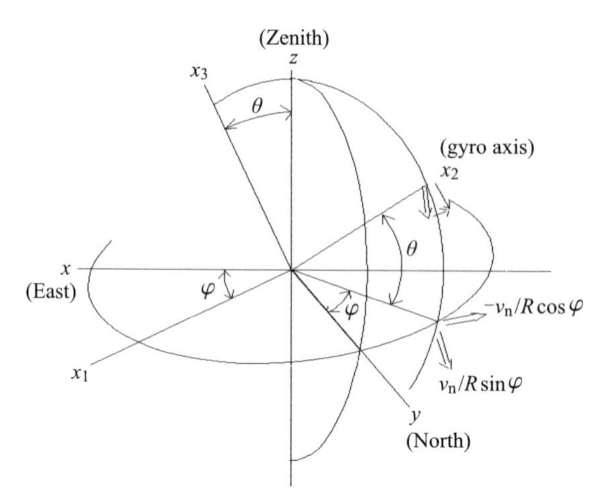

図 18.11　移動速度による角速度

図 18.11「移動速度による角速度」を参照しながら，式 (18.42) と同様に，(x_1, x_2, x_3) 系の慣性系に対する角速度（Ω）を求めると

$$\begin{bmatrix} \Omega_1 \\ \Omega_2 \\ \Omega_3 \end{bmatrix} = \begin{bmatrix} \dot{\theta} + \omega' \cos\alpha \sin\varphi - (v_n/R)\cos\phi \\ \dot{\varphi}\sin\theta + \omega' \cos\alpha\cos\theta\cos\varphi + \omega' \sin\alpha\sin\theta - (v_n/R)\cos\theta\sin\phi \\ \dot{\varphi}\cos\theta - \omega' \cos\alpha\sin\theta\cos\varphi + \omega' \sin\alpha\cos\theta - (v_n/R)\sin\theta\sin\phi \end{bmatrix} \tag{18.48}$$

ここに，$\omega' = \omega + v_n/R\cos\alpha$ である。

式 (18.46)，(18.47) より

$$\dot{\varphi}\cos\theta - \omega' \cos\alpha\sin\theta\cos\varphi + \omega' \sin\alpha\cos\theta - (v_n/R)\sin\theta\sin\varphi = \frac{-M_1}{L_0}$$

$$\dot{\theta} + \omega' \cos\alpha\sin\varphi - (v_n/r)\cos\varphi = 0$$

$\dot{\theta} = 0$，$\dot{\varphi} = 0$ から

$$\tan\varphi_0 = \frac{v_n/R}{\omega' \cos\alpha} \tag{18.49}$$

となり，速度誤差の公式である。

18.6　damping

18.6.1　偏心接触点による damping

偏心接触点と同様の作用をさせる重りを (x_1, x_2, x_3) 軸上 $(e, 0, -l)$ の位置に置く。指北原理のときに導いた式

$$\dot{\varphi}\cos\theta - \omega\cos\alpha\sin\theta\cos\varphi + \omega\sin\alpha\cos\theta = \frac{-M_1}{L_0}$$

$$\dot{\theta} + \omega\cos\alpha\sin\varphi = \frac{M_3}{L_0}$$

から，φ と θ は非常に小さいことより，x_3 軸に関しては

$$\dot{\theta} = -\omega\cos\alpha\varphi - mgle\theta/L_0 \tag{18.50}$$

x_1 軸に関しては

$$\dot{\varphi}\cos\theta - \omega\cos\alpha\sin\theta\cos\varphi + \omega\sin\alpha\cos\theta = mgl\sin\theta/L_0 \tag{18.51}$$

φ，θ が微小であることを考慮して上式を微分すると

$$\ddot{\varphi} - \omega\cos\alpha\dot{\theta} = mgl\dot{\theta}/L_0$$

この式に式 (18.50) より $\dot{\theta}$ を代入し

$$\ddot{\varphi} - (\omega\cos\alpha + mgl/L_0)(-\omega\cos\alpha\varphi - mgle\theta/L_0) = 0$$

式 (18.51) より θ を代入して $\ddot{\varphi}$ と $\dot{\varphi}$ が 0 とすると

$$\varphi_0 = \frac{mgle\tan\alpha}{mgl + \omega\cos\alpha L_0}$$

となり，振揺はなくなるが，damping 作用により誤差が発生することになる。

18.6.2　damping oil vessel による damping

damping oil vessel 内の油の流れは，ジャイロ軸の傾きに遅れて位相が 90 度であれば減衰効果を発揮する。すなわちジャイロ軸の振れ回り方位角が最大値

のときに油の移動量が最大であるとすれば，以下の微分方程式が成り立ち，減衰効果が現れ，最終的に方位誤差も生じない機構となる。x_3 軸に関しては

$$\dot{\theta} = -\omega \cos \alpha \varphi \tag{18.52}$$

x_1 軸に関して，油によるトルクが方位角 α に比例して発生するものとすれば

$$\dot{\varphi} \cos \theta - \omega \cos \alpha \sin \theta \cos \varphi + \omega \sin \alpha \cos \theta = mgl \sin \theta / L_0 + R\varphi / L_0$$

ここで，R は比例常数，プレセッションを生じさせるトルクを $mgl \sin \theta$ で表す。θ および φ が微小であるから

$$\dot{\varphi} \cos \theta - \omega \cos \alpha \theta \cos \varphi + \omega \sin \alpha = (mgl\theta + R\varphi)/L_0 \tag{18.53}$$

となる。これを微分し，式 (18.52) より $\dot{\theta}$ を代入すると

$$L_0 \ddot{\varphi} + R\dot{\varphi} + C\varphi = 0$$

の微分方程式を得る。これを解くと

$$\varphi = \varphi_0 e^{\frac{-Rt}{2L_0}} \sin\left(\frac{\sqrt{4L_0C - R^2}}{2L_0} t + \delta \right) \tag{18.54}$$

となり，時間の経過により $\varphi = 0$ となり，誤差の発生しない damping となっている。

参考文献

[1] 後藤憲一，山本邦夫，神吉健，「詳解 力学演習」，共立出版，1995.

[2] 茂在寅男，小林實，「コンパスとジャイロの理論と実際」，海文堂出版，1971.

[3] W. T. Thomson, Introduction to Space Dynamics, Dover, 1986.

[4] Marvin May, Ring Laser Gyro Inertial Navigation, ION Newsletter, Summer 2014.

[5] Raytheon Anschütz, Horizon MF Hemispherical Resonator Gyro Compass.

第 19 章

慣性航法における運動方程式の導出

慣性航法（inertial navigation，INS）に関する基礎的運動方程式を理解するに，大学学部で学ぶ力学の教科書によく記述されている方法では迷路に入り込むことになったり，慣性航法の専門書で最初に出てくる運動方程式は表記も特殊であり理解するに困難な壁が出現しているのが現状である。すでに gyrocompass の章でも扱っていて再度同じ内容を記述することになるが，この章では力学の基礎を記述し直し，慣性航法の運動方程式の導出に関して，専門書を読むにも困難を覚えない程度まで基本的知識を得られるように説明したい。

19.1　古典力学と慣性系

ニュートンの運動の第 1 法則が成り立つ座標系を慣性系（静止座標系）といい，1 つの慣性系に対して等速運動する座標系は慣性系である。一方，慣性系に対して加速度運動する座標系は慣性系ではない。また，一定の角速度で回転する座標系も非慣性系である。第 1 法則とは，言うまでもなく，「力の作用を受けない物体は等速直線運動を維持するか静止を続ける」のことである。そして，第 2 法則は「力が物体に作用すると力の向きに加速度を生じ，その大きさは力の大きさに比例し質量に反比例する」であり，次の等式で表される。

$$F = m\alpha \tag{19.1}$$

記号は説明するまでもないであろう。

19.1.1 慣性系と加速度座標系

加速度座標系の慣性座標系に対する運動は2つの運動に分解できる。1つは原点の移動（座標の平行移動）で，もう1つは向きの変化（座標の回転）である。当然，ニュートンの運動方程式は慣性系において成立する。

まず，等加速度運動をする座標系の例で考えてみよう（図19.1「等加速度運動する座標系」参照）。慣性系に対して一定の加速度で動く電車があり，そのなかに「ひも」で吊るされた「重り」の運動を調べてみる。地上（慣性系）からこれを観測すると，質量 m の重りには鉛直下向きに重力 mg とひもの張力 S が働いている。ここに g は重力加速度とする。その合力 F は電車の進む方向を向いていて，この力が重りに一定の加速度 F/m を生じさせる。この加速度は電車の加速度 a に等しく，慣性系では運動の第2法則が成り立っていて次式で表される。r を電車の進行方向にとる位置ベクトルとすると

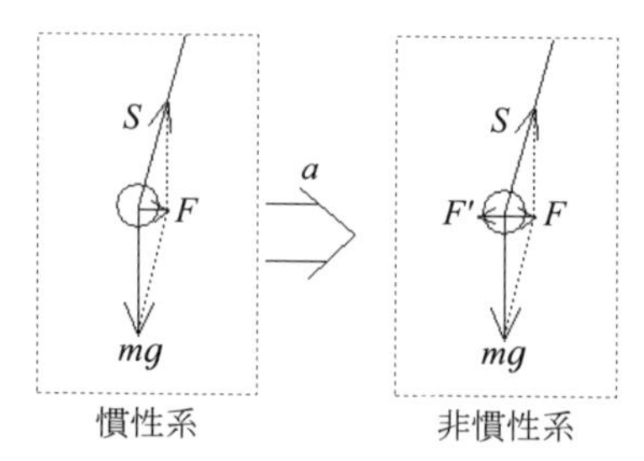

図19.1 等加速度運動する座標系

$$m\frac{d^2r}{dt^2} = F \tag{19.2}$$

一方，電車のなかで観測すると，重りに働く力は重力とひもの張力である。その合力は F であり，この力は重りに加速度を生じさせているが，重りは静止して見える。重りには力が働いているにもかかわらず静止している。つまり非慣性系では運動の第2法則が成立していないことになる。そこで，非慣性系でも運動の法則が成り立つように，見かけの力（慣性力ともいう）を導入する。

運動方程式が成り立つためには，見かけの力 F' を導入し

$$m\frac{d^2r}{dt^2} = F + F' = 0 \tag{19.3}$$

とすればよいことがわかる。すなわち

$$F' = -F$$

である見かけの力（慣性力）を考えれば運動方程式が成り立つことになる。もう少し見通しをよくするために数式を使った説明を試みよう。電車が加速する場合，それぞれの座標の関係を式で表現すると

$$x' = x - v_0 t - \frac{1}{2}at^2 \tag{19.4}$$

という座標変換式になる。ここでは x，x' でそれぞれ慣性系と電車内における 1 次元の座標を示し，v_0 を初期速度，a は加速度とした。この逆変換式

$$x = x' + v_0 t + \frac{1}{2}at^2 \tag{19.5}$$

を式 (19.2) に代入すると

$$m\left(\frac{d^2x'}{dt^2} + a\right) = F \tag{19.6}$$

となるが，これを書き直すと

$$m\frac{d^2x'}{dt^2} = F - ma \tag{19.7}$$

つまり座標変換によって見かけの力が生じたことになると解釈することもできるわけである。言い換えると，慣性系における運動方程式を座標変換して非慣性系における運動方程式に書き換えると，慣性力が現れるということである。

もっと一般化して理解するために，次の式から導いてみる。慣性系を S，回転しない非慣性系を S′ とし，空間のある点 P を次の式で表す。

$$r = r_0 + r' \tag{19.8}$$

ここで，r_0 は慣性系 S から見た非慣性系 S′ の原点の位置ベクトルとする。慣性系では運動方程式

$$m\frac{d^2r}{dt^2} = F \tag{19.9}$$

が成り立つ。ここで，式 (19.8) を時間で 2 回微分すれば

$$\frac{d^2r}{dt^2} = \frac{d^2r_0}{dt^2} + \frac{d^2r'}{dt^2} \tag{19.10}$$

となる。これを慣性系における運動方程式 (19.9) に代入すると

$$\frac{d^2r'}{dt^2} = F + F' \tag{19.11}$$

$$F' = -m\frac{d^2r_0}{dt^2} \tag{19.12}$$

が得られ，r_0 が 2 回の時間微分でもゼロにならないとき，すなわち加速度が存在する場合に見かけの力が現れる。非慣性系での運動方程式は，この座標系が等加速度運動しているために，本当の力 F のほかに力 F' が作用しているように見えるということである。再度確認するが，力 F' は見かけの力あるいは慣性力と呼ばれ，非慣性系では慣性力を考慮するとニュートンの運動方程式が成り立つということであるが，上のように慣性系における運動方程式を座標変換することにより非慣性系における運動方程式に書き換えると，自動的に慣性力が含まれる式が得られることになる。

19.1.2　慣性系と回転する座標系

さて次に，回転する座標系と慣性系における運動について考察する（図 19.2「座標系の変換」参照）。慣性系の座標表記を (O, x, y, z) とし，単位ベクトルをそれぞれ (i, j, k) とする。慣性系において何も力の影響を受けずに運動している物体については，次の運動方程式が成り立つ。ここで，v，t，r はそれぞれ，速力，時間，位置ベクトルとする。

$$\frac{dv}{dt} = \frac{d^2r}{dt^2} = 0 \tag{19.13}$$

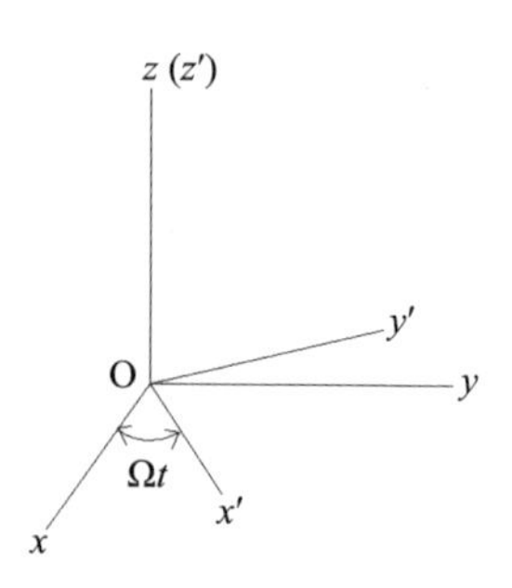

図 19.2　座標系の変換

これを，z 軸と方向が同じである z' を回転軸として一定の角速度 Ω で回転しており，その単位ベクトルを (i', j', k') とする座標系 (O, x', y', z') から眺めて比較すると，位置ベクトル r はそれぞれの座標系で以下のとおり表現できる。

$$r = xi + yj + zk \tag{19.14}$$
$$= x'i' + y'j' + z'k' \tag{19.15}$$

また，2 つの座標系における単位ベクトルの関係（座標変換についての関係式）は

$$\begin{aligned} i' &= i\cos\Omega t + j\sin\Omega t \\ j' &= -i\sin\Omega t + j\cos\Omega t \\ k' &= k \end{aligned} \tag{19.16}$$

であり，逆変換については

$$\begin{aligned} i &= i'\cos\Omega t - j'\sin\Omega t \\ j &= i'\sin\Omega t + j'\cos\Omega t \\ k &= k' \end{aligned} \tag{19.17}$$

である。位置ベクトル r の時間微分は，慣性系および回転している座標系ではそれぞれ次のようになるが

$$\begin{aligned} \frac{dr}{dt} &= \frac{dx}{dt}i + \frac{dy}{dt}j + \frac{dz}{dt}k \\ &= \frac{dx'}{dt}i' + \frac{dy'}{dt}j' + \frac{dz'}{dt}k' + x'\frac{di'}{dt} + y'\frac{dj'}{dt} + z'\frac{dk'}{dt} \end{aligned} \tag{19.18}$$

これについては，回転座標系の単位ベクトルは慣性系から眺めたときには時間とともにその向きを変化させているため，単位ベクトルの時間微分が現れることから理解できる。それに対して慣性系においては，単位ベクトルは大きさも向きも変化しないため，(i, j, k) の単位ベクトルの時間微分はゼロである。

ここで，式 (19.16) を時間微分すれば

$$\frac{di'}{dt} = -i\Omega\sin\Omega t + j\cos\Omega t = \Omega j' \tag{19.19}$$

$$\frac{dj'}{dt} = -i\Omega\cos\Omega t - j\sin\Omega t = -\Omega i' \tag{19.20}$$

$$\frac{dk'}{dt} = 0 \tag{19.21}$$

となる。したがって，表記の $|_\mathrm{I}$，$|_\mathrm{R}$ をそれぞれ，慣性座標系，回転座標系に対するものとすれば，式 (19.18) については

$$\left.\frac{dr}{dt}\right|_\mathrm{I} = \left.\frac{dr}{dt}\right|_\mathrm{R} + \Omega(x'j' - y'i') \tag{19.22}$$

を得る。これに角速度ベクトル $\boldsymbol{\Omega} = \Omega k$ を導入すると

$$\Omega \times r = \begin{bmatrix} i' & j' & k'\,(=k) \\ 0 & 0 & \Omega \\ x' & y' & z' \end{bmatrix} = \begin{bmatrix} i & j & k \\ 0 & 0 & \Omega \\ x & y & z \end{bmatrix} \tag{19.23}$$

であるから，式 (19.22) は

$$\left.\frac{dr}{dt}\right|_\mathrm{I} = \left.\frac{dr}{dt}\right|_\mathrm{R} + \Omega \times r \tag{19.24}$$

と表記できる。これも一種の座標変換式である。一般化して，すなわち任意のベクトルに対して慣性系での時間微分と回転系での時間微分の間には

$$\left.\frac{d}{dt}\right|_\mathrm{I} = \left.\frac{d}{dt}\right|_\mathrm{R} + \Omega \times \tag{19.25}$$

の関係式が成り立つことになり，この表記をベクトル演算子と考えることもでき，速力ベクトルであれば

$$\left.\frac{dV}{dt}\right|_\mathrm{I} = \left.\frac{dV}{dt}\right|_\mathrm{R} + \Omega \times V \tag{19.26}$$

と表現できる。式 (19.24) の左辺は慣性座標系における速度ベクトル（v），右辺第 1 項は回転座標系における速度ベクトル（v'）と解釈できる。そこで，式 (19.25) に式 (19.24) を代入すると，r の 2 回時間微分が得られる。すなわち

$$\begin{aligned} \left.\frac{dv}{dt}\right|_\mathrm{I} &= \left(\left.\frac{d}{dt}\right|_\mathrm{R} + \Omega \times\right)(v' + \Omega \times r) \\ &= \left.\frac{dv'}{dt}\right|_\mathrm{R} + \Omega \times \left.\frac{dr}{dt}\right|_\mathrm{R} + \Omega \times v' + \Omega \times (\Omega \times r) \\ &= \left.\frac{dv'}{dt}\right|_\mathrm{R} + 2\Omega \times v' + \Omega \times (\Omega \times r) \end{aligned} \tag{19.27}$$

ここでは

$$\left.\frac{dr}{dt}\right|_{\mathrm{R}} = v'$$

であることを利用した。もし，慣性系では物体に何ら力が作用していないとしたら

$$\left.\frac{dv'}{dt}\right|_{\mathrm{R}} = -2\Omega \times v' - \Omega \times (\Omega \times r)$$

となり，回転座標系では 2 つの力が働いているように見えることになる。これがコリオリの力と遠心力と呼ばれる見かけの力（慣性力とも呼ばれる）である。一方，外力 $\left.\frac{dv}{dt}\right|_{\mathrm{I}}$ の扱いに疑問を感ずるむきもあろうかと思うが，これも座標変換して回転座標系の成分に変換すればよいだろう。すなわち，単位質量についての加速度と力を考えると

$$\left.\frac{dv}{dt}\right|_{\mathrm{I}} = \alpha_{\mathrm{i}} = f_{\mathrm{i}}$$

である外力を回転座標系の成分に変換するに，次の回転マトリックスにより

$$C_{\mathrm{ri}} = \begin{bmatrix} \cos\Omega & \sin\Omega \\ -\sin\Omega & \cos\Omega \end{bmatrix}$$

$$f_{\mathrm{r}} = C_{\mathrm{ri}} f_{\mathrm{i}}$$

と変換すれば

$$f_{\mathrm{r}} = \left.\frac{dv'}{dt}\right|_{\mathrm{R}} + 2\Omega \times v' + \Omega \times (\Omega \times r)$$

とでき，外力も回転座標系での扱いとなる。ただし，回転については 1 軸に限定し，扱いを簡単にしてきた。

ここまでが一般的に教科書で扱われていることであるが，航行体についての運動方程式を導くには力学的に必要な項目を加えなければならない。すなわち，航行により生ずる慣性空間に対する回転運動を考察に加えなければならないのである。

19.2　運動（回転）座標系

運動（回転）座標系 S′ は慣性座標系 S に対して，S′ 系の原点の移動とともに回転している系とし，A を任意のベクトルとすれば，慣性系 S に対する A の時間微分は

$$\left.\frac{dA}{dt}\right|_{\mathrm{I}} = \left.\frac{dA}{dt}\right|_{\mathrm{R}} + \omega \times A \qquad (19.28)$$

を用いて表せることをすでに導いてあるが，これをコリオリ方程式と呼ぶ（図 19.3「運動座標系」参照）。

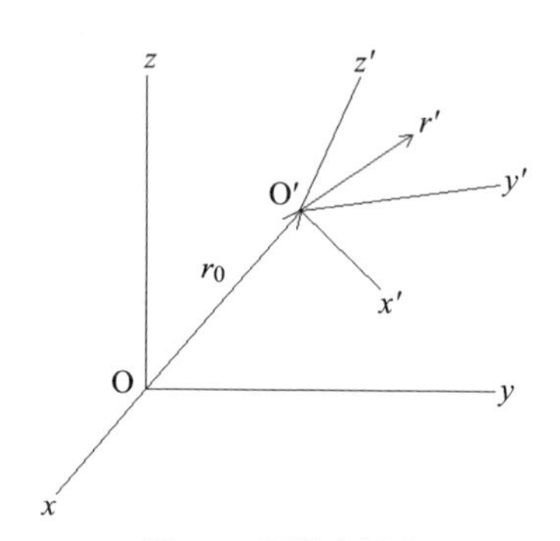

図 19.3　運動座標系

ここで S に対する S′ の原点の位置ベクトルを r_0，S′ 系における質点の座標を r' とする。このとき慣性系における質点の位置ベクトル r は $r = r_0 + r'$ と表現でき，これを時間で微分すれば次の慣性系における速度 v が得られる。

$$v = \frac{dr}{dt} = \frac{dr_0}{dt} + \frac{dr'}{dt}$$

$\frac{dr'}{dt}$ は S′ 系が S 系に対して角速度 ω で回転しているので

$$\left.\frac{dr'}{dt}\right|_{\mathrm{I}} = \left.\frac{dr'}{dt}\right|_{\mathrm{R}} + \omega \times r'$$

すなわち

$$v = \frac{dr}{dt} = \left.\frac{dr_0}{dt}\right|_{\mathrm{I}} + \left.\frac{dr'}{dt}\right|_{\mathrm{R}} + \omega \times r'$$

が得られる。加速度を求めると

$$\begin{aligned}
\frac{dv}{dt} &= \left.\frac{d^2 r_0}{dt^2}\right|_{\mathrm{I}} + \left.\frac{d}{dt}\left(\left.\frac{dr'}{dt}\right|_{\mathrm{R}} + \omega \times r'\right)\right|_{\mathrm{I}} \\
&= \left.\frac{d^2 r_0}{dt^2}\right|_{\mathrm{I}} + \left.\frac{d}{dt}\left(\left.\frac{dr'}{dt}\right|_{\mathrm{R}} + \omega \times r'\right)\right|_{\mathrm{R}} + \omega \times \left(\left.\frac{dr'}{dt}\right|_{\mathrm{R}} + \omega \times r'\right) \\
&= \left.\frac{d^2 r_0}{dt^2}\right|_{\mathrm{I}} + \left.\frac{d^2 r'}{dt^2}\right|_{\mathrm{R}} + 2\omega \times \left.\frac{dr'}{dt}\right|_{\mathrm{R}} + \omega \times (\omega \times r') + \left.\frac{d\omega}{dt}\right|_{\mathrm{R}} \times r' \quad (19.29)
\end{aligned}$$

が得られる。ここでは

$$\frac{d\omega}{dt} = \left.\frac{d\omega}{dt}\right|_{\mathrm{R}} + \omega \times \omega = \left.\frac{d\omega}{dt}\right|_{\mathrm{R}}$$

を考慮した。すなわち，角速度の時間微分は座標系の取り方に依存しないことがわかる。質量を 1 として，慣性系での運動方程式

$$\frac{dv}{dt} = F$$

に上式 (19.29) を代入すれば

$$\left.\frac{d^2 r'}{dt^2}\right|_{\mathrm{R}} = F - \left.\frac{d^2 r_0}{dt^2}\right|_{\mathrm{I}} - 2\omega \times \left.\frac{dr'}{dt}\right|_{\mathrm{R}} - \omega \times (\omega \times r') - \left.\frac{d\omega}{dt}\right|_{\mathrm{R}} \times r' \qquad (19.30)$$

が得られる。上式右辺第 1 項は外力，第 2 項は S′ 系の原点の加速度運動による力，第 3 項はコリオリの力，第 4 項は遠心力，そして最終項は回転の加速度によるものである。

19.2.1　地球表面での運動

ここで，式 (19.30) を地球表面付近の運動に適用することを考えることにする。地球中心に置いた座標系を慣性系とみなすことにしても地球の公転による影響を無視できるものとし，r_0 を地心から地表までの位置ベクトルとする。そして，S′ が S に対して地球自転に伴って移動し，座標軸の向きを変えるとする。すなわち，地球自転についても S′ 系の回転に含ませることにし，r_0 の大きさは変化しないという仕組みで考える。すると第 2 項についてはもう少し考察する必要が出てくる。それには，r_0 の時間微分を 2 回すれば

$$\begin{aligned}
\left.\frac{dr_0}{dt}\right|_{\mathrm{I}} &= \left.\frac{dr_0}{dt}\right|_{\mathrm{R}} + \omega \times r_0 = \omega \times r_0 \\
\left.\frac{d^2 r_0}{dt^2}\right|_{\mathrm{I}} &= \frac{d}{dt}\left(\left.\frac{dr_0}{dt}\right|_{\mathrm{R}} + \omega \times r_0\right) = \frac{d}{dt}(\omega \times r_0) = \omega \times (\omega \times r_0)
\end{aligned} \qquad (19.31)$$

となり，運動座標系の原点における遠心力になることがわかる。

これを考慮して式 (19.30) に戻ると，原点の加速度運動による力は消滅し，第 4 項の遠心力は r_0 を地球半径とすれば r' が地球半径に比して微小であるか

ら無視できる。また，最終項は回転角速度に変化がないことからゼロである。したがって，地球表面付近における航行の運動方程式は，式 (19.30) のうち有効な項のみ残り

$$\left.\frac{d^2 r'}{dt^2}\right|_{\mathrm{R}} = F - 2\omega \times \left.\frac{dr'}{dt}\right|_{\mathrm{R}} - \omega \times (\omega \times r_0) \tag{19.32}$$

と表現できる。一方，右辺第 1 項を単純に F と表記してきたが，どのように検出されるのかを考えると，たとえば慣性航法装置であれば，プラットフォーム上に固定された加速度計であれ，機体に固定されたものであれ，検出されるものは座標成分に分解されたものであるから，座標変換をして慣性空間座標系のものとするか，運動座標系のものにする必要があることは理解されるであろう。

19.3　航行体の運動方程式

以上の考察を応用すれば，操船論の教科書や航空機の操縦についての教科書に記述されている運動方程式，すなわち航行体の運動方程式が導かれる。ここでは自転していない地球表面を慣性系と考え，航行体に運動座標系が固着されているものとする。少し粗雑な扱いに思われるが，操船などの運動方程式を求める扱いでは十分である。ここで，単位質量の船舶について 2 次元平面で考え，回転軸を Z 軸にとり角速度を ω_{ie} とすれば，前出のコリオリ方程式から

$$a_{\mathrm{i}} = \frac{d^2 r}{dt^2} = F \tag{19.33}$$

$$v_{\mathrm{e}} = \left.\frac{dr}{dt}\right|_{\mathrm{e}} = v_{\mathrm{i}} - \omega_{\mathrm{ie}} \times r \tag{19.34}$$

$$\left.\frac{dv}{dt}\right|_{\mathrm{e}} = \left.\frac{dv}{dt}\right|_{\mathrm{i}} - \omega_{\mathrm{ie}} \times v \tag{19.35}$$

あるいは

$$a_{\mathrm{i}} = \left.\frac{dv}{dt}\right|_{\mathrm{e}} + \omega_{\mathrm{ie}} \times v \tag{19.36}$$

ここで，a_{i}，v_{e} のような下付き文字（subscript）によりその座標系に対するものであることを示し，例示すれば

$$a_{\mathrm{i}} = \left.\frac{d^2r}{dt^2}\right|_{\mathrm{i}}$$

ということにする。ここでは $|_{\mathrm{e}}$，$|_{\mathrm{i}}$ をそれぞれ，船体座標，地球表面座標の表記とする。

ベクトル形式を各座標成分の速力 (u, v, w) により表せば，次の式で表せる。

$$\omega_{\mathrm{ie}} \times v = \begin{bmatrix} i & j & k \\ 0 & 0 & \omega \\ u & v & w \end{bmatrix} \tag{19.37}$$

であるから

$$a_{\mathrm{i}} = \begin{bmatrix} \dot{u} \\ \dot{v} \end{bmatrix} + \begin{bmatrix} -v\omega \\ u\omega \end{bmatrix} \tag{19.38}$$

また，3 次元座標では

$$\omega_{\mathrm{ie}} \times v = \begin{bmatrix} i & j & k \\ \omega_x & \omega_y & \omega_z \\ u & v & w \end{bmatrix} \tag{19.39}$$

であるから

$$a_{\mathrm{i}} = \begin{bmatrix} \dot{u} \\ \dot{v} \\ \dot{w} \end{bmatrix} + \begin{bmatrix} \omega_y w - \omega_z v \\ \omega_z u - \omega_x w \\ \omega_x v - \omega_y u \end{bmatrix} \tag{19.40}$$

となる。

19.3.1　航行体の運動方程式の初等的求め方

一般的初等教科書では以下のように座標変換から導き出しているので，それを示して理解を深めたい。船舶の航行運動方程式を例にとり，海水面を慣性座標系と考え，船舶重心に固定された座標系を運動座標系とする。水面に

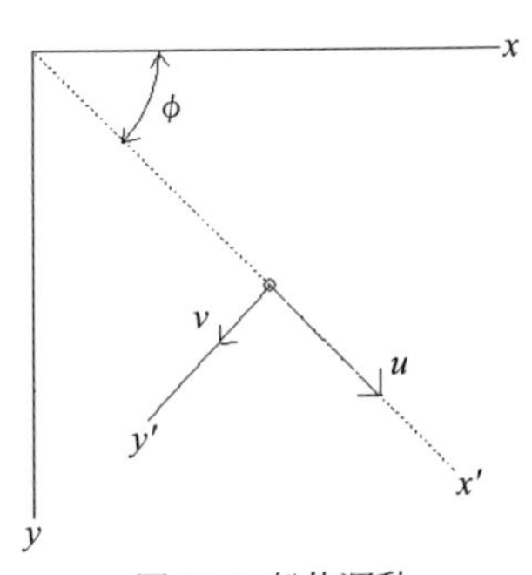

図 19.4　船体運動

(O, x, y, z) 座標を置き，船体に固定した座標を $(\mathrm{O}', x', y', z')$ と表記する（図 19.4「船体運動」参照)。船体は z' 軸に対して旋回し，その角速度を $\dot{\phi} = \omega$，船体質量を 1（$a = f$ とするため）とすれば，慣性座標において船体運動方程式は

$$
\begin{aligned}
f_x &= \ddot{x} \\
f_y &= \ddot{y}
\end{aligned}
\tag{19.41}
$$

ここでは z 方向の力を無視し，旋回運動は扱わない。船体重心を原点とする船体座標における運動方程式は，座標変換して

$$
\begin{aligned}
f'_x &= f_x \cos\phi + f_y \sin\phi = \ddot{x}\cos\phi + \ddot{y}\sin\phi \\
f'_y &= f_y \cos\phi - f_x \sin\phi = \ddot{y}\cos\phi - \ddot{x}\sin\phi
\end{aligned}
\tag{19.42}
$$

とし，また，速度について船体座標 (u, v) から慣性系に変換すれば

$$
\begin{aligned}
\dot{x} &= u\cos\phi - v\sin\phi \\
\dot{y} &= u\sin\phi + v\cos\phi
\end{aligned}
$$

となる。これをもう一度時間微分して

$$
\begin{aligned}
\ddot{x} &= \dot{u}\cos\phi - \dot{v}\sin\phi - (u\sin\phi + v\cos\phi)\dot{\phi} \\
\ddot{y} &= \dot{u}\sin\phi + \dot{v}\cos\phi + (u\cos\phi - v\sin\phi)\dot{\phi}
\end{aligned}
\tag{19.43}
$$

式 (19.42) に式 (19.43) を代入すれば

$$
\begin{aligned}
f'_x &= \ddot{x}\cos\phi + \ddot{y}\sin\phi \\
&= (\dot{u}\cos\phi - \dot{v}\sin\phi - (u\sin\phi + v\cos\phi)\dot{\phi})\cos\phi \\
&\quad + (\dot{u}\sin\phi + \dot{v}\cos\phi + (u\cos\phi - v\sin\phi)\dot{\phi})\sin\phi \\
&= \dot{u} - v\dot{\phi}
\end{aligned}
\tag{19.44}
$$

$$
\begin{aligned}
f'_y &= \ddot{y}\cos\phi - \ddot{x}\sin\phi \\
&= (\dot{u}\sin\phi + \dot{v}\cos\phi + (u\cos\phi - v\sin\phi)\dot{\phi})\cos\phi \\
&\quad - (\dot{u}\cos\phi - \dot{v}\sin\phi - (u\sin\phi + v\cos\phi)\dot{\phi})\sin\phi \\
&= \dot{v} + u\dot{\phi}
\end{aligned}
\tag{19.45}
$$

が導かれる（$\dot{\phi}$ は前出の式では ω としている)。

19.4　慣性航法の運動方程式

前節までの説明で一般的な地球表面における移動体の運動方程式が導き出された。ここでは航行体の地表面座標系（航行座標系）における慣性航法の運動方程式を海外の専門書に記述されているスタイルで導き出すこととする。ただし，扱うのはプラットフォーム形式ではなく，strapdown すなわち機体に INS 装置が固定された方式のものを考える。いままで重力を無視してきたが，ここではこれを g とし，遠心力を含めて g_l と表記することにする。また，地球表面上を航行すれば，地心から見ると円運動をしていることになり，角速度を伴う運動をしているものとしなければならないので，運動方程式には航行による地球中心に対する角速度運動も考察の対象に加えなければならない。速度 v についてのコリオリ方程式は

$$\left.\frac{dv}{dt}\right|_{\mathrm{n}} = \left.\frac{dv}{dt}\right|_{\mathrm{i}} - [\omega_{\mathrm{ie}} + \omega_{\mathrm{en}}] \times v \tag{19.46}$$

と表現できる。ここに，$|_{\mathrm{n}}$，$|_{\mathrm{i}}$ でそれぞれ航行座標系と慣性座標系にかかわることを示し，ω_{ie}，ω_{en} はそれぞれ地球自転角速度と，加速度を検出する装置の存在する座標系の地球中心に対する角速度である。一方，自転する地球中心に固定した座標系（$|_{\mathrm{e}}$ で示す）での速度により慣性系における速度（$v = dr/dt$）をベクトル r についてのコリオリ方程式で表現すると

$$\left.\frac{dr}{dt}\right|_{\mathrm{i}} = \left.\frac{dr}{dt}\right|_{\mathrm{e}} + \omega_{\mathrm{ie}} \times r \tag{19.47}$$

これを時間微分して，$\left.\dfrac{dr}{dt}\right|_{\mathrm{e}} = v_{\mathrm{e}}$ であることから

$$\left.\frac{d^2r}{dt^2}\right|_{\mathrm{i}} = \left.\frac{dv_{\mathrm{e}}}{dt}\right|_{\mathrm{i}} + \left.\frac{d}{dt}[\omega_{\mathrm{ie}} \times r]\right|_{\mathrm{i}} \tag{19.48}$$

右辺第 2 項にコリオリ方程式を応用して

$$\left.\frac{d^2r}{dt^2}\right|_{\mathrm{i}} = \left.\frac{dv_{\mathrm{e}}}{dt}\right|_{\mathrm{i}} + \omega_{\mathrm{ie}} \times v_{\mathrm{e}} + \omega_{\mathrm{ie}} \times [\omega_{\mathrm{ie}} \times r] \tag{19.49}$$

また，加速度計においては次式

$$f = \left.\frac{d^2r}{dt^2}\right|_{\mathrm{i}} - g \tag{19.50}$$

で示される力 f（specific force）を検出している。この式を並べ替えて

$$\left.\frac{d^2r}{dt^2}\right|_{\mathrm{i}} = f + g \tag{19.51}$$

となる。慣性系における真の力に関する運動方程式（航行方程式と呼ばれる）が得られたので，これを式 (19.49) に代入すると

$$\left.\frac{dv_{\mathrm{e}}}{dt}\right|_{\mathrm{i}} = f - \omega_{\mathrm{ie}} \times v_{\mathrm{e}} - \omega_{\mathrm{ie}} \times [\omega_{\mathrm{ie}} \times r] + g \tag{19.52}$$

が得られる。遠心力と重力を合わせて g_l と表記すれば

$$\left.\frac{dv_{\mathrm{e}}}{dt}\right|_{\mathrm{i}} = f - \omega_{\mathrm{ie}} \times v_{\mathrm{e}} + g_l \tag{19.53}$$

となる。

さて，地表面に近い航行では，航行速度による地球中心に対する角速度（ω_{en}）を考慮し，コリオリ方程式は

$$\left.\frac{dv_{\mathrm{e}}}{dt}\right|_{\mathrm{n}} = \left.\frac{dv_{\mathrm{e}}}{dt}\right|_{\mathrm{i}} - [\omega_{\mathrm{ie}} + \omega_{\mathrm{en}}] \times v_{\mathrm{e}} \tag{19.54}$$

となる。これに式 (19.53) の $\left.\dfrac{dv_{\mathrm{e}}}{dt}\right|_{\mathrm{i}}$ を代入すれば

$$\left.\frac{dv_{\mathrm{e}}}{dt}\right|_{\mathrm{n}} = f - [2\omega_{\mathrm{ie}} + \omega_{\mathrm{en}}] \times v_{\mathrm{e}} + g_l \tag{19.55}$$

が得られた。なお，前出の運動（回転）座標系で扱った運動方程式 (19.29) で考えるならば，ω_{en} については航行体が移動するときの速力により生ずるものであるから，その 2 行目の式における $\omega \times \left(\left.\dfrac{dr'}{dt}\right|_{\mathrm{R}} + \omega \times r' \right)$ の速力項が働く項のみが最終的に残り，式 (19.55) と同じものが得られる。

さて，ここまで f について慣性系での成分をそのままにしてきたが，これを地球表面の航行座標で表現するに，f を航行体に固定された座標において計測された f^{b} に（b で body（航行体座標）を示す）置き換えて，航行座標系における方程式に変換すると

$$\dot{v}_{\mathrm{e}}|_{\mathrm{n}} = C_{\mathrm{b}}^{\mathrm{n}} f^{\mathrm{b}} - [2\omega_{\mathrm{ie}} + \omega_{\mathrm{en}}] \times v_{\mathrm{e}} + g_l \tag{19.56}$$

となる。ここで C_b^n は航行体座標から航行座標へ座標変換するのためのマトリックスとする。

なお，f^b，f^i のように上付き文字（superscript）により，そのベクトル量の成分が示される座標系を表し，前述のとおり添字 $|_i$，$|_e$，$|_n$ は慣性系，地球座標系，航行座標系に対するものであることを示す。すなわち

$$\left.\frac{dv_e}{dt}\right|_i = f - \omega_{ie} \times v_e - \omega_{ie} \times [\omega_{ie} \times r] + g$$

この式について遠心力を重力と合算し，上付き文字による表記に書き換えれば

$$\dot{v}_e^i = f^i - \omega_{ie}^i \times v_e^i + g_e^i \tag{19.57}$$

ということである。

19.4.1　慣性航法の運動方程式の具体的展開

ここで，strapdown INS の運動方程式の具体的な式を示すが，図 19.5「strapdown 慣性航法メカニズム」により方程式の計算について思考整理しておくとよい。とくに，加速度計と gyroscope が何を検出し，コンピュータは何を計算に使用して位置と速度を求めているかを整理しておくと理解しやすいだろう。gyroscope は慣性空間に対しての角速度運動を検出しているわけで，航行座標系における地球自転角速度成分と航行による地球中心に対する角速度は INS が求めた位置および速度情報を用いて計算していることを理解しておく必要がある。

式 (19.56) の f，v_e，ω_{ie}，ω_{en} については，各成分について表示すれば

$$v_e^n = \begin{bmatrix} v_N & v_E & v_D \end{bmatrix}^T \tag{19.58}$$

$$f^n = \begin{bmatrix} f_N & f_E & f_D \end{bmatrix}^T \tag{19.59}$$

$$\omega_{ie}^n = \begin{bmatrix} \Omega\cos L & 0 & -\Omega\sin L \end{bmatrix}^T \tag{19.60}$$

$$\omega_{en}^n = \begin{bmatrix} \dot{l}\cos L & -\dot{L} & -\dot{l}\sin L \end{bmatrix}^T \tag{19.61}$$

である。ここに，N で北，E で東，D により鉛直方向を表すこととする。

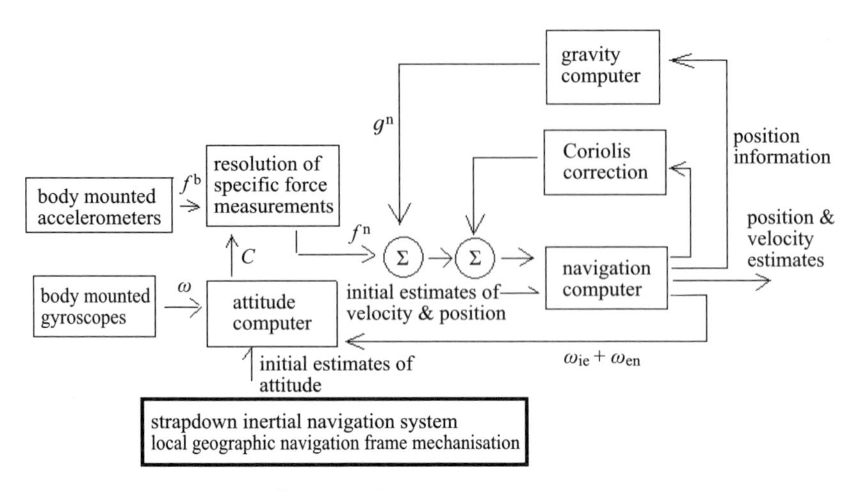

図 19.5　strapdown 慣性航法メカニズム（出典：Strapdown Inertial Navigation Tchnology）

ここに，Ω，R_0 は慣性空間に対する地球自転角速度と地球半径，h は高度，そして L，l は緯度，経度であり

$$\dot{l} = \frac{v_E \sec L}{R_0 + h} \tag{19.62}$$

$$\dot{L} = \frac{v_N}{R_0 + h} \tag{19.63}$$

であるから，航行による角速度は

$$\omega_{en} = \begin{bmatrix} \dfrac{v_E}{R_0 + h} & -\dfrac{v_N}{R_0 + h} & -\dfrac{v_E \tan L}{R_0 + h} \end{bmatrix}^T \tag{19.64}$$

であり，航行体に固定した座標系を b で示すから

$$\omega_{ib}^b = C_n^b(\omega_{ie}^n + \omega_{en}^n + \omega_{nb}^n) \tag{19.65}$$

$$\omega_{in}^n = \omega_{ie}^n + \omega_{en}^n = \begin{bmatrix} \Omega \cos L + \dfrac{v_E}{R_0 + h} \\ -\dfrac{v_N}{R_0 + h} \\ -\Omega \sin L - \dfrac{v_E \tan L}{R_0 + h} \end{bmatrix} \tag{19.66}$$

である。したがって航行体の航行空間（地球表面）に対する回転角速度については

$$\omega_{\mathrm{nb}}^{\mathrm{b}} = \omega_{\mathrm{ib}}^{\mathrm{b}} - C_{\mathrm{n}}^{\mathrm{b}}\omega_{\mathrm{in}}^{\mathrm{n}} \tag{19.67}$$

となる。また，重力については

$$g_l = g - \omega_{\mathrm{ie}} \times \omega_{\mathrm{ie}} \times R \tag{19.68}$$

$$= g - \frac{\Omega^2(R_0 + h)}{2}\begin{pmatrix} \sin 2L \\ 0 \\ 1 + \cos 2L \end{pmatrix} \tag{19.69}$$

である。したがって，航行座標系においては，式 (19.56) に式 (19.58)～(19.63) を代入すれば

$$\begin{bmatrix} \dot{v}_{\mathrm{N}}^{\mathrm{n}} \\ \dot{v}_{\mathrm{E}}^{\mathrm{n}} \\ \dot{v}_{\mathrm{D}}^{\mathrm{n}} \end{bmatrix} = C_{\mathrm{b}}^{\mathrm{n}} f^{\mathrm{b}} - \begin{bmatrix} 2\Omega\cos L + \dot{l}\cos L \\ -\dot{L} \\ -2\Omega\sin L - \dot{l}\sin L \end{bmatrix} \times \begin{bmatrix} v_{\mathrm{N}} \\ v_{\mathrm{E}} \\ v_{\mathrm{D}} \end{bmatrix} + g_l \tag{19.70}$$

$$= \begin{bmatrix} f_{\mathrm{N}} \\ f_{\mathrm{E}} \\ f_{\mathrm{D}} \end{bmatrix} - \begin{bmatrix} i & j & k \\ 2\Omega\cos L + \dfrac{v_{\mathrm{E}}\sec L}{R_0 + h} & -\dfrac{v_{\mathrm{N}}}{R_0 + h} & -2\Omega\sin L - \dfrac{v_{\mathrm{E}}\sec L}{R_0 + h}\sin L \\ v_{\mathrm{N}} & v_{\mathrm{E}} & v_{\mathrm{D}} \end{bmatrix} + g_l \tag{19.71}$$

よって

$$\dot{v}_{\mathrm{N}} = f_{\mathrm{N}} - 2\Omega v_{\mathrm{E}}\sin L + \frac{v_{\mathrm{N}}v_{\mathrm{D}} - v_{\mathrm{E}}^2\tan L}{R_0 + h} + g_{\mathrm{N}} \tag{19.72}$$

$$\dot{v}_{\mathrm{E}} = f_{\mathrm{E}} + 2\Omega(v_{\mathrm{N}}\sin L + v_{\mathrm{D}}\cos L) + \frac{v_{\mathrm{E}}(v_{\mathrm{D}} + v_{\mathrm{N}}\tan L)}{R_0 + h} - g_{\mathrm{E}} \tag{19.73}$$

$$\dot{v}_{\mathrm{D}} = f_{\mathrm{D}} - 2\Omega v_{\mathrm{E}}\cos L - \frac{v_{\mathrm{E}}^2 + v_{\mathrm{N}}^2}{R_0 + h} - g \tag{19.74}$$

これが慣性航法における航行座標系の各座標軸（東，北，鉛直方向）に関し具体的に展開された運動方程式である。なお，g_{N}，g_{E} は重力方向の鉛直軸からのずれにより生ずる項である。

位置計算を行うに，上式の加速度を積分して速度を求め，緯度，経度および高度は次式で求める。これは，航行による角運動の式 (19.61)，(19.64) として

も示してあるし，また，第 3 章の航程線航法の計算式で示したとおりであるが，ここでは航行高度を考慮する。

$$\dot{L} = \frac{v_N}{R_0 + h} \tag{19.75}$$

$$\dot{l} = \frac{v_E \sec L}{R_0 + h} \tag{19.76}$$

$$\dot{h} = -v_D \tag{19.77}$$

当然，地球を長半径 R の楕円体と考えれば，R_0 を次の式に置き換える必要がある。

$$\dot{L} = \frac{v_N}{R_N + h} \tag{19.78}$$

$$\dot{l} = \frac{v_E \sec L}{R_E + h} \tag{19.79}$$

$$R_N = \frac{R(1 - e^2)}{(1 - e^2 \sin^2 L)^{3/2}} \tag{19.80}$$

$$R_E = \frac{R}{(1 - e^2 \sin^2 L)^{1/2}} \tag{19.81}$$

蛇足ではあるが，高速飛翔体などの振動やその移動速度の速さや加速度の変化を考えると，加速度，角速度の検出および航法計算について振動による影響を除去し，誤差を少なくする効率的で適切な検出・計算サイクルについて考えるのも興味の湧くことではなかろうか。1 秒間に何回角速度や加速度を検出するのが効率的であろうか。また，航法計算の計算サイクルはどれほどであろうか。

ところで，いままで慣性航法の運動方程式あるいはメカニズムと表記して理解を進めてきたが，求められた式は加速度と角速度についての情報から速度を求める観測方程式というべきものである。運動方程式と考えれば，その解を数学的に求めるに矛盾を感じないかもしれないが，観測方程式であれば，速度を求めるために速度の情報を前もって知っている必要があるという矛盾を抱えていることに気付かされる。

参考文献

[1] D. T. Titterton and J. Weston, Strapdown Inertial Navigation Tchnology, 2nd Edition, ITE, 2004.

[2] http://www.th.phys.titech.ac.jp/~muto/

[3] 広江克彦,「EMAN の物理学・解析力学・見かけの力」, http://homepage2.nifty.com/eman

[4] R. Christensen and N. Fogh, Inertial Navigation System, Dep. of Control Engineering 10th Semester, Aalborg University, 2008.

付録 A

天文航法基礎概説と
天文三角形の余弦公式

天文三角形を解くための余弦公式について，私が学んだ天文航法の授業では，天文学で学んだ基礎的事項と応用数学で学ぶ球面三角公式の連携あるいは統合がなされていなかったように思う。そのためつねに計算に使用した公式について理解できているという気持ちになれず，単に公式の丸暗記と対数表（米村表）による計算を実施していた。

ここでは，階段を登るように理論的かつ基礎的説明をして，多少なりとも天文航法の教材として取り組みやすく，なおかつ理解を深めることが可能なように記述してみたい。

A.1 天文航法概説

まず，天球概念と地球，そして地表にいる観測者との関係を確認しておく。

① 地球は球体であること（実際には回転楕円体であるが天測では月の精確な高度観測修正以外問題にしない）。

② 天体は無限遠の天球面に存在していること（太陽系天体のように無限遠に見えないといった例外もあり，観測値に修正を加えることもある）。

この地球と天球には次の関係を持たせる（図 A.1「天球図」参照）。

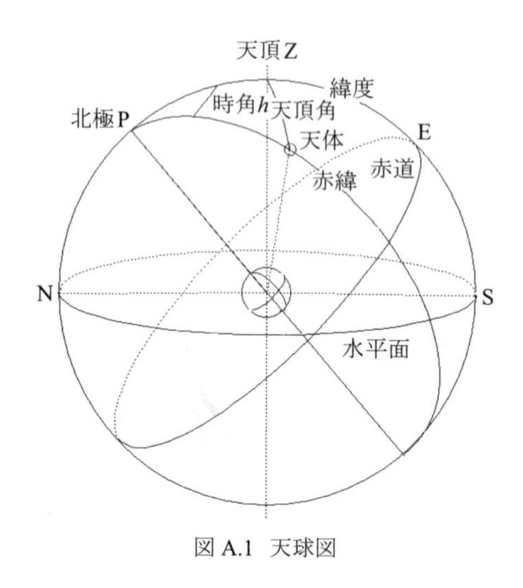

図 A.1　天球図

- 地球自転の地軸を延長すると天球の極になる。
- 地球の赤道面を天球上に投影すれば天の赤道となる。
- 地球と同様に緯度・経度に相当する座標を天球にも設定して赤緯・赤経とするが，赤緯は地心から見た天の子午線上に張られる赤道からの角度であり地心緯度に相当する。
- 地表の測者の鉛直を天球に延ばすと天頂になる。すなわち天頂の緯度（赤緯）は測者の天文緯度（測地緯度とほとんど差がない）である。この測者の鉛直方向は地心に平行移動しても変わらない。つまり，地心から見た天頂の方向も地表から見た天頂の方向も同じである（同じ恒星を見る）。
- 地表の測者の水平面を天球に投影すれば天の水平面をなす。天球は無限遠にあるので地球の大きさは無視できて，天頂との角度関係，すなわち天頂と垂直の角度関係にある方向のみを考慮するので，地球の中心から水平面をつくっても測者の位置から水平面をつくっても同じものである。

航海天文学で問題にする天文三角形は図 A.2「天文三角形」に示したように，天球上の測者の天頂（Z），天体（X）そして天の極（P）を結ぶ大圏である 3 辺によってつくられる球面三角形 PZX である。

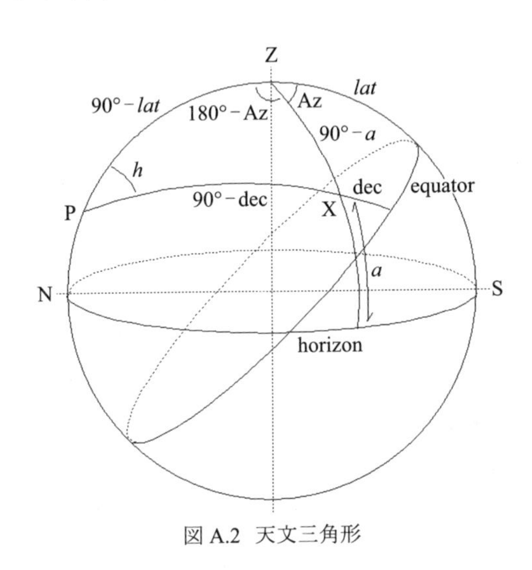

図 A.2　天文三角形

ここでは天測位置決定について簡単に要点のみを説明する。正確な天体観測時刻が得られ，測者の位置を推測する（あるいは仮定する）ことができ，なおかつ天測暦などから天体の天球上での位置の情報が得られるならば，天体の天頂角（これは水平線からの測角である天体高度の余角）と方位角が計算できることを利用する。測者は方位の異なる 2 つ以上の天体について水平線からの高度（角度）を観測する。この観測値と計算値との比較をし，推測位置に修正を加えることにより測者の位置を決定する。

すなわち，無限遠にある天体を鉛直真上に観測する地点を天体の地位（geographical position : GP）といい，この地での光線と平行な方向に地球上すべての地点において同天体を観測することになる。

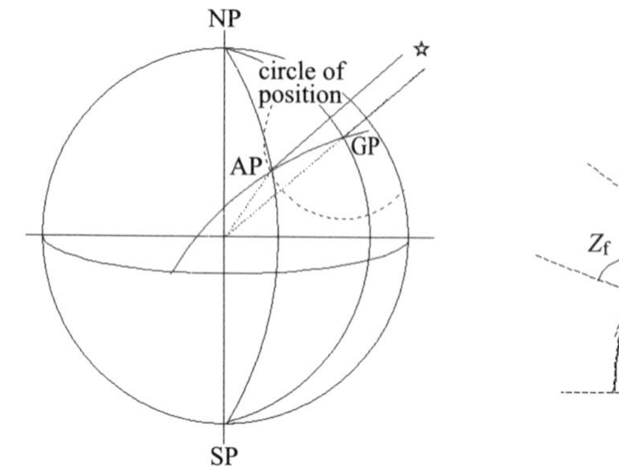

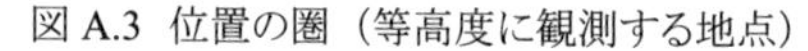
図 A.3　位置の圏（等高度に観測する地点）

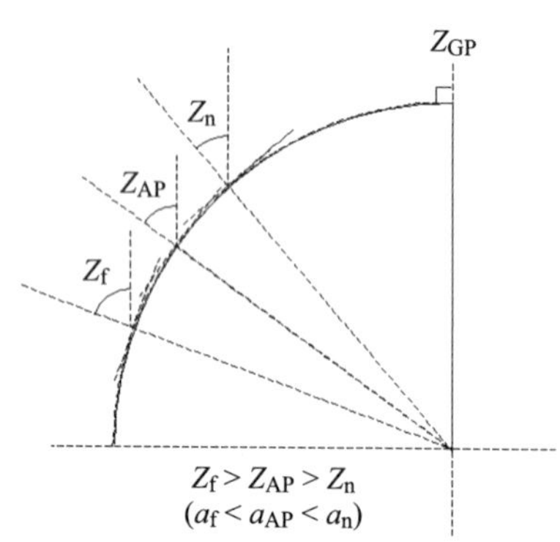

図 A.4　修正差の概念

しかし，地球の曲率により天体高度は各地で異なるはずである。ただし，地球上には等高度に観測する地点が存在し，これを結べば位置の圏（circle of position あるいは circle of equal altitude）と呼ばれる円が描かれる。これは測者がその線（圏）上に存在するであろうことを教えてくれる「位置の線（line of position，Lop）」である。さて船位について推定位置（あるいは仮定位置（dead reckoning position：DRP あるいは assumed position：AP））が実際の船位と等しければ，観測高度は推定位置を用いて計算した天体高度（ここでは，a_{AP} を推定位置における天体高度，Z_{AP} を同天頂角とすれば，$a_{AP} = 90° - Z_{AP}$）に等しくなるはずである。しかし，実際には推定位置に船位はなく，天体高度を計算高度よりも高いか低く観測するであろう。GP と AP を通る大圏を真横から見た図 A.4「修正差の概念」のとおり，計算高度よりも観測高度が高ければ，船位は天体の地位の方向に，その差に相当する角距離（これを修正差（intercept）という）（Δa とする）だけ近づいた地点に引かれる位置の圏上にあるはずであり，その逆に計算高度より観測高度が低ければ，船位は天体の地位の反方位へ計算高度と観測高度の差に相当する角距離だけ離れた地点に引かれる位置の圏上にあることになる。天体が 2 つ以上観測できれば，当該位置の圏の交点を船位とすることができる。

A.2　余弦公式

以上が天測の原理であるが，天文三角形における天体の天頂角を計算で求めるためには数学の応援を得ることができればありがたい。ここで登場するのが，最も重要な計算に使われる球面三角形の余弦公式といわれる数式である。次にこの余弦公式を導き出すことにする。

A.2.1　天文三角形から球面三角形へ

さて，無限遠につくられる天文球面三角形を数学的に意味ある形にするには，距離を表に出さずに角度のみの関係に置き換えられればよいことになる。いま天球の半径を単位 1 の仮想球に置き換えると，天球の半径 1，円周は 2π rad，中心角 a° の円弧は $a\pi/180$ rad，そして中心角 a（radian）で表現される円弧は a，という具合に周長や弧長が角表現されることになる。

天文三角形を半径 1 の球面上に描かれた球面三角形に置き換えて，余弦公式を導く。図 A.5「球面三角形」において A 点から円弧 $\overline{\mathrm{AB}}$ および $\overline{\mathrm{AC}}$ の方向に接線を引き，OB，OC と交わる点をそれぞれ D，E とし，各要素の表記も図に従うこととすると，平面三角形 △ADE および △ODE において

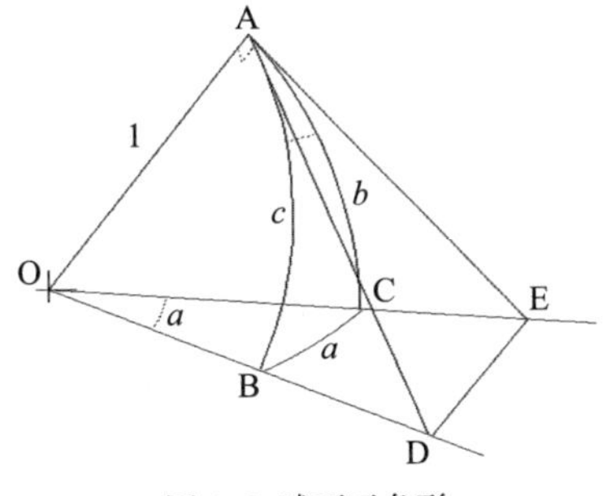

図 A.5　球面三角形

$$\begin{aligned}\overline{\mathrm{DE}}^2 &= \overline{\mathrm{AD}}^2 + \overline{\mathrm{AE}}^2 - 2\overline{\mathrm{AD}} * \overline{\mathrm{AE}}\cos A \\ &= \overline{\mathrm{OD}}^2 + \overline{\mathrm{OE}}^2 - 2\overline{\mathrm{OD}} * \overline{\mathrm{OE}}\cos a \end{aligned} \tag{A.1}$$

△OAD および △OAE は直角三角形なので

$$\mathrm{AD} = \tan c, \quad \mathrm{OD} = \frac{1}{\cos c} = \sec c \tag{A.2}$$

$$\mathrm{AE} = \tan b, \quad \mathrm{OE} = \frac{1}{\cos b} = \sec b \tag{A.3}$$

これを式 (A.1) に代入して

$$\tan^2 c + \tan^2 b - 2\tan c \tan b \cos A = \sec^2 c + \sec^2 b - 2\sec c \sec b \cos a \quad \text{(A.4)}$$

ここで

$$\tan^2 c + \tan^2 b = \frac{\sin^2 c}{\cos^2 c} + \frac{\sin^2 b}{\cos^2 b}$$
$$\sec^2 c + \sec^2 b = \frac{1}{\cos^2 c} + \frac{1}{\cos^2 b}$$

したがって

$$(\sec^2 c + \sec^2 b) - (\tan^2 c + \tan^2 b) = 2 \quad \text{(A.5)}$$

の関係を用いると

$$-2\tan c \tan b \cos A = 2 - 2\sec c \sec b \cos a \quad \text{(A.6)}$$

したがって

$$-\tan c \tan b \cos A = 1 - \sec c \sec b \cos a \quad \text{(A.7)}$$

が得られる。$\cos a$ を求めると

$$\begin{aligned}\cos a &= \frac{1}{\sec c \sec b} + \frac{\tan c \tan b \cos A}{\sec c \sec b} \\ &= \cos b \cos c + \sin b \sin c \cos A \quad \text{(A.8)}\end{aligned}$$

が導かれ，もとの天文球面三角形の表記，または第 5 章から第 8 章までの天文航法計算式に合わせると

$$a = 90^\circ - \text{alt} = 90^\circ - H \quad \text{(A.9)}$$
$$b = 90^\circ - lat = 90^\circ - L \quad \text{(A.10)}$$
$$c = 90^\circ - \text{dec} = 90^\circ - d \quad \text{(A.11)}$$
$$A = h = \text{GHA} + \lambda \quad \text{(A.12)}$$

であるから

$$\sin H = \sin L \sin d + \cos L \cos d \cos(\text{GHA} + \lambda) \quad \text{(A.13)}$$

が得られ，天文学や天測計算などで最も使われる球面三角公式である余弦公式が導かれたことになる。

A.2.2　天測計算表の計算式

天測計算表における高度方位角計算表（米村表）の計算式については，PC や関数電卓などの計算手段が船上にもたらされる前の時代の対数によるものである。対数計算をしたことのない世代にとっては天測計算表で説明されている原式の意味がわからない状況にあると考えられるので，これについて説明をしておきたい。天測計算で得たい値は，前項の式 (A.13) から求められる天体高度や別公式から得られる方位角であるが，小数の加減乗除計算から得られる数値であり，現在のように便利な計算手段を持たない時代には，とくに小数の乗除計算をするのは面倒で手間がかかりすぎた。そこで数表を用いて対数計算により乗除計算を加減算に変換していたのである。まず，余弦公式について，球面三角形 ABC のそれぞれの角を A，B，C，各対辺を a，b，c と表記すれば

$$\cos a = \cos b \cos c + \sin b \sin c \cos A \tag{A.14}$$

で表現できる。これを解くに天測計算表には次のような見慣れない三角関数記号（hav = haversine）を用いての計算が説明されている。これは half versed sine のことで，すなわち haversine 関数を次のように定義する。

$$\mathrm{hav}(\theta) = \frac{1}{2}(1 - \cos\theta) = \sin^2\frac{\theta}{2} \tag{A.15}$$

すると

$$\cos\theta = 1 - 2\sin^2\frac{\theta}{2}$$

なので

$$\cos\theta = 1 - 2\,\mathrm{hav}(\theta)$$

が得られる。式 (A.14) の $\cos a$，$\cos A$ にこれを適用すれば

$$1 - 2\,\mathrm{hav}(a) = \cos(b - c) - 2\sin b \sin c\,\mathrm{hav}(A) \tag{A.16}$$

とでき，$\cos(b - c) = 1 - 2\,\mathrm{hav}(b - c)$ であるから

$$\mathrm{hav}(a) = \mathrm{hav}(b - c) + \sin b \sin c\,\mathrm{hav}(A) \tag{A.17}$$

が得られた。ここで緯度と赤緯の符号と，解くべき球面三角の各辺を考慮し，天測の章（第 7 章）における表記に基づいて書き直すと

$$\mathrm{hav}(90 - H) = \mathrm{hav}(L \pm d) + \cos L \cos d\, \mathrm{hav}(h) \tag{A.18}$$

ここに，H，L，d，h はそれぞれ，天体高度，緯度，赤緯そして地方時角である。あるいは，天測計算表における原式の表記では

$$\mathrm{hav}(90 - a) = \mathrm{hav}(l \pm d) + \cos l \cos d\, \mathrm{hav}(h) \tag{A.19}$$

右辺の第 2 項を $\mathrm{hav}(\theta)$ と書き換えて

$$= \mathrm{hav}(l \pm d) + \mathrm{hav}(\theta) \tag{A.20}$$

としている。ここに，a，l，d，h はそれぞれ，天体高度，緯度，赤緯そして地方時角である。普通はここまでに得られた式を原式とするところを，乗算になる第 2 項について正数で計算できるように各項の逆数を対数計算に使用している。すなわち，対数計算式は次式としている。

$$\log \frac{1}{\mathrm{hav}\theta} = \log \frac{1}{\mathrm{hav}h} + \log \sec d + \log \sec l \tag{A.21}$$

そして，対数の逆数で求められた $\mathrm{hav}\,\theta$ について真数に戻し，真数の加減算で計算できる部分は真数で計算できるような表にしているわけである。

また，方位角を求める原式は，Z を方位角とすれば

$$\sin Z = \sin h \cos d \sec a \tag{A.22}$$

を用い，対数計算式は各項逆数に変換して $\log(1/\sec a) = \log(\sec a)^{-1} = -\log \sec a$ であるので

$$\log \mathrm{cosec}\, Z = \log \mathrm{cosec}\, h + \log \sec d - \log \sec a \tag{A.23}$$

としている。小数に 10^5 を掛けて整数表記としたり，表をコンパクトなものとなるよう工夫し，アイデアあふれる計算表になっている。

付録 B

方向余弦行列の時間微分を応用した慣性航法方程式の導出

B.1 無限小回転

一般的に，回転の順番を変えると結果が異なり，回転マトリックスを用いた座標変換の順序を変えることはできないが，無限小角度の場合には順番を変えても結果は変わらない。実際に回転マトリックスを用いて計算してみよう。X，Y，Z 各軸の回転角を ϕ，θ，ψ として，回転マトリックスの式は次のとおりである。

$$R_x = \begin{bmatrix} 1 & 0 & 0 \\ 0 & \cos\phi & \sin\phi \\ 0 & -\sin\phi & \cos\phi \end{bmatrix}, \quad R_y = \begin{bmatrix} \cos\theta & 0 & -\sin\theta \\ 0 & 1 & 0 \\ \sin\theta & 0 & \cos\theta \end{bmatrix}, \quad R_z = \begin{bmatrix} \cos\psi & \sin\psi & 0 \\ -\sin\psi & \cos\psi & 0 \\ 0 & 0 & 1 \end{bmatrix}$$

これを用いてまず，R_z，R_y，R_x の順で変換するマトリックスを計算すると（以下，マトリックスが紙面に収まるように $\cdots$ により 3 列目の成分であることを

示した）

$$
R_x R_y R_z = \begin{bmatrix} \cos\theta\cos\psi & \cos\theta\sin\psi \\ \cdots & -\sin\theta \\ -\cos\psi\sin\psi + \sin\phi\sin\theta\cos\psi & \cos\phi\cos\psi + \sin\phi\sin\theta\sin\psi \\ \cdots & \sin\phi\cos\theta \\ \sin\phi\sin\psi + \cos\phi\sin\theta\cos\psi & -\sin\phi\cos\psi + \cos\phi\sin\theta\sin\psi \\ \cdots & \cos\phi\cos\theta \end{bmatrix} \tag{B.1}
$$

ここで，ϕ，θ，ψ が無限小角の $\Delta\phi$，$\Delta\theta$，$\Delta\psi$ とすれば，2 次項以上を無視して

$$
R_x R_y R_z = \begin{bmatrix} 1 & \Delta\psi & -\Delta\theta \\ -\Delta\psi & 1 & \Delta\phi \\ \Delta\theta & -\Delta\phi & 1 \end{bmatrix} \tag{B.2}
$$

とできる。また，R_x，R_y，R_z の順で変換させると

$$
R_z R_y R_x = \begin{bmatrix} \cos\psi\cos\theta & \cos\psi\sin\theta\sin\phi + \sin\psi\cos\phi \\ \cdots & -\cos\psi\sin\theta\cos\phi + \sin\psi\sin\phi \\ -\sin\psi\cos\theta & -\sin\psi\sin\theta\sin\phi + \cos\psi\cos\phi \\ \cdots & \sin\psi\sin\theta\cos\phi + \cos\psi\sin\phi \\ \sin\theta & -\cos\theta\sin\phi \\ \cdots & \cos\theta\cos\phi \end{bmatrix} \tag{B.3}
$$

と異なるマトリックスが得られる。しかし回転角が無限小角度であれば 2 次項以上を無視できて，計算結果は同じものになる。厳密な数学的証明は別途必要だが，ここでは，無限小角度であれば変換の順番は関係ないことを示した。

B.2　方向余弦行列（direction cosine matrix：DCM）の時間微分

系 i，j に関する座標変換を行う方向余弦行列 $C_i^j(t)$ を考察する。Δt の間に系 i から j に無限小回転させた DCM を $C_i^j(t+\Delta t)$ と表記すると，DCM の時間微分（time derivative of DCM）は

$$
\dot{C}_i^j = \lim_{\Delta t \to 0} \frac{\Delta C_i^j}{\Delta t} = \lim_{\Delta t \to 0} \frac{C_i^j(t+\Delta t) - C_i^j(t)}{\Delta t} \tag{B.4}
$$

で定義されるが，$C_i^j(t+\Delta t)$ は無限小時間に微小角回転した DCM であるから

$$C_i^j(t+\Delta t) = C_i^j[I+\Delta\Theta^i] = C_i^j\begin{bmatrix} 1 & \Delta\psi & -\Delta\theta \\ -\Delta\psi & 1 & \Delta\phi \\ \Delta\theta & -\Delta\phi & 1 \end{bmatrix} \tag{B.5}$$

ということになる。なお，ここでは $\Delta\Theta^i$ を微小角回転マトリックスの対角成分以外を要素とするマトリックス（歪対称行列，skew-symmetric matrix と呼ばれる）とした。したがって

$$\dot{C}_i^j = C_i^j \lim_{\Delta t\to 0}\frac{\Delta\Theta^i}{\Delta t} \tag{B.6}$$

であり

$$\lim_{\Delta t\to 0}\frac{\Delta\Theta^i}{\Delta t} = \Omega \tag{B.7}$$

とすれば

$$\dot{C}_i^j = C_i^j\Omega \tag{B.8}$$

であり，角速度を要素とするマトリックスに C_i^j を掛ければ自らの時間微分が得られることになる。

ここで，次節で必要とされるベクトル演算と行列演算の変換について説明を加えておく。歪対称行列を A，任意のベクトルを b と表記すると，ベクトル a により

$$a\times b = Ab \tag{B.9}$$

とできる。具体的に

$$a = \begin{bmatrix} a_1 & a_2 & a_3 \end{bmatrix}^{\mathrm{t}} \tag{B.10}$$

$$A = \begin{bmatrix} 0 & \Delta\psi & -\Delta\theta \\ -\Delta\psi & 0 & \Delta\phi \\ \Delta\theta & -\Delta\phi & 0 \end{bmatrix} \tag{B.11}$$

として確かめてみるとよい。

B.3 慣性航法の運動方程式を導く

上で導かれた方法を用いて慣性航法の方程式を導出することとするが，この方法が海外の参考書での主流と考えた方がよいかもしれない。最初はとまどうことが多く難解であるが，理論武装をすると理解も進む。

まず，慣性系におけるベクトルを変換して航行座標系における加速度を次式で表す。

$$a^{\mathrm{n}} = C_{\mathrm{i}}^{\mathrm{n}}\ddot{r}^{\mathrm{i}} + g^{\mathrm{n}} \tag{B.12}$$

添え字については前出の説明によるものとする。また，地球座標系に対するベクトルを用いて，航行座標系における速度を

$$v^{\mathrm{n}} = C_{\mathrm{e}}^{\mathrm{n}}\dot{r}^{\mathrm{e}} \tag{B.13}$$

と表記する。さて，地球座標系のベクトル r^{e} は，慣性座標系のベクトル r^{i} の成分から次の関係式で変換される。

$$r^{\mathrm{e}} = C_{\mathrm{i}}^{\mathrm{e}}r^{\mathrm{i}} \tag{B.14}$$

また，微分して

$$\begin{aligned}\dot{r}^{\mathrm{e}} &= C_{\mathrm{i}}^{\mathrm{e}}\dot{r}^{\mathrm{i}} + \dot{C}_{\mathrm{i}}^{\mathrm{e}}r^{\mathrm{i}}\\ &= C_{\mathrm{i}}^{\mathrm{e}}\dot{r}^{\mathrm{i}} + C_{\mathrm{i}}^{\mathrm{e}}\Omega_{\mathrm{ei}}^{\mathrm{i}}r^{\mathrm{i}}\\ &= C_{\mathrm{i}}^{\mathrm{e}}(\dot{r}^{\mathrm{i}} - \Omega_{\mathrm{ie}}^{\mathrm{i}}r^{\mathrm{i}})\end{aligned} \tag{B.15}$$

ここでは回転マトリックスについて，$\Omega_{\mathrm{ei}}^{\mathrm{i}} = -\Omega_{\mathrm{ie}}^{\mathrm{i}}$ であることに留意した。これを式 (B.13) に代入して

$$v^{\mathrm{n}} = C_{\mathrm{i}}^{\mathrm{n}}\dot{r}^{\mathrm{i}} - C_{\mathrm{i}}^{\mathrm{n}}\Omega_{\mathrm{ie}}^{\mathrm{i}}r^{\mathrm{i}} \tag{B.16}$$

これを微分すれば

$$\begin{aligned}\dot{v}^{\mathrm{n}} &= \dot{C}_{\mathrm{i}}^{\mathrm{n}}\dot{r}^{\mathrm{i}} + C_{\mathrm{i}}^{\mathrm{n}}\ddot{r}^{\mathrm{i}} - \dot{C}_{\mathrm{i}}^{\mathrm{n}}\Omega_{\mathrm{ie}}^{\mathrm{i}}r^{\mathrm{i}} - C_{\mathrm{i}}^{\mathrm{n}}\Omega_{\mathrm{ie}}^{\mathrm{i}}\dot{r}^{\mathrm{i}}\\ &= C_{\mathrm{i}}^{\mathrm{n}}(\Omega_{\mathrm{ni}}^{\mathrm{i}}\dot{r}^{\mathrm{i}} + \ddot{r}^{\mathrm{i}} - \Omega_{\mathrm{ni}}^{\mathrm{i}}\Omega_{\mathrm{ie}}^{\mathrm{i}}r^{\mathrm{i}} - \Omega_{\mathrm{ie}}^{\mathrm{i}}\dot{r}^{\mathrm{i}})\\ &= C_{\mathrm{i}}^{\mathrm{n}}((\Omega_{\mathrm{ni}}^{\mathrm{i}} - \Omega_{\mathrm{ie}}^{\mathrm{i}})\dot{r}^{\mathrm{i}} + \ddot{r}^{\mathrm{i}} - \Omega_{\mathrm{ni}}^{\mathrm{i}}\Omega_{\mathrm{ie}}^{\mathrm{i}}r^{\mathrm{i}})\end{aligned} \tag{B.17}$$

が得られ，式 (B.15) から

$$\dot{r}^{\mathrm{i}} = C_{\mathrm{e}}^{\mathrm{i}}\dot{r}^{\mathrm{e}} + \Omega_{\mathrm{ie}}^{\mathrm{i}}r^{\mathrm{i}} \tag{B.18}$$

とすることができる。これを式 (B.17) に代入して

$$
\begin{aligned}
\dot{v}^{\mathrm{n}} &= C_{\mathrm{i}}^{\mathrm{n}}((\Omega_{\mathrm{ni}}^{\mathrm{i}} - \Omega_{\mathrm{ie}}^{\mathrm{i}})(C_{\mathrm{e}}^{\mathrm{i}}\dot{r}^{\mathrm{e}} + \Omega_{\mathrm{ie}}^{\mathrm{i}}r^{\mathrm{i}}) + \ddot{r}^{\mathrm{i}} - \Omega_{\mathrm{ni}}^{\mathrm{i}}\Omega_{\mathrm{ie}}^{\mathrm{i}}r^{\mathrm{i}}) \\
&= C_{\mathrm{i}}^{\mathrm{n}}((\Omega_{\mathrm{ni}}^{\mathrm{i}}C_{\mathrm{e}}^{\mathrm{i}} - \Omega_{\mathrm{ie}}^{\mathrm{i}}C_{\mathrm{e}}^{\mathrm{i}})\dot{r}^{\mathrm{e}} - \Omega_{\mathrm{ie}}^{\mathrm{i}}\Omega_{\mathrm{ie}}^{\mathrm{i}}r^{\mathrm{i}} + \ddot{r}^{\mathrm{i}}) \\
&= C_{\mathrm{i}}^{\mathrm{n}}((\Omega_{\mathrm{ne}}^{\mathrm{i}} - \Omega_{\mathrm{ie}}^{\mathrm{i}}C_{\mathrm{e}}^{\mathrm{i}} - \Omega_{\mathrm{ie}}^{\mathrm{i}}C_{\mathrm{e}}^{\mathrm{i}})\dot{r}^{\mathrm{e}} - \Omega_{\mathrm{ie}}^{\mathrm{i}}\Omega_{\mathrm{ie}}^{\mathrm{i}}r^{\mathrm{i}} + \ddot{r}^{\mathrm{i}}) \\
&= C_{\mathrm{i}}^{\mathrm{n}}((-\Omega_{\mathrm{en}}^{\mathrm{i}}C_{\mathrm{e}}^{\mathrm{i}} - 2\Omega_{\mathrm{ie}}^{\mathrm{i}}C_{\mathrm{e}}^{\mathrm{i}})\dot{r}^{\mathrm{e}} - \Omega_{\mathrm{ie}}^{\mathrm{i}}\Omega_{\mathrm{ie}}^{\mathrm{i}}r^{\mathrm{i}} + \ddot{r}^{\mathrm{i}})
\end{aligned}
$$

ここでは

$$
\begin{aligned}
C_{\mathrm{e}}^{\mathrm{i}} &= C_{\mathrm{n}}^{\mathrm{i}}C_{\mathrm{e}}^{\mathrm{n}} \\
\Omega_{\mathrm{ni}}^{\mathrm{i}} &= \Omega_{\mathrm{ei}}^{\mathrm{i}} + \Omega_{\mathrm{ne}}^{\mathrm{i}} = -\Omega_{\mathrm{en}}^{\mathrm{i}} - \Omega_{\mathrm{ie}}^{\mathrm{i}}
\end{aligned}
$$

$C_{\mathrm{e}}^{\mathrm{n}}\dot{r}^{\mathrm{e}} = v^{\mathrm{n}}$ であることを利用した。したがって

$$
\dot{v}^{\mathrm{n}} = C_{\mathrm{i}}^{\mathrm{n}}\ddot{r}^{\mathrm{i}} - (\Omega_{\mathrm{en}}^{\mathrm{i}} + 2\Omega_{\mathrm{ie}}^{\mathrm{i}})v^{\mathrm{n}} - C_{\mathrm{i}}^{\mathrm{n}}\Omega_{\mathrm{ie}}^{\mathrm{i}}\Omega_{\mathrm{ie}}^{\mathrm{i}}r^{\mathrm{i}} \tag{B.19}
$$

となり，重力項を含ませて，各項整理すれば

$$
\dot{v}^{\mathrm{n}} = a^{\mathrm{n}} - (\Omega_{\mathrm{en}}^{\mathrm{n}} + 2\Omega_{\mathrm{ie}}^{\mathrm{n}})v^{\mathrm{n}} - C_{\mathrm{i}}^{\mathrm{n}}\Omega_{\mathrm{ie}}^{\mathrm{i}}\Omega_{\mathrm{ie}}^{\mathrm{i}}r^{\mathrm{i}} - g^{\mathrm{n}} \tag{B.20}
$$

が得られる。

索　引

【ち】

【て】

【に】

【ふ】

【へ】

【ほ】

【ま】

【み】

【よ】

著 者 略 歴

石田 正一（いしだ しょういち）

1951年生まれ
1974年　東京商船大学卒業，東京タンカー株式会社航海士
1983年　国立小樽海員学校教官，その後，日本各地の海員学校勤務
2012年　国立唐津海上技術学校校長を最後に定年退職

ISBN978-4-303-20680-2

航法理論詳説

2015年 5月 1日　初版発行

著　者　石田正一　　検印省略

発行者　岡田節夫

発行所　海文堂出版株式会社

本　社　東京都文京区水道2-5-4（〒112-0005）
電話 03（3815）3291（代）　FAX 03（3815）3953
http://www.kaibundo.jp/

支　社　神戸市中央区元町通3-5-10（〒650-0022）

日本書籍出版協会会員・工学書協会会員・自然科学書協会会員

PRINTED IN JAPAN　　印刷　田口整版／製本　誠製本